"十三五"江苏省高等学校重点教材

U0191947

数学物理方法

SHUXUE WULI FANGFA

（第二版）

◎ 臧涛成　马春兰　潘涛　赵润

中国教育出版传媒集团

高等教育出版社·北京

内容提要

　　本书是作者在结合多年教学经验的基础上,根据教育部物理学与天文学教学指导委员会编制的《高等学校物理学本科指导性专业规范》(2010 年版)编写而成的。全书由复变函数论和数学物理方程两部分组成,以常见物理问题中的三类偏微分方程定解问题的建立和求解为中心内容。本书的数学部分紧密联系物理学原理,行文流畅且深入浅出。

　　本书可作为高等学校物理学类、电子及通信类专业数学物理方法课程的教材或参考书,亦可供其他专业读者选用及阅读。

图书在版编目(CIP)数据

　　数学物理方法 / 臧涛成等主编. ——2 版. ——北京:
高等教育出版社,2021.12
　　ISBN 978-7-04-057197-4

　　Ⅰ.①数… Ⅱ.①臧… Ⅲ.①数学物理方法-高等学校-教材 Ⅳ.①O411.1

　　中国版本图书馆 CIP 数据核字(2021)第 207612 号

"十三五"江苏省高等学校重点教材编号:2019-1-107

SHUXUE WULI FANGFA

策划编辑　缪可可	责任编辑　缪可可	特约编辑　汤雪杰	封面设计　张雨微	
版式设计　童 丹	插图绘制　黄云燕	责任校对　刘丽娴	责任印制　朱 琦	

出版发行	高等教育出版社	网　　址	http://www.hep.edu.cn
社　　址	北京市西城区德外大街 4 号		http://www.hep.com.cn
邮政编码	100120	网上订购	http://www.hepmall.com.cn
印　　刷	涿州市京南印刷厂		http://www.hepmall.com
开　　本	787mm×1092mm　1/16		http://www.hepmall.cn
印　　张	13	版　　次	2014 年 9 月第 1 版
字　　数	280 千字		2021 年 12 月第 2 版
购书热线	010-58581118	印　　次	2021 年 12 月第 1 次印刷
咨询电话	400-810-0598	定　　价	31.80 元

本书如有缺页、倒页、脱页等质量问题,请到所购图书销售部门联系调换
版权所有　侵权必究
物 料 号　57197-00

第二版前言

数学物理方法是物理学类各专业的重要基础课之一，也是解决数学物理各种具体问题的重要工具之一，在物理学、工程技术和其他学科领域都有十分广泛的应用。

全书分上、下两篇，共计十一章，上篇是复变函数论、下篇是数学物理方程。上篇包括五章，对复变函数基础理论进行了简明阐述；下篇包括六章。第七章至第十章是本书的重点，结构上以两变量、三变量偏微分方程为顺序，以分离变量法为核心编排。具体地讲，第七章为直角坐标系或极坐标系下的两变量波动、热传导及拉普拉斯方程的求解，第八章为球坐标系下的三变量拉普拉斯方程的求解，第九章为柱坐标系下的三变量拉普拉斯方程的求解，第十章则为三变量波动、热传导方程 (实为亥姆霍兹方程) 在球柱坐标系下的求解。积分变换和格林函数方法作为求解定解问题的其他方法一起组成第十一章，冲量定理法作为一维格林函数方法也放在此章。对于如贝塞尔方程、亥姆霍兹方程等较复杂的解，为便于使用，均以表格形式给出解的清晰结构。

本书是在编者 (臧涛成、马春兰、潘涛) 编写并于 2014 年由高等教育出版社出版的第一版基础上修订而成的，修订原则上保持第一版内容和结构不变。修订工作，一是对在六年教学过程中发现的个别问题进行订正，二是在复变函数论的五章中增添章后思维导图 (赵润编写)，三是以附录 A 形式给出一些具体应用实例 (由赵润、陈永强、葛丽娟、毛红敏和沈娇艳编写)。

本书适合普通高等学校数学物理方法课程学时数较少的物理学类、电子及通信类等专业使用。

本书的修订再版工作得到多方面的支持。高等教育出版社理科事业部物理分社缪可可分社长，作者所在单位——苏州科技大学物理科学与技术学院的领导和物理系的部分老师，以及课程团队其他成员，都对本书的出版给予了大力支持。编者在此一并表示深深的谢意！

由于水平有限，编者虽然在修订中作了努力，但书中仍难免存在问题和不足，真诚期盼读者、同行和专家们批评指正。

编　者

2021 年 4 月于苏州石湖

目 录

上篇　复变函数论

上 篇
复变函数论

    数学分析是在实数域上研究变量、函数、连续与极限、微分、积分以及级数等概念,这些概念能推广到复数域吗?应该怎样推广?得到了什么结论?它们有什么用处?本篇将介绍这些知识.换句话说,本篇是在复数域上研究变量、函数、连续与极限、微分、积分以及级数,因此注意两者的联系与区别对学习很有帮助.

第一章　复数及复变函数

本章将首先引入虚数和复数, 介绍复数的四种不同表达方式、几何解释及运算规则, 之后定义初等复变函数, 并对其性质和图示方法进行讨论.

1.1　复数

◎ **虚数的引入**

虚数的引入与在实数域解方程有关, 例如在解方程 $x^2 = -1$ 时, 就会遇到负数开平方的问题. 如果定义 $\sqrt{-1} = \mathrm{i}$(即 $\mathrm{i}^2 = -1$), 则形式上可以把方程解表示为 $x = \mathrm{i}$. 同时任意负数的开方也都有了形如 $\mathrm{i}y$(或 $y\mathrm{i}$, 式中 y 是任意实数) 这样的形式, 但这个结果显然已经不是我们所熟悉的实数. 如果把这种形式的结果也叫作 "数", 或者说为使负数开平方有意义而需要特别引入这样的 "数", 自然需要扩充数系的概念, 由此引入了虚数 $\mathrm{i}y$. 虚数是独立于实数之外的另一套数系, 有时候叫作**纯虚数**以突出它与实数的不同, 其中 i 是一个用来标志虚数的符号, 叫作**虚数单位**.

◎ **复数的引入**

既然实数与虚数是相互独立的, 将实数与虚数相加颇有些不可思议, 那么表达式 $x + \mathrm{i}y$ 该如何去理解呢? 考查这个式子会发现: 当 $y = 0$ 时它是实数, 当 $x = 0$ 时它是虚数, 当 $x \neq 0$ 且 $y \neq 0$ 时, 它既不是实数也不是虚数. 同样道理, 若把它也称为 "数", 只能再扩大数的概念, 这样就引入了复数 $x + \mathrm{i}y$. 由此形成的复数体系除了包含实数和虚数外, 还有无穷个未知的新 "数". 实际上, 该表达式的出现并非某个天才的臆造, 而是数学家在解方程 $x^3 - 15x - 4 = 0$ 时的发现. 在利用当时已知的求三次方程根的公式来求解这个方程时, 得到的结果是

$$x = (2 + \sqrt{-1}) + (2 - \sqrt{-1}) = (2 + \mathrm{i}) + (2 - \mathrm{i}) = 4$$

虽然所得结果 $x = 4$ 确实是原方程的根, 当时却无人能解释这个求解过程的意义. 因为求解过程中不仅出现了负数的开方, 即虚数, 而且出现了形如 $x + \mathrm{i}y$ 的表达式以及对它所进行的运算. 此后又经过长期的研究才解决了对复数的理解与应用, 一门新的数学理论应运而生, 这就是复数分析. 复数理论的形成与完善跨越了 200 多年, 尤其令人惊讶的是, 它解决了一些在实数分析中难以解决甚至不能解决的问题, 这正是学习复数分析的价值所在.

◎ **复平面**

为了理解复数 $x + \mathrm{i}y$, 可以引入复数的几何表示. 既然实数的几何表示是数轴上的点, 不妨引入可以表示虚数的数轴 "虚轴", 也就是在平面坐标系 Oxy 中, 以 x 轴

表示实数, 以 y 轴表示虚数, 则平面上坐标为 (x, y) 的一个点就对应一个复数 $x + iy$, 如图 1.1 所示. 例如, 平面上点 $(4, -3)$ 就表示复数 $4 + (-3)i = 4 - 3i$.

这样引入的平面坐标系称为**复数平面 (复平面)**, 它为复数提供了一个几何图像, 也启示了研究的方向. 更明确地说, 实数分析是研究数轴上的点, 而复数分析将研究复平面上的点. 显然, 复数 $x+iy$ 中的加号并不代表实数与虚数之间发生了运算, 它的作用只是在一个实数和一个虚数之间建立了联系. 后来的研究表明, 复数也可以用遵循一定运算规则的二元数组 (x, y) 来表示, 于是复数理论与代数理论也有了联系. 从这

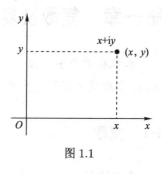

图 1.1

点说, 实数分析研究的是一元数, 复数分析研究的是二元数组, 而高等数学中的矢量分析研究的是三元数组.

◎ **复数的四种表达式**

1. 代数表达式 以 z 代表任意复数, $z = x + iy$ 称为复数的代数表达式, x 与 y 分别称为复数 z 的**实部**和**虚部**, 记作 $x = \mathrm{Re}\, z$, $y = \mathrm{Im}\, z$.

2. 三角表达式 在复平面内, 以原点 O 为起点, 以点 $z(x, y)$ 为终点画矢量 $\overrightarrow{Oz}$, 矢量 $\overrightarrow{Oz}$ 称为**复矢量**. 这样每个复数都对应平面内的一个复矢量, 如图 1.2 所示.

复矢量的长度称为复数 z 的**模**或**绝对值**, 记为 ρ, 实轴正向到复矢量 $\overrightarrow{Oz}$ 间的夹角称为 **辐角**, 记为 $\theta = \mathrm{Arg}\, z$, 则有

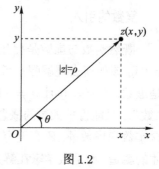

$$|z| = \rho = \sqrt{x^2 + y^2}, \quad \theta = \arctan \frac{y}{x}$$

由于三角函数的周期性, 辐角的取值不是唯一的, 可任意增加 2π 的整数倍. 它的几何意义是指复矢量绕原点转一圈所得的矢量仍然是原来的矢量. 辐角的

图 1.2

不确定性带来了复数表示的多值性 (包括后面产生的函数多值性), 为此定义辐角的**主值**, 它只取 0 到 2π 之间的值, 并记为 $\arg z$, 即

$$0 \leqslant \arg z < 2\pi$$

因此

$$\theta = \mathrm{Arg}\, z = \arg z + 2k\pi \quad (k = 0, \pm 1, \pm 2, \cdots)$$

特别地, $z = 0$(即复平面的原点, 对应的复矢量为零矢量), 也就是原来的实数 0, 它的实部、虚部都为零, 按辐角定义为不确定的 0/0 型, 因此我们不讨论 $z = 0$ 的辐角, 或者说 $z = 0$ 的辐角无意义.

容易理解, 只要复矢量的模和辐角主值一样, 则这些复矢量都表示同一个复数.

利用三角函数关系 $x = \rho \cos \theta$, $y = \rho \sin \theta$, 复数 z 可以表示成

$$z = \rho \cos \theta + i\rho \sin \theta = \rho(\cos \theta + i \sin \theta) \tag{1.1}$$

上式称为复数的**三角表达式**.

至此,"复数""点""复矢量"之间建立了一一对应关系. "点"可以指它所代表的"复数","复数"也可以指它所代表的"点".

3. 指数表达式　将欧拉公式 $e^{i\theta} = \cos\theta + i\sin\theta$ 代入复数的三角表达式,可得复数的指数表达式为

$$z = \rho e^{i\theta} \tag{1.2}$$

4. 二元数组表达式　一个复数 $x + iy$ 本质上由一对有序实数 x, y 唯一确定,所以二元数组 (x, y) 可定义一个复数 z,记为

$$z = (x, y) = x(1, 0) + iy(0, 1) \tag{1.3}$$

复数的上述四种表示方法可以互相转换,例如

$$1 + \sqrt{3}i = 2\left(\cos\frac{\pi}{3} + i\sin\frac{\pi}{3}\right) = 2e^{i\frac{\pi}{3}} = \left(1, \sqrt{3}\right)$$

前三种是复数的最常用表示方法.

◎　**无穷远点**

在实轴上,正无穷远和负无穷远是两个方向不同的极限点,所以在实数中会使用 $+\infty$ 和 $-\infty$. 在复平面上,当复数的模趋于无穷大时,复数也会沿着不同的方向趋于极限点. 但在复数理论中并不是有无穷多个这样的极限点,而是根据理论的需要,将所有模趋于无穷大的极限点视为一个复数或一个点,叫**无穷远点**,统一记为 ∞. 这样的规定能使 0 与 ∞ 在变换 $1/t$ 下保持一一对应的关系,同时还能将一些对有限远点所建立的概念如邻域、本性奇点、留数等推广到无穷远点. **重申一下**,在复数理论中,无穷远点是模为正无穷大的一个复数,不要与实数中的无穷大或正、负无穷大混为一谈,这是复数理论与实数理论的重要差别.

对无穷远点不讨论其辐角,因为按辐角定义得到的是无意义的 ∞/∞ 等形式. 通常说的"复平面"是不包含无穷远点的"开平面",而"全平面"或"闭平面"才包括了无穷远点.

1.2　复数的运算

对复平面上任意两个复数 $z_1 = x_1 + iy_1 = \rho_1 e^{i\theta_1}$, $z_2 = x_2 + iy_2 = \rho_2 e^{i\theta_2}$,它们的运算法则规定如下.

1. 相等　两复数相等是指它们实部与实部相等,虚部与虚部相等,即

$$x_1 = x_2, \quad y_1 = y_2 \tag{1.4}$$

使用三角表达式和指数表达式时,两复数相等是指模相等、辐角相差 $2k\pi$(k 为整数),即

$$\rho_1 = \rho_2, \quad \theta_2 = \theta_1 + 2k\pi$$

需要特别注意的是复数无大小, 因为没有规定复数比较大小的方法, 实际上也找不到这种方法, 所以不知道实数是不是比虚数大, 也不知道 i 是大于零还是小于零, 但是复数的模是实数, 可以比较模的大小.

2. 加减法 两复数进行加减是将它们的实部和虚部分别相加减, 即

$$z_1 \pm z_2 = (x_1 \pm x_2) + \mathrm{i}(y_1 \pm y_2) \tag{1.5}$$

从图 1.3 可以看出, 复数的加法对应于复矢量的平行四边形加法, 而复数的减法可以用于计算两点之间的距离. 实际上, 因为复数 z_1、z_2 对应着矢量 $\overrightarrow{Oz_1}$ 和 $\overrightarrow{Oz_2}$, 那么 $z_1 - z_2$ 自然就对应着 $\overrightarrow{Oz_1} - \overrightarrow{Oz_2} = \overrightarrow{z_2 z_1}$, 因此 $|z_1 - z_2| = |\overrightarrow{z_2 z_1}|$ 就表示点 z_1、z_2 间的距离.

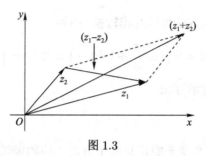

图 1.3

3. 乘法 复数的乘法运算与多项式的乘法运算相似, 即

$$z_1 z_2 = (x_1 + \mathrm{i}y_1)(x_2 + \mathrm{i}y_2) = (x_1 x_2 - y_1 y_2) + \mathrm{i}(x_1 y_2 + y_1 x_2) \tag{1.6}$$

复数的乘法也可以用指数表达式来计算

$$z_1 z_2 = \rho_1 \mathrm{e}^{\mathrm{i}\theta_1} \rho_2 \mathrm{e}^{\mathrm{i}\theta_2} = \rho_1 \rho_2 \mathrm{e}^{\mathrm{i}(\theta_1 + \theta_2)}$$

它表示两个复数相乘是模相乘, 辐角相加, 如图 1.4(a) 所示.

4. 共轭复数 表达式 $x - \mathrm{i}y$, 它所表示的复数仍然包含在 $x + \mathrm{i}y$ 表示的复数之中, 似乎没有什么用处. 但是, 在计算中发现, 经常需要成对使用 $x + \mathrm{i}y$ 与 $x - \mathrm{i}y$. 为了表述方便, 称复数 $x + \mathrm{i}y$ 和 $x - \mathrm{i}y$ 互为**共轭复数**, 并将 z 的共轭复数记为 $\bar{z}$. 显然一对共轭复数在复平面上关于实轴对称.

共轭运算或者说取 "共轭" 是将复数改变为其共轭复数, 通常用星号表示这种运算, 例如取 z 的共轭, 即 $z^* = \bar{z}$. 再如

$$z\bar{z} = zz^* = (x + \mathrm{i}y)(x - \mathrm{i}y) = x^2 + y^2$$

利用复数的四种表示方法, 可得共轭复数的四种表达式如下:

$$z^* = x - \mathrm{i}y = \rho(\cos\theta - \mathrm{i}\sin\theta) = \rho\mathrm{e}^{-\mathrm{i}\theta} = (x, -y)$$

5. 除法 复数的除法是用分母的共轭复数同乘以分子分母, 这使分母变成了实数, 即

$$\frac{z_1}{z_2} = \frac{z_1 \overline{z_2}}{z_2 \overline{z_2}} = \frac{x_1 x_2 + y_1 y_2}{x_2^2 + y_2^2} + \mathrm{i}\frac{y_1 x_2 - x_1 y_2}{x_2^2 + y_2^2} \tag{1.7}$$

除法用指数表达式计算更方便些, 即

$$\frac{z_1}{z_2} = \frac{\rho_1 \mathrm{e}^{\mathrm{i}\theta_1}}{\rho_2 \mathrm{e}^{\mathrm{i}\theta_2}} = \frac{\rho_1}{\rho_2} \mathrm{e}^{\mathrm{i}(\theta_1 - \theta_2)}$$

它表示复数相除是模相除, 辐角相减, 如图 1.4(b) 所示.

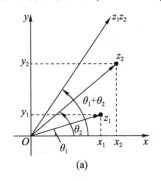
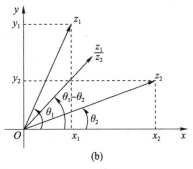

图 1.4

乘除法的几何意义: 如果 $\rho_2 = 1$ 即单位复数 $z_2 = \mathrm{e}^{\mathrm{i}\theta_2}$, 乘法 $z_1 z_2$ 是将复矢量 $\overrightarrow{Oz_1}$ 逆时针旋转 θ_2 角度; 除法是将 $\overrightarrow{Oz_1}$ 顺时针旋转 θ_2 角度. 如果 $\rho_2 \neq 1$, 则旋转后的矢量的模还要乘以或除以 ρ_2, 即作相应的伸长或缩短.

6. n **次幂** 将复数自乘 n 次, 即

$$z^n = \left(\rho \mathrm{e}^{\mathrm{i}\theta} \right)^n = \rho^n \mathrm{e}^{\mathrm{i}n\theta} \tag{1.8}$$

7. n **次方根** 这是求幂的逆运算. 就是说, $w = z^{\frac{1}{n}}$ 的含义是 $w^n = z$, 计算方法如下:

$$z^{\frac{1}{n}} = \left[\rho \mathrm{e}^{\mathrm{i}(\theta + 2k\pi)} \right]^{\frac{1}{n}} = \rho^{\frac{1}{n}} \mathrm{e}^{\mathrm{i}\frac{(\theta + 2k\pi)}{n}} \quad (k = 0, 1, 2, \cdots, n-1) \tag{1.9}$$

由于辐角的多值性, 会出现 n 个不同的根. 从几何上看, $z^{\frac{1}{n}}$ 的 n 个根就是以 $\rho^{\frac{1}{n}}$ 为半径的圆的内接正 n 边形的 n 个顶点 (参见例 2).

例 1 已知 $z_1 = \frac{1}{2}(1 - \sqrt{3}\mathrm{i})$, $z_2 = \sin \frac{\pi}{3} - \mathrm{i} \cos \frac{\pi}{3}$, 求 $z_1 z_2 + \frac{z_1}{z_2}$.

解 因为要作乘除运算, 所以用三角或指数表达式比较方便.

$$z_1 = \frac{1}{2}(1 - \sqrt{3}\mathrm{i}) = \cos\left(-\frac{\pi}{3}\right) + \mathrm{i} \sin\left(-\frac{\pi}{3}\right)$$

$$z_2 = \cos\left(-\frac{\pi}{6}\right) + \mathrm{i} \sin\left(-\frac{\pi}{6}\right)$$

由乘除运算和加法运算法则就有

$$z_1 z_2 = \cos\left(-\frac{\pi}{3} - \frac{\pi}{6}\right) + \mathrm{i} \sin\left(-\frac{\pi}{3} - \frac{\pi}{6}\right) = -\mathrm{i}$$

$$\frac{z_1}{z_2} = \cos\left(-\frac{\pi}{3} + \frac{\pi}{6}\right) + \mathrm{i} \sin\left(-\frac{\pi}{3} + \frac{\pi}{6}\right) = \frac{\sqrt{3}}{2} - \frac{1}{2}\mathrm{i}$$

$$z_1 z_2 + \frac{z_1}{z_2} = -\mathrm{i} + \frac{\sqrt{3}}{2} - \frac{1}{2}\mathrm{i} = \frac{\sqrt{3}}{2} - \frac{3}{2}\mathrm{i}$$

例 2 计算 $w = \sqrt[4]{1 + \sqrt{3}\mathrm{i}}$ 的值.

解 因为求四次方根, 所以用三角或指数表达式比较方便. 因为

$$1 + \sqrt{3}\mathrm{i} = 2\left(\cos\frac{\pi}{3} + \mathrm{i}\sin\frac{\pi}{3}\right)$$

所以由根式运算法则得

$$w = \sqrt[4]{1 + \sqrt{3}\mathrm{i}} = \sqrt[4]{2}\left(\cos\frac{\dfrac{\pi}{3} + 2k\pi}{4} + \mathrm{i}\sin\frac{\dfrac{\pi}{3} + 2k\pi}{4}\right) \quad (k = 0, 1, 2, 3)$$

四个根分别为

$$w_0 = \sqrt[4]{2}\left(\cos\frac{\pi}{12} + \mathrm{i}\sin\frac{\pi}{12}\right), \quad w_1 = \sqrt[4]{2}\left(\cos\frac{7\pi}{12} + \mathrm{i}\sin\frac{7\pi}{12}\right)$$

$$w_2 = \sqrt[4]{2}\left(\cos\frac{13\pi}{12} + \mathrm{i}\sin\frac{13\pi}{12}\right), \quad w_3 = \sqrt[4]{2}\left(\cos\frac{19\pi}{12} + \mathrm{i}\sin\frac{19\pi}{12}\right)$$

这四个根是中心在原点、半径为 $\sqrt[4]{2}$ 的圆的内接正方形的四个顶点, 如图 1.5 所示.

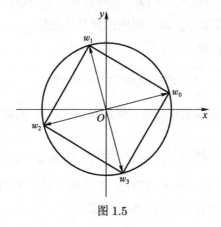

图 1.5

1.3 复变函数

复平面上点的集合称为**点集**, 可记为 E. 因为曲线和面都可看作由无穷多个点组成, 因此点集 E 既可以是孤立的一些点, 也可以是复平面上的曲线, 或者是复平面上某条闭合曲线所包围的面.

◎ **复变函数**

若对点集 E 内任何一点 z, 按照一定规律有确定的一个 (或多个) 复数 w 与之对应, 则称在 E 上确定了一个单值 (或多值) 复变函数 $w = f(z)$, z 称为宗量. E 称为函数 $w = f(z)$ 的定义域, w 全体构成的点集称为函数值域.

因为 $z = x + \mathrm{i}y$, 所以

$$w = f(z) = u(x, y) + \mathrm{i}v(x, y) \tag{1.10}$$

例如, 若 $f(z) = z^2 + z$, 则 $f(x+\mathrm{i}y) = (x+\mathrm{i}y)^2 + x + \mathrm{i}y = x^2 - y^2 + x + \mathrm{i}(2x+1)y$, 即 $u(x, y) = x^2 - y^2 + x, v(x, y) = (2x+1)y$.

可见, 复变函数 $w = f(z)$ 的许多性质都可以通过对实变二元函数 $u(x, y)$、$v(x, y)$ 的讨论而得到.

◎ **初等复变函数**

下面给出初等复变函数定义式.

1. 幂函数定义

$$w = z^n \quad (n \text{为整数}) \tag{1.11}$$

性质: 定义域为复平面, 单值函数.

2. 多项式定义

$$a_0 + a_1 z + a_2 z^2 + a_3 z^3 + \cdots + a_n z^n \tag{1.12}$$

性质: 定义域为复平面, 单值函数.

3. 有理分式函数定义

$$\frac{a_0 + a_1 z + a_2 z^2 + a_3 z^3 + \cdots + a_n z^n}{b_0 + b_1 z + b_2 z^2 + b_3 z^3 + \cdots + b_m z^m} \tag{1.13}$$

性质: 定义域为复平面上分母不为零的点的集合, 单值函数. 上式中 $a_0, a_1, a_2, \cdots,$ $a_n, b_0, b_1, b_2, \cdots, b_m$ 为复常数, m, n 为正整数.

4. 根式函数定义

$$\sqrt[n]{z - a} \tag{1.14}$$

性质: 定义域为复平面, 多值函数.

5. 指数函数定义

$$\mathrm{e}^z = \mathrm{e}^{x+\mathrm{i}y} = \mathrm{e}^x \mathrm{e}^{\mathrm{i}y} = \mathrm{e}^x (\cos y + \mathrm{i}\sin y) \tag{1.15}$$

性质:

(1) 定义域为复平面, 单值函数, 且 $\mathrm{e}^z \neq 0$.

(2) $|\mathrm{e}^z| = \mathrm{e}^x$, $\mathrm{Arg}\,(\mathrm{e}^z) = y + 2k\pi (k$ 为任何整数).

(3) $\mathrm{e}^{z_1} \cdot \mathrm{e}^{z_2} = \mathrm{e}^{z_1 + z_2}$.

(4) $\mathrm{e}^{z+\mathrm{i}2k\pi} = \mathrm{e}^z \cdot \mathrm{e}^{\mathrm{i}2k\pi} = \mathrm{e}^z$, 即 e^z 的周期是 $2\pi\mathrm{i}$.

6. 三角函数定义

$$\sin z = \frac{1}{2\mathrm{i}}(\mathrm{e}^{\mathrm{i}z} - \mathrm{e}^{-\mathrm{i}z}), \quad \cos z = \frac{1}{2}(\mathrm{e}^{\mathrm{i}z} + \mathrm{e}^{-\mathrm{i}z}) \tag{1.16}$$

性质:

(1) 定义域为复平面, 单值函数.

(2) $\sin z$ 是奇函数, $\cos z$ 是偶函数.

(3) $\sin z$ 和 $\cos z$ 都是以 2π 为周期.

(4) $\sin z = 0$ 的根为 $z = n\pi$, $\cos z = 0$ 的根为 $z = (n+1/2)\pi$, 式中 $n = 0, \pm 1, \pm 2, \cdots$.

(5) 非有界函数, $|\sin z|, |\cos z|$ 可以大于 1. 因为当 $z = iy$ 时,

$$\cos iy = \frac{e^y + e^{-y}}{2}, \quad \sin iy = \frac{e^{-y} - e^y}{2i}$$

当 $y \to \infty$ 时, $|\cos iy|, |\sin iy|$ 就可大于任何指定的数.

7. 双曲函数定义

$$\sinh z = \frac{1}{2}(e^z - e^{-z}), \quad \cosh z = \frac{1}{2}(e^z + e^{-z}) \tag{1.17}$$

性质:

(1) 定义域为复平面, 单值函数.

(2) $\sinh z$ 是奇函数, $\cosh z$ 是偶函数.

(3) $\sinh z$ 和 $\cosh z$ 都是以 $2\pi i$ 为周期.

(4) 与三角函数的关系

$$\sin iz = i \sinh z, \quad \cos iz = \cosh z$$
$$\sinh iz = i \sin z, \quad \cosh iz = \cos z$$
$$\cosh^2 z - \sinh^2 z = 1$$

8. 对数函数定义

$$\ln z = \ln(\rho e^{i\theta + i2k\pi}) = \ln \rho + i\theta + i2k\pi \tag{1.18}$$

性质:

(1) 定义域为复平面上除 $z = 0$ 外点的集合, 多值函数.

(2) 复数域中负数的对数仍有意义, 如 $\ln(-8) = \ln 8 + i(2k+1)\pi$.

对多值函数, 常常讨论它的单值分支. 以后若无特别说明, 我们所涉及的复变函数都指单值函数.

指数函数是在复数域重新定义的, 三角函数、双曲函数又是根据指数函数定义的. 在以上各初等复变函数的定义中, 当 z 取实数值时, 结果都与相应初等实变函数的一致.

例 3　求 $\sin(2+3i)$ 之值.

解　由正弦函数定义得

$$\sin(2+3i) = \frac{e^{i(2+3i)} - e^{-i(2+3i)}}{2i} = \frac{e^{-3+2i} - e^{3-2i}}{2i}$$
$$= \frac{e^{-3}(\cos 2 + i \sin 2) - e^3(\cos 2 - i \sin 2)}{2i} = \frac{e^3 + e^{-3}}{2}\sin 2 + i\frac{e^3 - e^{-3}}{2}\cos 2$$
$$= \cosh 3 \sin 2 + i \sinh 3 \cos 2$$

◎　**复变函数的图形**

图形对于研究函数很有帮助. 如何画出复变函数的图形呢? 复变函数的宗量与函数值都有实部和虚部, 共有四种数据, 有两种办法画图. 方法一是将宗量 z 画在一个

复平面 (z 平面), 对应的函数值画在另一个复平面 (w 平面), 图 1.6 就是这样画出的幂函数 $w = z^2$ 的图形. 因为 $w = u + \mathrm{i}v = (x^2 - y^2) + \mathrm{i}2xy$, 即 $u = x^2 - y^2$, $v = 2xy$, 那么当自变量在 z 平面沿双曲线 $x^2 - y^2 = c_1$(c_1 为任意实常数) 变化时 [图 1.6(a) 实线所示], 在 w 平面上得到的 $u = c_1$ 是一条直线, 函数值一定在这条直线上, 当 c_1 取不同值时, 会得到一组平行于 v 轴的直线, 如图 1.6(b) 实线所示. 同理, 自变量在 z 平面沿双曲线 $2xy = c_2$(c_2 为任意实常数) 变化时 [图 1.6(a) 虚线所示], 在 w 平面上 $v = c_2$ 是一条直线, 函数值一定在这条直线上, 当 c_2 取不同值时, 就得到一组平行于 u 轴的直线. 如图 1.6(b) 虚线所示.

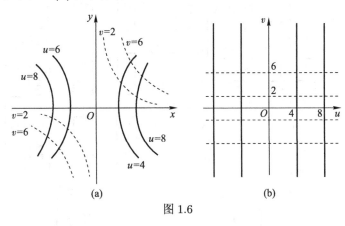

图 1.6

从图形可见, 复变函数相当于把 z 平面上的一个点集变换到 w 平面上另一个点集. 感兴趣的读者可阅读其他数学物理方法教材中保角变换的内容.

上述画法将 z、w 画在两个不同平面里, 所以看不出两者的对应关系. 要表现它们的对应关系, 需要将二者画在一幅图形中, 这似乎有些困难. 因为三维空间图形最多只能表现三种数据之间的关系, 而这里是四个数据, 如何表现呢? 参照平面地图上用颜色表现高度的方法, 也就是用黄色表现高山, 蓝色表现海洋, 在三维图形上加上颜色以后, 就可以表现四个数据了. 图 1.7 就是用这种方法画出的 $f(z) = z^2$ 的图形, 其中平面区域表示函数定义域, 竖直轴表示函数值的实部, 灰度代表函数值的虚部.

扩展阅读: 保角变换

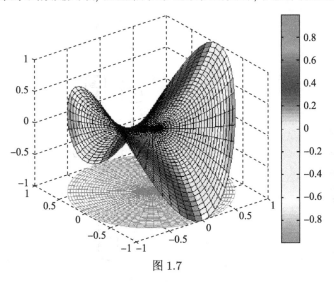

图 1.7

复变函数的 MATLAB 计算图形

1.4 本章思维导图

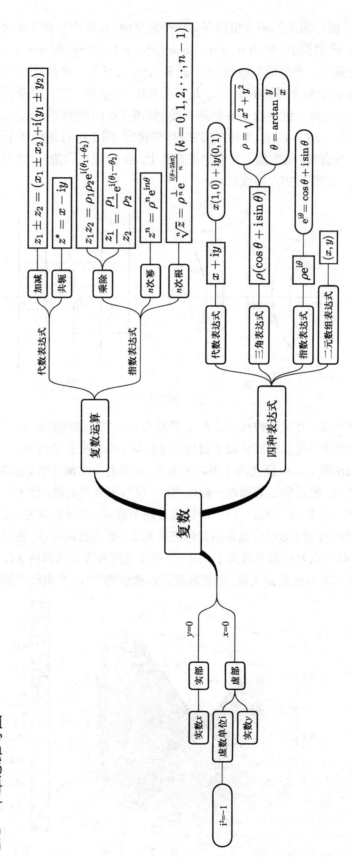

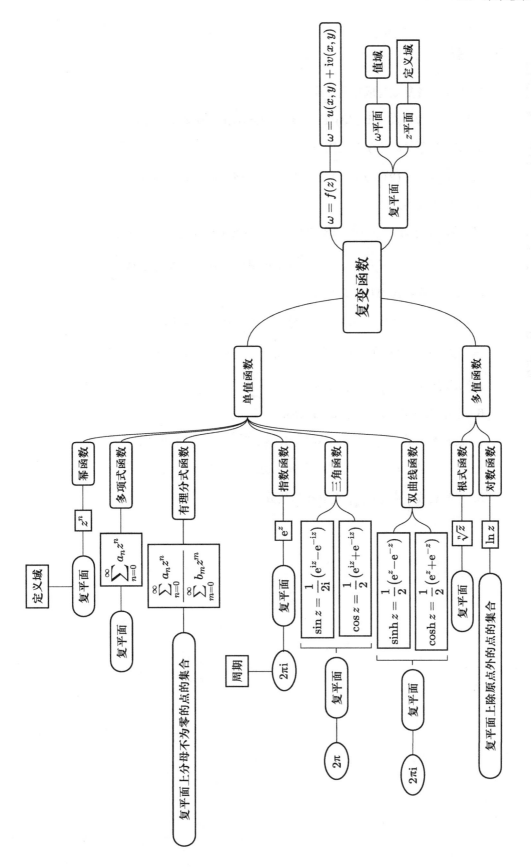

习 题

知识小结

参考例题

习题解答
详解

习题答案

1. 将下列各复数写成指数形式.

(1) $-3\mathrm{i}$ (2) $\sqrt{3}-\mathrm{i}$ (3) $1-\cos\varphi+\mathrm{i}\sin\varphi, 0<\varphi\leqslant\pi$ (4) $\mathrm{e}^{\mathrm{i}+2}$

2. 求下列各复数的模及主辐角.

(1) $\dfrac{1-\sqrt{3}\mathrm{i}}{2}$ (2) $(\sqrt{3}+\mathrm{i})^{-3}$ (3) -1 (4) $-\mathrm{i}$ (5) $\mathrm{i}+\sqrt{\mathrm{i}}$

3. 计算下列各式.

(1) $\sqrt[4]{\mathrm{i}}$ (2) $(1+\sqrt{3}\mathrm{i})^3$ (3) $2^{-\mathrm{i}}$ (4) $\sqrt{1+\mathrm{i}}$ (5) $\cos(2+\mathrm{i})$

4. 设 $z_1=\dfrac{3}{2}+\mathrm{i}\dfrac{3\sqrt{3}}{2}$, $z_2=\dfrac{2\mathrm{i}}{-1+\mathrm{i}}$, 试用指数形式表示 z_1z_2 及 $\dfrac{z_1}{z_2}$.

5. 说明下列各式的几何意义.

(1) $|z|\leqslant 3$ (2) $|z|\leqslant|z-4|$ (3) $|z-1|+|z+3|=10$

(4) $|z-5|-|z+5|=8$ (5) $\left|\dfrac{z-2}{z+2}\right|<1$ (6) $\mathrm{Im}\, z>1$ 且 $|z|<2$

(7) $\arg(z-\mathrm{i})>\dfrac{\pi}{4}$ (8) $z\bar{z}+\mathrm{i}(z-\bar{z})\leqslant 1$

6. 分开 $\sin z$ 和 $\cos z$ 的实部与虚部.

7. 设 x 为实数, 求复数 $w=\sqrt{1+\mathrm{i}2x\sqrt{x^2-1}}$ 的实部和虚部.

8. 若 $(1+\mathrm{i})^n=(1-\mathrm{i})^n$, 求整数 n 之值.

9. 化简复数 $\dfrac{(1+\mathrm{i})^n}{(1-\mathrm{i})^{n+4}}$, 式中 n 为整数.

第二章 导数与解析函数

本章讨论的内容有: 复变函数的极限与连续、可导性, 解析函数及其性质, 初等函数的解析性. 研究方法是借助实变函数的知识对复变函数的实部函数 $u(x,y)$ 和虚部函数 $v(x,y)$ 进行研究.

2.1 极限和连续

实变函数中极限与连续的概念描述了自变量变化与函数值变化之间的联系. 实变量的变化是一维的, 而复变量的变化是二维的, 将一维情形下的描述变量变化的概念 $|x - x_0| < \delta$ 推广到二维就出现了邻域等概念.

z_0 点的 δ 邻域 满足 $|z - z_0| < \delta$ 的点的集合, δ 为任意小的正数. 换言之, 邻域中包含了所有可以无限逼近 z_0 的点. 有时也叫 z_0 点的 δ 有心邻域, 在不会引起误解时也直接叫邻域, 如图 2.1(a) 所示.

z_0 点的无心邻域 满足 $0 < |z - z_0| < \delta$ 的点的集合, 如图 2.1(b) 所示.

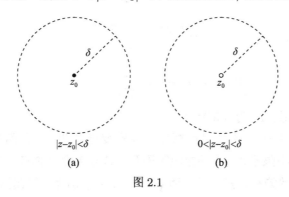

图 2.1

◎ **极限与连续**

设函数 $f(z) = u + \mathrm{i}v$ 在无心邻域 $0 < |z - z_0| < \rho(\rho > 0)$ 内单值确定. 对于给定的任意小的 $\varepsilon > 0$, 存在 δ 使 $0 < |z - z_0| < \delta < \rho$ 时, 有 $|f(z) - w_0| < \varepsilon$ 成立 (w_0 为复数), 则称 w_0 为当 z 趋向于 z_0 时函数 $f(z)$ 的**极限**, 记为

$$\lim_{z \to z_0} f(z) = w_0$$

在以上极限定义中, 若 $f(z_0)$ 有定义且有 $w_0 = f(z_0)$, 则称 $f(z)$ 在 z_0 点**连续**, 记作

$$\lim_{z \to z_0} f(z) = f(z_0)$$

如果 $f(z)$ 在区域 E 上各点均连续, 则称 $f(z)$ 在 E 上连续, 或称 $f(z)$ 是 E 上的**连续函数**.

根据定义, 在无心邻域中, z_0 点是邻域中其他所有点 z 的极限, 而在有心邻域中, z 在 z_0 点连续.

说明:

1. 极限的几何意义是, 当点 z 进入 z_0 的 δ 无心邻域时, $f(z)$ 就落入 w_0 的 ε 邻域内, 如果 z 与 z_0 足够接近, $f(z)$ 与 w_0 就可以无限接近, 如图 2.2 所示.

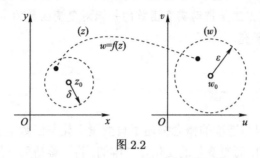

图 2.2

2. 复变函数的极限与连续可归结于对其实部与虚部两个实变函数的极限与连续的讨论.

因为当

$$f(z) = u(x,y) + \mathrm{i}v(x,y), \quad w_0 = a + \mathrm{i}b$$

时, 则有

$$\lim_{z \to z_0} f(z) = a + \mathrm{i}b$$

相当于

$$\lim_{\substack{x \to x_0 \\ y \to y_0}} u(x,y) = a, \quad \lim_{\substack{x \to x_0 \\ y \to y_0}} v(x,y) = b$$

式中 a、b 为实常数, w_0 为复常数.

由此可知, 复变函数的极限运算法则与实变函数相同, 即**两个复变函数的和、差、积、商 (分母极限不为零) 的极限等于两函数各自极限的和、差、积、商.**

同理, **连续函数的和、差、积、商 (分母不为零) 仍为连续函数.**

3. 点 (x,y) 可以沿复平面上任意路径趋于点 (x_0, y_0). 这意味着点 $(x,y) \to (x_0, y_0)$ 的方式有无限多种, 显然要比实变函数中 $x \to x_0, y \to y_0$ 都只有两种方式复杂得多.

4. 极限值不存在的情况: (1) 极限值不唯一; (2) 极限值为无穷大.

2.2 导数

为了以后的叙述精确, 下面再定义一些专用术语, 其几何意义如图 2.3 所示.

内点 设 z_0 及其某个 $\delta(\delta > 0)$ 邻域都属于点集 E, 则 z_0 为 E 的内点.

外点 设 z_0 及其某个 $\delta(\delta > 0)$ 邻域都不属于点集 E, 则 z_0 为 E 的外点.

边界点与边界 Γ 点 a 不属于区域 E, 但在 a 的所有邻域内都有 E 的内点和外点, 则 a 是 E 的边界点. 边界点既不是内点也不是外点. 边界点的全体组成边界 Γ.

连通点集 点集中任何两个点都可以用一条折线连接起来, 折线上所有的点都属于该点集.

区域 复平面上的连通点集 E, 若其中的每一个点都是内点, 则称 E 为区域 (区域不包括边界).

闭区域 区域 $E+$ 边界 Γ, 记为 $\overline{E}$.

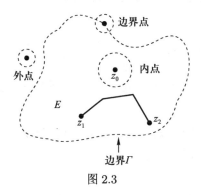

图 2.3

几种典型的区域是 (式中 $r > 0, R > 0$)

环域 $r < |z - z_0| < R$, 如图 2.4(a) 所示, 它变形得到如下另外两种区域.

圆域 $|z - z_0| < R$, 如图 2.4(b) 所示, 当 R 取任意小时就是邻域.

圆外区域 $R < |z - z_0|$, 如图 2.4(c) 所示, 当 $z_0 = 0$ 且 $R \to \infty$ 时, 相当于 $|z| > 1/\delta$, 称之为**无穷远点的无心邻域**, ∞ 点的邻域是以原点为圆心、半径为 $1/\delta$ 的圆外的点的集合, 包含了所有模趋于无穷大的点. 作变换 $w = 1/z$ 可以看出, 在 w 平面中, $w = 0$ 的无心邻域就对应这种情形.

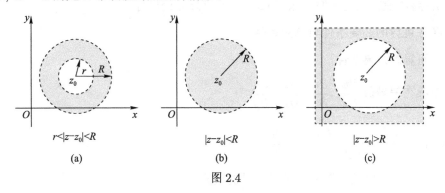

图 2.4

◎ **导数定义**

设 $f(z)$ 是定义在区域 E 上的单值函数, 对于 E 内的任意一点 z, 若极限

$$\lim_{\Delta z \to 0} \frac{\Delta w}{\Delta z} = \lim_{\Delta z \to 0} \frac{f(z + \Delta z) - f(z)}{\Delta z}$$

存在, 则称 $f(z)$ 在 z 点可导. 记为

$$f'(z) = \frac{\mathrm{d}f(z)}{\mathrm{d}z} = \lim_{\Delta z \to 0} \frac{f(z + \Delta z) - f(z)}{\Delta z}$$

　　函数 $f(z)$ 在一点可导, 在该点必连续, 反之则不然. 这与实变函数中可导与连续的关系相同.

◎ **导数公式**

　　复变函数的导数公式与实变函数的形式相同, 如 (式中 c 为常数)

$$\begin{cases} \dfrac{\mathrm{d}}{\mathrm{d}z}c = 0 \ , \quad \dfrac{\mathrm{d}}{\mathrm{d}z}z^n = nz^{n-1} \ , \quad \dfrac{\mathrm{d}}{\mathrm{d}z}\mathrm{e}^z = \mathrm{e}^z \\[3mm] \dfrac{\mathrm{d}}{\mathrm{d}z}\sin z = \cos z \ , \quad \dfrac{\mathrm{d}}{\mathrm{d}z}\cos z = -\sin z \ , \quad \dfrac{\mathrm{d}}{\mathrm{d}z}\ln z = \dfrac{1}{z} \end{cases}$$

　　与连续和极限的情况相似, 若 $f(z)$、$g(z)$ 在区域 E 上 z 点可导, 其和、差、积、商 (分母不为零) 在 z 点也可导, 且有

$$\begin{cases} [f(z) \pm g(z)]' = f'(z) \pm g'(z) \\[2mm] [f(z) \cdot g(z)]' = f'(z)g(z) + f(z)g'(z) \\[2mm] \left[\dfrac{f(z)}{g(z)}\right]' = \dfrac{f'(z)g(z) - f(z)g'(z)}{[g(z)]^2}, \quad g(z) \neq 0 \end{cases}$$

　　此性质可用于直接判断函数在某点是否可导. 如函数 $f(z) = \mathrm{e}^z/\sin z$, 利用上述性质容易知道, 在复平面上除 $\sin z = 0$ 的点外处处可导.

$f(z)$ 可导的必要条件与充分条件

1. 可导的必要条件

a. 存在偏导数 $\dfrac{\partial u}{\partial x}, \dfrac{\partial u}{\partial y}, \dfrac{\partial v}{\partial x}, \dfrac{\partial v}{\partial y}$

b. 满足 $\dfrac{\partial u}{\partial x} = \dfrac{\partial v}{\partial y}, \dfrac{\partial u}{\partial y} = -\dfrac{\partial v}{\partial x}$

证明　沿 x 轴的极限应等于沿 y 轴的极限.

沿 x 轴的极限是 ($\Delta y = 0$)

$$\lim_{\Delta x \to 0} \frac{u(x+\Delta x, y) + \mathrm{i}v(x+\Delta x, y) - u(x,y) - \mathrm{i}v(x,y)}{\Delta x}$$

$$= \lim_{\Delta x \to 0}\left[\frac{u(x+\Delta x, y) - u(x,y)}{\Delta x} + \mathrm{i}\frac{v(x+\Delta x, y) - v(x,y)}{\Delta x}\right]$$

$$= \frac{\partial u}{\partial x} + \mathrm{i}\frac{\partial v}{\partial x}$$

沿 y 轴的极限是 ($\Delta x = 0$)

$$\lim_{\Delta y \to 0} \frac{u(x, y + \Delta y) + \mathrm{i}v(x, y + \Delta y) - u(x, y) - \mathrm{i}v(x, y)}{\mathrm{i}\Delta y}$$

$$= \lim_{\Delta y \to 0} \left[\frac{v(x, y + \Delta y) - v(x, y)}{\Delta y} - \mathrm{i}\frac{u(x, y + \Delta y) - u(x, y)}{\Delta y} \right]$$

$$= \frac{\partial v}{\partial y} - \mathrm{i}\frac{\partial u}{\partial y}$$

两式的实部和虚部分别相等得

$$\frac{\partial u}{\partial x} = \frac{\partial v}{\partial y}, \quad \frac{\partial u}{\partial y} = -\frac{\partial v}{\partial x}$$

上式称为**柯西 – 黎曼条件 (C–R 条件)**. 它是复变函数可导的必要条件, 例如 $f(z) = x - \mathrm{i}y$, 由于 $\partial u/\partial x = 1$, $\partial v/\partial y = -1$, 处处不满足 C–R 条件, 所以 $f(z) = x - \mathrm{i}y$ 在复平面上处处不可导.

2. 可导的充分条件

a. 存在连续的偏导数 $\dfrac{\partial u}{\partial x}$, $\dfrac{\partial u}{\partial y}$, $\dfrac{\partial v}{\partial x}$, $\dfrac{\partial v}{\partial y}$

b. 满足 $\dfrac{\partial u}{\partial x} = \dfrac{\partial v}{\partial y}$, $\dfrac{\partial u}{\partial y} = -\dfrac{\partial v}{\partial x}$

证明　由于连续, 就有

$$\Delta u = \frac{\partial u}{\partial x}\Delta x + \frac{\partial u}{\partial y}\Delta y + \varepsilon_1 \Delta x + \varepsilon_2 \Delta y$$

$$\Delta v = \frac{\partial v}{\partial x}\Delta x + \frac{\partial v}{\partial y}\Delta y + \varepsilon_3 \Delta x + \varepsilon_4 \Delta y$$

其中各个 ε 值随 $\Delta z \to 0$ 而趋于零, 于是有

$$\lim_{\Delta z \to 0} \frac{\Delta f}{\Delta z} = \lim_{\Delta z \to 0} \frac{\Delta u + \mathrm{i}\Delta v}{\Delta z}$$

$$= \lim_{\Delta z \to 0} \frac{\dfrac{\partial u}{\partial x}\Delta x + \dfrac{\partial u}{\partial y}\Delta y + \mathrm{i}\left(\dfrac{\partial v}{\partial x}\Delta x + \dfrac{\partial v}{\partial y}\Delta y\right)}{\Delta z}$$

最后一步考虑到 $|\Delta x/\Delta z|$ 和 $|\Delta y/\Delta z|$ 为有限值, 从而所有含 ε 的项都随 $\Delta z \to 0$ 而趋于零.

根据 C–R 条件, 上式即为

$$\lim_{\substack{\Delta x \to 0 \\ \Delta y \to 0}} \frac{\dfrac{\partial u}{\partial x}(\Delta x + \mathrm{i}\Delta y) + \mathrm{i}\dfrac{\partial v}{\partial x}(\Delta x + \mathrm{i}\Delta y)}{\Delta x + \mathrm{i}\Delta y} = \frac{\partial u}{\partial x} + \mathrm{i}\frac{\partial v}{\partial x}$$

这个结果与 $\Delta z \to 0$ 的方式无关, 证毕.

◎ **导数 $f'(z)$ 的多种形式**

柯西－黎曼条件的推导过程既指出了判断复变函数在一点可导的必要条件, 又提供了求函数导数的公式, 再考虑到 C–R 条件, 对形如 $f(z) = u(x,y) + \mathrm{i}v(x,y)$ 的可导复变函数, 其导数求法就有如下形式:

1. 已知 $u(x,y)$, $v(x,y)$: $f'(z) = \dfrac{\partial u}{\partial x} + \mathrm{i}\dfrac{\partial v}{\partial x} = -\mathrm{i}\dfrac{\partial u}{\partial y} + \dfrac{\partial v}{\partial y}$

2. 已知 $u(x,y)$: $f'(z) = \dfrac{\partial u}{\partial x} - \mathrm{i}\dfrac{\partial u}{\partial y}$

3. 已知 $v(x,y)$: $f'(z) = \dfrac{\partial v}{\partial y} + \mathrm{i}\dfrac{\partial v}{\partial x}$

实际求导时可根据具体问题灵活应用其中的任意一个表达式.

下面用以上方法证明 $(\mathrm{e}^z)' = \mathrm{e}^z$ 及 $(z^n)' = nz^{n-1}$ 两个导数公式.

证明一 $\dfrac{\mathrm{d}\mathrm{e}^z}{\mathrm{d}z} = \dfrac{\mathrm{d}[\mathrm{e}^x(\cos y + \mathrm{i}\sin y)]}{\mathrm{d}z} = \dfrac{\partial}{\partial x}(\mathrm{e}^x\cos y) + \mathrm{i}\dfrac{\partial}{\partial x}(\mathrm{e}^x\sin y)$

$$= \mathrm{e}^x\cos y + \mathrm{i}\mathrm{e}^x\sin y = \mathrm{e}^z$$

证明二 用归纳法证明 $\dfrac{\mathrm{d}z^n}{\mathrm{d}z} = nz^{n-1}$.

当 $n=1$ 时, $\dfrac{\mathrm{d}(x+\mathrm{i}y)}{\mathrm{d}z} = \dfrac{\partial x}{\partial x} + \mathrm{i}\dfrac{\partial y}{\partial x} = 1$

当 $n=2$ 时, $\dfrac{\mathrm{d}(x+\mathrm{i}y)^2}{\mathrm{d}z} = \dfrac{\partial(x^2-y^2)}{\partial x} + \mathrm{i}\dfrac{\partial(2xy)}{\partial x} = 2x + \mathrm{i}2y = 2z$

设 $n = k$ 成立, 则 $n = k + 1$ 时有 (用函数乘积的导数公式)

$$\dfrac{\mathrm{d}}{\mathrm{d}z}(z^k z) = \dfrac{\mathrm{d}}{\mathrm{d}z}z^k \cdot z + z^k \cdot 1 = kz^k + z^k = (k+1)z^k$$

复合复变函数 $f[g(z)]$ 的求导法则类同于复合实变函数的求导.

例 1 若 $f(z) = (2z^3 + 3z - 4)^4$, 求 $f'(z)$ 之值.

解 函数 $f(z) = (2z^3 + 3z - 4)^4$ 可看作是由函数 $g(z) = 2z^3 + 3z - 4$ 和函数 $f[g(z)] = [g(z)]^4$ 复合而成. 因此得

$$f'(z) = 4\left(2z^3 + 3z - 4\right)^3 \cdot \left(6z^2 + 3\right) = 12\left(2z^3 + 3z - 4\right)^3 \cdot \left(2z^2 + 1\right)$$

例 2 试由 $u = x^2 - y^2 + 2xy$ 和 $f(\mathrm{i}) = -1 + 2\mathrm{i}$, 求可导函数 $f(z) = u + \mathrm{i}v$.

解 利用 C–R 条件. 由 C–R 条件第一式得

$$\frac{\partial u}{\partial x} = \frac{\partial}{\partial x}\left(x^2 - y^2 + 2xy\right) = 2x + 2y = \frac{\partial v}{\partial y}$$

积分得

$$v(x,y) = 2xy + y^2 + g(x)$$

式中 $g(x)$ 为待定函数, 又由 C-R 条件第二式得

$$-\frac{\partial v}{\partial x} = \frac{\partial u}{\partial y} = -2y + 2x$$

由 $v(x,y) = 2xy + y^2 + g(x)$ 也可求得

$$\frac{\partial v}{\partial x} = 2y + g'(x)$$

由上面两式中的 $\dfrac{\partial v}{\partial x}$ 相等得

$$2y + g'(x) = 2y - 2x$$

求得

$$g(x) = -x^2 + c$$

式中 c 为待定常数. 代入 $f(z) = u + \mathrm{i}v$ 得

$$f(z) = x^2 - y^2 + 2xy + \mathrm{i}(2xy + y^2 - x^2 + c)$$

将 $f(\mathrm{i}) = -1 + 2\mathrm{i}$ 即 $x = 0, y = 1$ 代入

$$f(\mathrm{i}) = -1 + \mathrm{i}(1 + c) = -1 + 2\mathrm{i}$$

得 $c = 1$, 最后得

$$f(z) = x^2 - y^2 + 2xy + \mathrm{i}(2xy + y^2 - x^2 + 1)$$

或

$$f(z) = (1 - \mathrm{i})z^2 + \mathrm{i}$$

2.3 解析函数

◎ **解析**

　　若函数 $f(z)$ 在 z_0 点的 δ 邻域内处处可导, 则称 $f(z)$ 在 z_0 点解析, z_0 称为 $f(z)$ 的解析点, 而非解析点称为**奇点**.

　　由定义知, 可导可以在一点成立, 而解析必须在邻域内成立. 一点可导不等于在这点解析, 而在一点解析则在该点一定可导.

解析函数导数的几何意义

　　例如, 函数 $f(z) = x^2 + y^2$ 在 $z = 0$ 点可导但在该点并不解析. 这是因为

$$\frac{\partial u}{\partial x} = 2x, \quad \frac{\partial u}{\partial y} = 2y, \quad \frac{\partial v}{\partial x} = 0, \quad \frac{\partial v}{\partial y} = 0$$

可见, 除 $z = 0$ 点外, 函数 $f(z)$ 处处不满足 C-R 条件, 所以函数在 $z = 0$ 点可导但并不解析. 同样, $|z^2|$ 也在 $z = 0$ 点可导但在该点不解析.

◎ **解析函数**

若函数 $f(z)$ 在区域 E 中处处可导, 则称 $f(z)$ 是区域 E 上的解析函数.

函数 $f(z)$ 在闭区域 $\bar{E}$ 上解析是指它在包含 $\bar{E}$ 的一个更大的区域上解析. 函数在区域内可导和函数在该区域内解析等价.

解析函数是复变函数研究的主要对象. 虽然解析对函数的要求很高, 但函数具备了解析性后就具有了一系列重要性质. 为此, 先介绍函数的解析性质.

◎ **解析函数的性质**

1. 若函数 $f(z) = u + \mathrm{i}v$ 在区域 E 上解析, 则 $u(x, y)$, $v(x, y)$ 都是 E 上的调和函数. **调和函数**是指满足拉普拉斯方程 $\dfrac{\partial^2 u}{\partial x^2} + \dfrac{\partial^2 u}{\partial y^2} = 0$ 的函数.

证明 因为 $f(z) = u + \mathrm{i}v$ 在区域 E 上解析, 则由 C–R 条件

$$\frac{\partial u}{\partial x} = \frac{\partial v}{\partial y}, \quad \frac{\partial u}{\partial y} = -\frac{\partial v}{\partial x}$$

注意到函数解析表明其偏导数连续 (可导的充要条件), 对第一式两边求导得

$$\frac{\partial^2 u}{\partial x^2} = \frac{\partial}{\partial x}\left(\frac{\partial v}{\partial y}\right) = \frac{\partial^2 v}{\partial x \partial y} = \frac{\partial}{\partial y}\left(\frac{\partial v}{\partial x}\right)$$

再利用 C–R 条件第二式即得

$$\frac{\partial^2 u}{\partial x^2} + \frac{\partial^2 u}{\partial y^2} = 0$$

同理可得 $\dfrac{\partial^2 v}{\partial x^2} + \dfrac{\partial^2 v}{\partial y^2} = 0$.

注意: 任意两个调和函数 u 与 v 构成的函数 $u + \mathrm{i}v$ 不一定是解析函数.

2. 若函数 $f(z) = u + \mathrm{i}v$ 在区域 E 上解析, 则 $u = C_1$, $v = C_2$ 是 E 上的两组正交曲线族.

证明 由 C–R 条件的两个式子相乘得

$$\frac{\partial u}{\partial x}\frac{\partial v}{\partial x} = -\frac{\partial u}{\partial y}\frac{\partial v}{\partial y}$$

移项变形为

$$\left(\frac{\partial u}{\partial x}\boldsymbol{i} + \frac{\partial u}{\partial y}\boldsymbol{j}\right) \cdot \left(\frac{\partial v}{\partial x}\boldsymbol{i} + \frac{\partial v}{\partial y}\boldsymbol{j}\right) = 0$$

u 和 v 的梯度点乘为零, 表明曲线 $u = C_1$, $v = C_2$ 正交.

◎ **初等函数的解析性**

1. 初等函数在其定义域内解析, 如 z^n, e^z 在全平面解析, 有理分式函数在 z 平面上除使分母为零的点 (奇点) 外解析. 例如, $1/(z-a)$ 除 $z=a$ 点是奇点之外都解析.

2. 若 $f(z), g(z)$ 是区域 E 内的解析函数, 则 $f(z) \pm g(z)$, $f(z)g(z)$ 以及 $f(z)/g(z)$ 在 E 内解析, 其中相除时分母不为零.

3. 若 $f(z) = u(x, y) + \mathrm{i}v(x, y)$ 在区域 E 内解析, 则 $\mathrm{e}^{f(z)}$, $\mathrm{e}^{\mathrm{i}f(z)}$, $\sin f(z)$ 以及 $\sinh f(z)$ 等函数在 E 内也解析, 若 z_0 是 $f(z)$ 的奇点, 则 z_0 也是 $\mathrm{e}^{f(z)}$, $\mathrm{e}^{\mathrm{i}f(z)}$, $\sin f(z)$ 和 $\sinh f(z)$ 等函数的奇点.

下面以 $\mathrm{e}^{f(z)}$ 的解析情况为例进行证明. 由 $f(z)$ 解析得

$$\frac{\partial u}{\partial x} = \frac{\partial v}{\partial y}, \quad \frac{\partial u}{\partial y} = -\frac{\partial v}{\partial x}$$

计算各个偏导数

$$\mathrm{e}^{f(z)} = \mathrm{e}^u(\cos v + \mathrm{i}\sin v) = U + \mathrm{i}V$$

$$\frac{\partial U}{\partial x} = \mathrm{e}^u \cos v \frac{\partial u}{\partial x} - \mathrm{e}^u \sin v \frac{\partial v}{\partial x}, \quad \frac{\partial U}{\partial y} = \mathrm{e}^u \cos v \frac{\partial u}{\partial y} - \mathrm{e}^u \sin v \frac{\partial v}{\partial y}$$

$$\frac{\partial V}{\partial y} = \mathrm{e}^u \sin v \frac{\partial u}{\partial y} + \mathrm{e}^u \cos v \frac{\partial v}{\partial y}, \quad \frac{\partial V}{\partial x} = \mathrm{e}^u \sin v \frac{\partial u}{\partial x} + \mathrm{e}^u \cos v \frac{\partial v}{\partial x}$$

由 u, v 满足 C–R 条件得 U, V 也满足 C–R 条件

$$\frac{\partial U}{\partial x} = \frac{\partial V}{\partial y}, \quad \frac{\partial U}{\partial y} = -\frac{\partial V}{\partial x}$$

可见, 若 $f(z)$ 解析, 则 $\mathrm{e}^{f(z)}$ 也解析.

解析函数的实部 u 和虚部 v 彼此并不独立, 通过 C–R 条件可以互推. 如已知 u 要求 v, 可由 C–R 条件将 v 的微分式写为

$$\mathrm{d}v = \frac{\partial v}{\partial x}\mathrm{d}x + \frac{\partial v}{\partial y}\mathrm{d}y = -\frac{\partial u}{\partial y}\mathrm{d}x + \frac{\partial u}{\partial x}\mathrm{d}y$$

可以证明上式是一个全微分表达式, 而全微分的积分与路径无关. 计算时可采用:
(1) 曲线积分法; (2) 凑全微分显式法.

例 3 求下列函数的奇点: (1) $\dfrac{z+1}{z(z^2+1)}$; (2) $\dfrac{z-2}{(z+1)^2\sin z}$.

解 (1) 由 $z(z^2+1)=0$ 得奇点 $z=0$, $z=\pm\mathrm{i}$.

(2) 由 $(z+1)^2\sin z=0$ 得奇点 $z=-1$, $z=n\pi(n=0,\pm1,\pm2,\cdots)$

例 4 已知 $v(x,y)=x^2-y^2$ 是解析函数 $w(z)$ 的虚部, 且 $w(2+\mathrm{i})=-1+3\mathrm{i}$. 求 $w(z)$.

解 验证 v 是调和函数

$$\frac{\partial^2 v}{\partial x^2}+\frac{\partial^2 v}{\partial y^2}=2-2=0$$

以下通过三种方法求 $w(z)$ 的实部 $u(x,y)$

法 1: $\mathrm{d}u=\dfrac{\partial v}{\partial y}\mathrm{d}x-\dfrac{\partial v}{\partial x}\mathrm{d}y=-2y\mathrm{d}x-2x\mathrm{d}y$

取积分路径为 $(0,0)\longrightarrow(x,0)\longrightarrow(x,y)$, 则有

$$u(x,y)=\int_{(0,0)}^{(x,0)}(-2y\mathrm{d}x-2x\mathrm{d}y)+\int_{(x,0)}^{(x,y)}(-2y\mathrm{d}x-2x\mathrm{d}y)$$

$$=\int_{(x,0)}^{(x,y)}(-2x)\mathrm{d}y=-2xy+C$$

法 2: $\mathrm{d}u=-2y\mathrm{d}x-2x\mathrm{d}y=-\mathrm{d}(2xy);\quad u(x,y)=-2xy+C$

法 3: 已经求出

$$\frac{\partial u}{\partial x}=-2y,\quad \frac{\partial u}{\partial y}=-2x$$

第一式对 x 积分, 将 y 看成参数

$$u(x,y)=\int -2y\mathrm{d}x+\varphi(y)=-2xy+\varphi(y)$$

将它对 y 求导

$$\frac{\partial u}{\partial y}=-2x+\varphi'(y)$$

对比得 $\varphi(y)=C$, 即

$$u(x,y)=-2xy+C$$

所以, 解析函数为

$$w(z)=u(x,y)+\mathrm{i}v(x,y)=-2xy+C+\mathrm{i}(x^2-y^2)=\mathrm{i}z^2+C$$

将 $w(2+\mathrm{i})=-1+3\mathrm{i}$ 代入, 得 $C=3$. 所以

$$w(z)=-2xy+3+\mathrm{i}(x^2-y^2)=\mathrm{i}z^2+3$$

2.4 本章思维导图

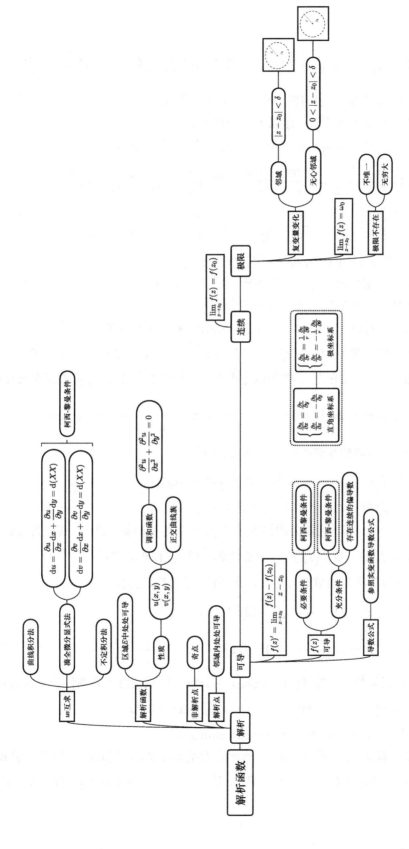

知识小结

参考例题

习 题

1. $f(z) = u(x,y) + \mathrm{i}v(x,y)$ 在某点不可导, 则在该点等式 $\dfrac{\partial u}{\partial x} = \dfrac{\partial v}{\partial y}$ （   ）.

(1) 可能成立, 也可能不成立   (2) 一定成立

(3) 一定不成立   (4) 以上三个都不对

2. 若 $f(z) = u(x,y) + \mathrm{i}v(x,y)$ 在某点解析, 则在该点   （   ）.

(1) $\dfrac{\partial u}{\partial x} + \mathrm{i}\dfrac{\partial v}{\partial x} = -\dfrac{\partial v}{\partial y} - \mathrm{i}\dfrac{\partial u}{\partial y}$ (2) $\mathrm{i}\dfrac{\partial u}{\partial x} + \dfrac{\partial v}{\partial x} = \dfrac{\partial v}{\partial y} + \mathrm{i}\dfrac{\partial u}{\partial x}$

(3) $\dfrac{\partial u}{\partial x} + \mathrm{i}\dfrac{\partial v}{\partial x} = \dfrac{\partial v}{\partial y} - \mathrm{i}\dfrac{\partial u}{\partial y}$ (4) $\dfrac{\partial u}{\partial x} + \dfrac{\partial v}{\partial x} = \dfrac{\partial v}{\partial y} + \dfrac{\partial u}{\partial y}$

3. 若 $f(z)$ 在点 z_0 可导, 则在该点 $f(z)$ （   ）.

(1) 一定解析   (2) 可能解析, 也可能不解析

(3) 一定不解析   (4) 以上三个都不对

4. 若 $f(z) = u(x,y) + \mathrm{i}v(x,y)$ 在某区域内解析, 则在该区域   （   ）.

(1) $\nabla u \cdot \nabla v = 0$ (2) $\nabla u \cdot \nabla v \neq 0$ (3) $\nabla u + \nabla v = 0$ (4) $\nabla u = \nabla v$

5. 下列函数在点 z_0 的极限是否存在? 若存在求出其值, 并判断在该点的连续性.

(1) $f(z) = 2x + \mathrm{i}y^2, z_0 = 2\mathrm{i}$ (2) $f(z) = \dfrac{1}{2\mathrm{i}}\left(\dfrac{z}{\bar{z}} - \dfrac{\bar{z}}{z}\right), z_0 = 0$

6. 下列函数在何处可导, 在何处解析?

(1) $f(z) = x^2 - \mathrm{i}y$ (2) $f(z) = 2x^3 + \mathrm{i}3y^3$

(3) $f(z) = xy^2 + \mathrm{i}x^2 y$ (4) $f(z) = z - \bar{z}$

7. 证明: 若一区域内的解析函数 $f(z)$ 满足下列条件之一, 其必为常数.

(1) $f'(z) = 0$ (2) $f(z)$ 为实函数   (3) $|f(z)| =$ 常数

8. 分析下列函数的可导性、解析性, 若可导求出其导数.

(1) $f(z) = z^2 + \dfrac{1}{z} + \sqrt{z}$ (2) $f(z) = \mathrm{e}^{z + \frac{1}{z}}$

(3) $f(z) = \sin\dfrac{z}{z+1}$ (4) $f(z) = \dfrac{z-1}{(z^2+2)(z-2)}$

9. 已知解析函数 $f(z) = u(x,y) + \mathrm{i}v(x,y)$, 试根据下列条件分别求其导数.

(1) $u(x,y) = \mathrm{e}^{x^2}\sin y^2$ (2) $v(x,y) = x^3 - 3y^2 x$

(3) $f(z) = \sin x \cosh y + \mathrm{i}\cos x \sinh y$

10. 设 $x^3 + lxy^2 + \mathrm{i}(my^3 + nx^2 y)$ 为解析函数, 确定 l, m, n 的值并求其导数.

11. 若函数 $f(z) = u + \mathrm{i}v$ 解析, 且 $u - v = (x^2 + 4xy + y^2)(x - y)$, 求 $f(z)$.

12. 试推导极坐标系中的 C–R 条件:

$$\frac{\partial u}{\partial r} = \frac{1}{r}\frac{\partial v}{\partial \theta}, \quad \frac{\partial v}{\partial r} = -\frac{1}{r}\frac{\partial u}{\partial \theta}$$

习题解答
详解

13. 已知某区域内解析函数 $f(z) = u + iv$ 的实部或虚部分别如下所示, 求其解析函数.

(1) $u(x,y) = x^2 - y^2$　(2) $v(x,y) = e^{px}\sin y$, p 为实数

(3) $u(x,y) = 2(x-1)y$, $f(2) = -i$　(4) $v(x,y) = xy, f(1+i) = 2+i$

(5) $v(x,y) = \dfrac{y}{x^2+y^2}$, $f(2) = 0$　(6) $u(r,\theta) = \theta$, $f(1) = 0$

习题答案

第三章 积分

本章介绍复变函数线积分定义与性质、柯西定理及柯西公式. 柯西定理描述了解析函数围线积分的结果, 而柯西公式提供了一种用围线积分计算解析函数在围线区域内函数值的方法.

3.1 复变函数的积分

◎ **复变函数积分定义**

如图 3.1 所示, 函数 $f(z)$ 在分段光滑曲线 l 上连续, 把 l 由 $z_0 = A, z_1, z_2, \cdots,$ $z_n = B$ 任意分为 n 段, 从每个间隔 $\Delta z_k = z_k - z_{k-1}$ 内任取一点 ξ_k, 当 $\max|\Delta z_k| \to 0$ 时, 若

$$\lim_{n \to \infty} \sum_{k=1}^{n} f(\xi_k) \Delta z_k$$

存在且其值与 ξ_k 的选取无关, 则此和的极限称为复变函数 $f(z)$ 沿曲线 l 从 A 到 B 的复变函数积分, 记作 $\int_l f(z)\mathrm{d}z$, l 称为积分路径.

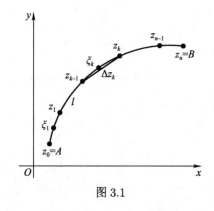

图 3.1

◎ **复变函数积分性质**

根据定义可知, 实变函数积分性质对复变函数积分仍然成立.
1. 常系数因子可以移到积分号外;
2. 函数和的积分等于各个函数积分的和;
3. 反转积分路径, 积分变号;
4. 全路径上的积分等于各段积分之和.

◎ **复变函数积分计算公式**

1. 复变函数积分可以归结为其实部与虚部两个实变函数的积分

$$\int_l f(z)\mathrm{d}z = \int_l (u+\mathrm{i}v)\mathrm{d}(x+\mathrm{i}y) = \int_l (u\mathrm{d}x - v\mathrm{d}y) + \mathrm{i}\int_l (v\mathrm{d}x + u\mathrm{d}y) \tag{3.1}$$

2. 若积分曲线可用参数方程 $z(t)(t_1 \leqslant t \leqslant t_2)$ 表示, 因为 $\mathrm{d}[z(t)] = z'(t)\,\mathrm{d}t$, 所以复变函数积分可写成

$$\int_l f(z)\mathrm{d}z = \int_{t_1}^{t_2} f[z(t)]\,z'(t)\,\mathrm{d}t \tag{3.2}$$

例 1 计算积分 $I(l) = \displaystyle\int_l \mathrm{Re}(2z)\mathrm{d}z$, 积分路径分别取图 3.2 中实线 l_1: $(0,0) \to (1,0) \to (1,\mathrm{i})$, 虚线 l_2: $(0,0) \to (0,\mathrm{i}) \to (1,\mathrm{i})$.

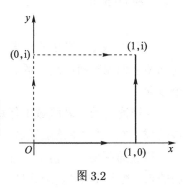

图 3.2

解 根据式 (3.1), 积分可写为

$$I(l) = \int_l \mathrm{Re}(2z)\mathrm{d}z = \int_l 2\mathrm{Re}\,z\mathrm{d}z = 2\left[\int_l x\mathrm{d}(x+\mathrm{i}y)\right]$$
$$= 2\left(\int_l x\mathrm{d}x + \mathrm{i}\int_l x\mathrm{d}y\right)$$

所以

$$I(l_1) = 2\left(\int_0^1 x\mathrm{d}x + \mathrm{i}\int_0^0 x\mathrm{d}0 + \int_1^1 1\mathrm{d}1 + \mathrm{i}\int_0^1 1\mathrm{d}y\right) = 1+2\mathrm{i}$$

$$I(l_2) = 2\left(\int_0^0 0\mathrm{d}0 + \mathrm{i}\int_0^1 0\mathrm{d}y + \int_0^1 x\mathrm{d}x + \mathrm{i}\int_1^1 x\mathrm{d}1\right) = 1$$

当路径不同时积分结果是不同的.

例 2 计算积分 $I(l) = \displaystyle\int_l z\mathrm{d}z$, 积分路径分别取 l_1: $(0,0) \to (1,0) \to (1,\mathrm{i})$, l_2: $(0,0) \to (0,\mathrm{i}) \to (1,\mathrm{i})$, 如图 3.2 所示.

解 根据式 (3.1), 先改写积分

$$I(l) = \int_l z\mathrm{d}z = \int_l (x+\mathrm{i}y)\mathrm{d}(x+\mathrm{i}y) = \int_l (x\mathrm{d}x - y\mathrm{d}y) + \mathrm{i}\int_l (x\mathrm{d}y + y\mathrm{d}x)$$

因此

$$I(l_1) = \int_0^1 x\mathrm{d}x - \int_0^1 y\mathrm{d}y + \mathrm{i}\int_0^1 \mathrm{d}y = \mathrm{i}$$

$$I(l_2) = -\int_0^1 y\mathrm{d}y + \int_0^1 x\mathrm{d}x + \mathrm{i}\int_0^1 \mathrm{d}x = \mathrm{i}$$

与例 1 不同, 当路径不同时积分结果却不变.

例 3 沿路径 $y = x^2$ 计算积分 $I = \displaystyle\int_0^{1+\mathrm{i}} \left(x^2 + \mathrm{i}y\right)\mathrm{d}z$.

解 曲线参数方程为

$$\begin{cases} x = t \\ y = t^2 \end{cases} \quad (0 \leqslant t \leqslant 1)$$

因为 $z = t + \mathrm{i}t^2$, $\mathrm{d}z = (1 + \mathrm{i}2t)\,\mathrm{d}t$, 所以

$$I = \int_0^1 \left(t^2 + \mathrm{i}t^2\right)(1 + \mathrm{i}2t)\,\mathrm{d}t = (1+\mathrm{i})\int_0^1 t^2(1+\mathrm{i}2t)\,\mathrm{d}t$$

$$= (1+\mathrm{i})\left(\frac{1}{3}t^3 + \mathrm{i}\frac{1}{2}t^4\right)\bigg|_0^1 = -\frac{1}{6} + \frac{5}{6}\mathrm{i}$$

本例利用参数方程计算积分.

3.2 柯西定理

柯西简介

上节中例 1、例 2 的结果表明, 有的积分与路径有关, 有的积分与路径无关. 如何判断它们呢? 柯西定理解决了这个问题. 在介绍柯西定理之前, 先介绍定理中的几个概念.

单连通区域 若区域中任意一条简单闭曲线 (自身不相交的围线) 中的点都属于该区域, 该区域叫单连通区域.

多连通区域 若区域中至少存在这样一条简单闭曲线, 其内部含有不属于该区域的点, 该区域叫多连通区域.

边界线的正向 沿正向走, 区域在边界的左边.

在几何直观上, 单连通区域是一个没有"孔"的区域 [图 3.3(a) 所示], 多连通区域是有"孔"的区域, 边界 $l_0 + l_1 + l_2$ 不是简单闭曲线 [图 3.3(b) 所示]. 有一个"孔"的称为二连通区域, 有两个"孔"的称为三连通区域.

多连通区域加割线后可改造成单连通区域, 如图 3.4 所示, 改造后的单连通区域边界为

$$l_0 + a_1b_1 + l_1 + b_1a_1 + a_1a_2 + a_2b_2 + l_2 + b_2a_2 + a_2a_3 + a_3b_3 + l_3 + b_3a_3$$

此时在这个区域内所作的任意一条简单闭曲线里面的点都是内点.

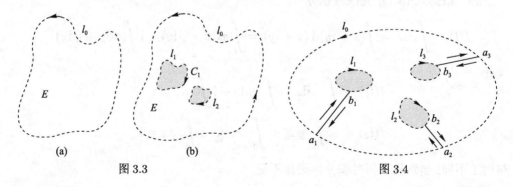

图 3.3   图 3.4

◎ **柯西定理**

1. **单连通区域情形** 若函数 $f(z)$ 在闭单连通区域 $\overline{E}$ 上解析, 则沿 E 上任一分段光滑的闭合曲线 l(可以是边界), 有

$$\oint_l f(z)\mathrm{d}z = 0 \tag{3.3}$$

证明 $\oint_l f(z)\,\mathrm{d}z = \oint_l (u\mathrm{d}x - v\mathrm{d}y) + \mathrm{i}\oint_l (u\mathrm{d}y + v\mathrm{d}x)$

因为 $f(z)$ 在 $\overline{E}$ 上解析, 所以有 $\dfrac{\partial u}{\partial x},\ \dfrac{\partial u}{\partial y},\ \dfrac{\partial v}{\partial x},\ \dfrac{\partial v}{\partial y}$ 存在且连续, 因此对上述积分右端实部和虚部可应用格林公式

$$\oint_l P\mathrm{d}x + Q\mathrm{d}y = \oint_S \left(\frac{\partial Q}{\partial x} - \frac{\partial P}{\partial y}\right)\mathrm{d}S$$

将围线积分化为面积分

$$\oint_l f(z)\,\mathrm{d}z = \iint_S \left[\frac{\partial(-v)}{\partial x} - \frac{\partial u}{\partial y}\right]\mathrm{d}x\mathrm{d}y + \mathrm{i}\iint_S \left[\frac{\partial u}{\partial x} - \frac{\partial v}{\partial y}\right]\mathrm{d}x\mathrm{d}y$$

再利用 C–R 条件, 即有

$$\oint_l f(z)\,\mathrm{d}z = 0$$

推论 $f(z)$ 在单连通区域 E 上解析, 则在 E 内以 A, B 为端点的不同路径曲线积分都相等, 如图 3.5 所示 (积分与路径无关的条件).

证明 因为 $\displaystyle\int_{l_1 + l_2^-} f(z)\mathrm{d}z = 0$, 即

$$\int_{l_1} f(z)\,\mathrm{d}z + \int_{l_2^-} f(z)\,\mathrm{d}z = 0$$

式中 l_2^- 表示沿 l_2 逆向积分, 利用积分性质 3 即得

$$\int_{l_1} f(z)\,\mathrm{d}z = \int_{l_2} f(z)\,\mathrm{d}z$$

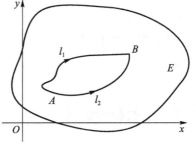

图 3.5

2. 多连通区域情形 若函数 $f(z)$ 在闭多连通区域上解析, l_0 为区域外边界线, $l_j(j = 1, 2, \cdots, n)$ 为区域内边界线 (参见图 3.3), 积分沿内外边界线的正方向进行, 则有

$$\oint_{l_0} f(z)\mathrm{d}z + \sum_{j=1}^n \oint_{l_j} f(z)\mathrm{d}z = 0 \tag{3.4}$$

表明: 闭多连通区域中的解析函数沿区域所有边界的正向积分之和为零.

证明 设 l_0 是外边界, $l_1, l_2, \cdots, l_j$ 是内边界, 作割线 $a_1b_1, a_2b_2, \cdots, a_jb_j$ 将内外边界连接, 如图 3.4 所示. 这样, 原来的复连通区域就变成单连通区域. 由单连通区域柯西积分定理, 沿全部边界积分为零, 即

$$\oint_{l_0} f(z)\mathrm{d}z + \int_{\overline{a_1b_1}} f(z)\,\mathrm{d}z + \oint_{l_1} f(z)\,\mathrm{d}z + \int_{\overline{b_1a_1}} f(z)\,\mathrm{d}z + \int_{\overline{a_2b_2}} f(z)\,\mathrm{d}z +$$

$$\oint_{l_2} f(z)\,\mathrm{d}z + \int_{\overline{b_2a_2}} f(z)\,\mathrm{d}z + \cdots + \int_{\overline{a_jb_j}} f(z)\,\mathrm{d}z + \oint_{l_j} f(z)\,\mathrm{d}z + \int_{\overline{b_ja_j}} f(z)\,\mathrm{d}z = 0$$

利用积分性质 3, 在割线上来回的路径 $\overline{a_1b_1}$ 和 $\overline{b_1a_1}$、$\overline{a_2b_2}$ 和 $\overline{b_2a_2}$ 以及 $\overline{a_jb_j}$ 和 $\overline{b_ja_j}$ 积分互相抵消, 即得结论

$$\oint_{l_0} f(z)\mathrm{d}z + \sum_{j=1}^{n} \oint_{l_j} f(z)\mathrm{d}z = 0$$

再利用积分性质 3, 上式移项后得柯西定理第二种等价表述方式

$$\oint_{l_0} f(z)\mathrm{d}z = \sum_{j=1}^{n} \oint_{l_j^-} f(z)\mathrm{d}z \tag{3.5}$$

表明: 闭多连通区域上的解析函数沿外边界逆时针方向的积分等于沿所有内边界线逆时针方向的积分之和.

推论 若围线在积分区域中连续变形, 则围线积分值不变.

证明 因为变形前后的两条边界形成一个二连通区域, 故内外边界上的积分相等.

例 4 计算积分 $I = \oint_{|z|=1} \dfrac{\sin z \mathrm{d}z}{z^2 + 2z + 2}$.

解 被积函数

$$f(z) = \frac{\sin z}{z^2 + 2z + 2} = \frac{\sin z}{(z+1-\mathrm{i})(z+1+\mathrm{i})}$$

奇点为 $z_1 = -1 + \mathrm{i}, z_2 = -1 - \mathrm{i}$, 都在 $|z| = 1$ 之外, 区域 $|z| \leqslant 1$ 为单连通域, 由柯西积分定理式 (3.3) 得

$$I = \oint_{|z|=1} \frac{\sin z \mathrm{d}z}{z^2 + 2z + 2} = 0$$

3.3 柯西积分公式

◎ **单连通区域**

设单连通闭区域 $\overline{E}$ 的边界线为 $l, f(z)$ 在 $\overline{E}$ 上解析, 则对于 $\overline{E}$ 内任何一点 z, 有

$$f(z) = \frac{1}{2\pi\mathrm{i}} \oint_l \frac{f(\zeta)}{\zeta - z}\mathrm{d}\zeta \tag{3.6}$$

证明 对于连续函数 $f(z)$, 取 $|\zeta - z| < \delta$, 只要 δ 足够小, 就能有 $|f(\zeta) - f(z)| < \varepsilon, \varepsilon$ 是任意小的正数. 将围线 l 连续变形为以 z 为圆心以 δ 为半径的小圆 C_ε, 如图 3.6 所示, 则有

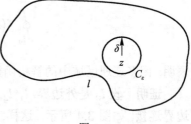

图 3.6

$$\zeta - z = \delta \mathrm{e}^{\mathrm{i}\phi}, \quad \mathrm{d}\zeta = \mathrm{i}\mathrm{e}^{\mathrm{i}\phi}\delta\mathrm{d}\phi$$

将 $f(z)$ 代入进行运算

$$\left| \frac{1}{2\pi\mathrm{i}} \oint_{C_\varepsilon} \frac{f(\zeta)}{\zeta - z}\mathrm{d}\zeta - f(z) \cdot 1 \right| = \left| \frac{1}{2\pi\mathrm{i}} \oint_{C_\varepsilon} \frac{f(\zeta)}{\zeta - z}\mathrm{d}\zeta - f(z) \cdot \frac{1}{2\pi\mathrm{i}} \oint_{C_\varepsilon} \frac{1}{\zeta - z}\mathrm{d}\zeta \right|$$

$$= \left| \frac{1}{2\pi\mathrm{i}} \oint_{C_\varepsilon} \frac{f(\zeta) - f(z)}{\zeta - z} \mathrm{d}\zeta \right| \leqslant \frac{1}{2\pi} \oint_{C_\varepsilon} \frac{|f(\zeta) - f(z)|}{|\zeta - z|} |\mathrm{d}\zeta| < \frac{1}{2\pi} \int_0^{2\pi} \frac{\varepsilon}{\delta} \delta \mathrm{d}\phi = \varepsilon$$

当 $\varepsilon \to 0$ 时, 绝对值下的函数应为零. 所以

$$f(z) = \frac{1}{2\pi\mathrm{i}} \oint_l \frac{f(\zeta)}{\zeta - z} \mathrm{d}\zeta$$

公式右边称为**柯西积分**, 借此公式可以计算某些围线积分. 柯西公式是解析函数的积分表达式, 是我们今后研究解析函数的重要工具.

推论 解析函数可以求导任意次.

因为 z 为区域的内点, 积分变量在区域的边界线上, 所以 $\zeta - z \neq 0$, 积分号下的函数 $f(\zeta)/(\zeta - z)$ 在区域内对 z 处处可导. 式 (3.6) 两边对 z 求导, 得导数公式

$$f'(z) = \frac{1}{2\pi\mathrm{i}} \oint_l \frac{f(\zeta)}{(\zeta - z)^2} \mathrm{d}\zeta \tag{3.7}$$

继续求导可得 $n(n$ 为自然数$)$ 阶导数公式

$$f^{(n)}(z) = \frac{n!}{2\pi\mathrm{i}} \oint_l \frac{f(\zeta)}{(\zeta - z)^{n+1}} \mathrm{d}\zeta \tag{3.8}$$

第二个公式也可改写为下列形式

$$\oint_l \frac{f(z)}{(z - a)^{n+1}} \mathrm{d}z = \frac{2\pi\mathrm{i}}{n!} \frac{\mathrm{d}^n f(z)}{\mathrm{d}z^n} \bigg|_{z=a}$$

◎ **多连通区域**

设多连通有界区域 $\bar{E}$ 的边界线为 $l_0 + \sum_{i=1}^{n} l_i$, $f(z)$ 在 $\bar{E}$ 上解析, 则对于 $\bar{E}$ 内任何一点 z, 有

$$f(z) = \frac{1}{2\pi\mathrm{i}} \left[\oint_{l_0} \frac{f(\zeta)}{\zeta - z} \mathrm{d}\zeta + \sum_{i=1}^{n} \oint_{l_i} \frac{f(\zeta)}{\zeta - z} \mathrm{d}\zeta \right] \tag{3.9}$$

所有积分路径都取正方向, 即外围线 l_0 取逆时针方向, 内围线 l_i 取顺时针方向, 如图 3.3 所示.

柯西积分公式把解析函数在解析区域内部任一点的值用它在边界上的积分来表示, 不但提供了计算某些复变函数围线积分的一种方法, 而且给出了解析函数的一个积分表达式.

例 5 计算积分 $I_n = \oint_l \frac{\mathrm{d}z}{(z - \alpha)^n}$, α 是复常数, n 为整数, l 所围区域为单连通域.

解 应分为几种情况讨论.

1. 当 n 为负整数或零时, 无论 l 是否包含点 α, $\frac{1}{(z - \alpha)^n}$ 在 l 所围区域上都解析, 所以

$$I_n = \oint_l \frac{\mathrm{d}z}{(z - \alpha)^n} = 0$$

2. 当 n 为正整数时:

(1) l 不包含点 α, 被积函数 $\dfrac{1}{(z-\alpha)^n}$ 解析, 由柯西积分定理得 $I=0$.

(2) l 包含点 α: $n=1$ 时, 由柯西积分公式并注意到 $f(z)=1$, 得

$$I_1 = 2\pi i \cdot f(\alpha) = 2\pi i$$

$n \neq 1$ 时, 对积分 $I_n = \oint_l \dfrac{\mathrm{d}z}{(z-\alpha)^n}$, 由柯西积分公式推论, 因为 $f^{(n)}(z)=0$, 所以积分

$$I_n = \oint_l \frac{\mathrm{d}z}{(z-\alpha)^n} = 0$$

综上所述, 积分值只有一种不为零的情形, 即

$$I_n = \oint_l \frac{\mathrm{d}z}{(z-\alpha)^n} = \begin{cases} 2\pi i & (n=1 \text{且} l \text{包含点}\alpha) \\ 0 & (\text{其余情形}) \end{cases}$$

例 6 计算积分 $I = \oint_{|z|=2} \dfrac{\mathrm{d}z}{(z-1)(z+3i)}$.

解 奇点为 $z=1$, $z=-3i$, 其中 $z=-3i$ 在区域 $|z| \leqslant 2$ 之外. 由柯西积分公式得

$$I = \oint_{|z|=2} \frac{\mathrm{d}z}{(z-1)(z+3i)} = \oint_{|z|=2} \frac{\frac{1}{(z+3i)}}{z-1} \mathrm{d}z$$

$$= 2\pi i \frac{1}{z+3i} \Big|_{z=1} = \frac{\pi}{5}(3+i)$$

例 7 计算积分 $I = \oint_{|z|=4} \dfrac{\mathrm{d}z}{(z-1)(z+3i)}$.

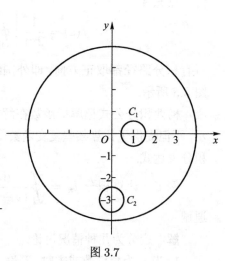

解 此例与上例除积分围线不同外其余相同. 奇点 $z=1$, $z=-3i$ 均在区域 $|z| \leqslant 4$ 之内. 在 $|z|=4$ 内部作围线 C_1 仅包含 $z=1$(如取 C_1 为 $|z-1|=1/2$), 围线 C_2 仅包含 $z=-3i$(如取 C_2 为 $|z+3i|=1/2$), 如图 3.7 所示. 由复连通区域柯西定理和柯西公式得

图 3.7

$$I = \oint_{|z|=4} \frac{\mathrm{d}z}{(z-1)(z+3i)} = \oint_{C_1} \frac{\mathrm{d}z}{(z-1)(z+3i)} +$$

$$\oint_{C_2} \frac{\mathrm{d}z}{(z-1)(z+3i)}$$

$$= 2\pi i \frac{1}{(z+3i)} \Big|_{z=1} + 2\pi i \frac{1}{z-1} \Big|_{z=-3i}$$

$$= \frac{\pi}{5}(3+i) - \frac{\pi}{5}(3+i) = 0$$

3.4 本章思维导图

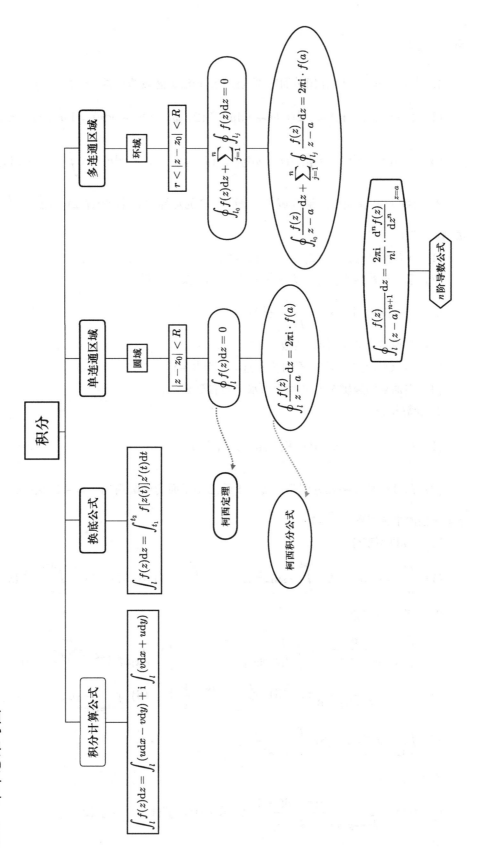

知识小结

参考例题

习 题

1. 若 $f(z) = u + \mathrm{i}v$ 在闭单通区域内解析, 则沿该区域的边界 l 有 (　　).

(1) $\oint_l (-u\mathrm{d}x + v\mathrm{d}y) = \mathrm{i}\oint_l (v\mathrm{d}x + u\mathrm{d}y)$ 　(2) $\oint_l (-u\mathrm{d}x - v\mathrm{d}y) = \mathrm{i}\oint_l (v\mathrm{d}x + u\mathrm{d}y)$

(3) $\oint_l (u\mathrm{d}x + v\mathrm{d}y) = \mathrm{i}\oint_l (v\mathrm{d}x + u\mathrm{d}y)$ 　(4) $\oint_l (-u\mathrm{d}x + v\mathrm{d}y) = \mathrm{i}\oint_l (v\mathrm{d}x - u\mathrm{d}y)$

2. 函数 $f(z)$ 在闭单连通区域 $\overline{E}$ 上解析, $\overline{E}$ 的边界为 l, 若 $2\pi\mathrm{i}f(z) = \oint_l \dfrac{f(\zeta)}{\zeta - z}\mathrm{d}\zeta$ 成立, 则 z 点 (　　).

(1) 为 $\overline{E}$ 外任意点　(2) 为 $\overline{E}$ 内任意点

(3) 可以为 $\overline{E}$ 内点, 也可以为 $\overline{E}$ 外点　(4) 以上都不对

3. 沿下列路径计算积分 $\displaystyle\int_0^{3+\mathrm{i}} z^2\mathrm{d}z$

(1) 自原点至 $3+\mathrm{i}$ 的直线段.

(2) 自原点沿实轴至 3, 再由 3 竖直向上至 $3+\mathrm{i}$.

(3) 自原点沿虚轴至 i, 再由 i 沿水平向右至 $3+\mathrm{i}$.

4. 计算积分

(1) $\displaystyle\int_0^{1+\mathrm{i}} (x - y + \mathrm{i}x^2)\mathrm{d}z$, 积分路径为直线段.

(2) $\displaystyle\int_l \bar{z}\mathrm{d}z$, 积分路径分别为由 $z = 1$ 经上半平面的半圆周到 $z = -1$ 和由 $z = 1$ 经下半平面的半圆周到 $z = -1$.

5. 计算以下积分

(1) $\displaystyle\int_0^1 z\sin z\mathrm{d}z$　(2) $\displaystyle\int_a^b z\sin z^2\mathrm{d}z$　(3) $\displaystyle\int_0^{\mathrm{i}} (z-1)\mathrm{e}^{-z}\mathrm{d}z$　(4) $\displaystyle\int_{-\pi\mathrm{i}}^{3\pi\mathrm{i}} \mathrm{e}^{2z}\mathrm{d}z$

6. 计算以下积分

(1) $\displaystyle\oint_{|z-a|=a} \dfrac{\mathrm{d}z}{z^2 - a^2}$　(2) $\displaystyle\oint_{|z-2\mathrm{i}|=\frac{3}{2}} \dfrac{\mathrm{e}^{\mathrm{i}z}}{z^2+1}\mathrm{d}z$　(3) $\displaystyle\oint_{|z|=\frac{3}{2}} \dfrac{\mathrm{d}z}{(z^2+1)(z^2+4)}$

(4) $\displaystyle\oint_{|z|=1} \dfrac{\mathrm{e}^z}{z^2+5z+6}\mathrm{d}z$　(5) $\displaystyle\oint_{|z|=2} \dfrac{3z-1}{z(z-1)}\mathrm{d}z$　(6) $\displaystyle\oint_{|z|=2} \dfrac{\bar{z}}{|z|}\mathrm{d}z$

(7) $\displaystyle\oint_{|z|=1} z\mathrm{e}^{-z}\mathrm{d}z$　(8) $\displaystyle\oint_{|z|=1} \dfrac{1}{z^2+2}\mathrm{d}z$

7. 计算

(1) $f(z) = \displaystyle\oint_{x^2+y^2=3} \dfrac{3\xi^2 + 6\xi + 1}{\xi - z}\mathrm{d}\xi$, 求 $f'(\mathrm{i})$、 $f'(1+\mathrm{i})$ 及 $f'(2+\mathrm{i})$.

(2) $f(z) = \oint_{|z|=2} \dfrac{2z^2 - z + 1}{(z-1)^2} \mathrm{d}z.$ (3) $\oint_{|z|=a} \dfrac{\cos \pi z}{(z-1)^3} \mathrm{d}z, a > 1.$

8. 由积分 $\oint_{|z|=1} \dfrac{\mathrm{d}z}{z+2}$ 的值证明 $\displaystyle\int_0^\pi \dfrac{1 + 2\cos\theta}{5 + 4\cos\theta} \mathrm{d}\theta = 0.$

9. 由积分 $\oint_{|z|=1} \dfrac{\mathrm{e}^z}{z} \mathrm{d}z$ 的值证明 $\displaystyle\int_0^\pi \mathrm{e}^{\cos\theta} \cos(\sin\theta) \mathrm{d}\theta = \pi.$

习题解答
详解

习题答案

第四章 幂级数

本章借用实变分析中的幂级数理论, 研究了复变级数性质. 复变函数中的幂级数有正幂级数和双边幂级数两种, 双边幂级数是含有负幂项的级数, 这是实变函数中没有的. 圆域中的解析函数可以展开为正幂级数, 环域中的解析函数可以展开为双边幂级数. 复变函数级数可用于分析复变函数的孤立奇点等.

4.1 复数项级数

各项均由复数 $z_k = x_k + \mathrm{i}y_k (k = 1, 2, \cdots)$ 构成的无穷级数

$$\sum_{k=1}^{\infty} z_k = z_1 + z_2 + \cdots + z_n + \cdots \tag{4.1}$$

称为**复数项级数**.

若级数 $\sum_{k=1}^{\infty} z_k$ 的前 n 项和 $s_n = \sum_{k=1}^{n} z_k$ 满足

$$\lim_{n \to \infty} s_n = s$$

则级数 $\sum_{k=1}^{\infty} z_k$ **收敛**, s 称为级数 $\sum_{k=1}^{\infty} z_k$ 的和, 记作 $s = \sum_{k=1}^{\infty} z_k$.

设 $s = a + \mathrm{i}b(a, b$ 为实常数), 因为

$$s = a + \mathrm{i}b = \sum_{k=1}^{\infty} z_k = \sum_{k=1}^{\infty} x_k + \mathrm{i} \sum_{k=1}^{\infty} y_k$$

所以, 级数 $\sum_{k=1}^{\infty} z_k$ 的收敛等价于其实部级数 $\sum_{k=1}^{\infty} x_k$ 与虚部级数 $\sum_{k=1}^{\infty} y_k$ 分别收敛于 a 和 b.

若级数各项取绝对值后构成的级数 $\sum_{k=1}^{\infty} |z_k|$ 收敛, 则称 $\sum_{k=1}^{\infty} z_k$ **绝对收敛**.

$\sum_{k=1}^{\infty} |z_k|$ 是实数级数, 所以其收敛性可用实变分析中的方法研究. 如:

比较判别法 若 $|z_k| < |w_k|$, $\sum_{k=1}^{\infty} |w_k|$ 收敛, 则 $\sum_{k=1}^{\infty} |z_k|$ 收敛; $\sum_{k=1}^{\infty} |z_k|$ 发散, 则 $\sum_{k=1}^{\infty} |w_k|$ 发散.

达朗贝尔判别法 若 $\lim_{k \to \infty} \left| \dfrac{z_{k+1}}{z_k} \right| = \rho$, 则当 $\rho < 1$ 时级数收敛, $\rho > 1$ 时级数发散, $\rho = 1$ 时级数可能收敛也可能发散.

柯西判别法 若 $\lim\limits_{k\to\infty}\sqrt[k]{|z_k|}=\rho$, 则当 $\rho<1$ 时级数收敛, $\rho>1$ 时级数发散, $\rho=1$ 时级数可能收敛也可能发散.

绝对收敛级数性质 对绝对收敛的复数项级数, 由收敛定义可以证明:

(1) 绝对收敛级数的原级数也收敛, 反之则不然;

(2) 绝对收敛级数的各项重排次序后也收敛, 且其和不变;

(3) 设绝对收敛级数 $\sum\limits_{k=1}^{\infty}p_k$ 和 $\sum\limits_{l=1}^{\infty}q_l$ 的和分别为 A 和 B, 则它们之积也绝对收敛, 且其积就等于 AB. 即

$$\sum_{k=1}^{\infty}p_k\cdot\sum_{l=1}^{\infty}q_l=\sum_{k=1}^{\infty}\sum_{l=1}^{\infty}p_kq_l=AB \tag{4.2}$$

其中

$$\sum_{k=1}^{\infty}\sum_{l=1}^{\infty}p_kq_l=(p_1q_1+p_1q_2+p_1q_3+\cdots)+(p_2q_1+p_2q_2+p_2q_3+\cdots)+$$
$$(p_3q_1+p_3q_2+p_3q_3+\cdots)+\cdots \tag{4.3}$$

4.2 复变函数项级数

设函数 $w_k(z)=u_k+\mathrm{i}v_k\,(k=1,2,3,\cdots)$ 在点集 E 上有定义, 则 $\sum\limits_{k=1}^{\infty}w_k$ 称为**复变函数项级数**.

对于 E 内任一定点 z_0, 函数项级数都成为一个确定的复数项级数, 所以可以用上节分析复数项级数的方法加以讨论. 若级数 $\sum\limits_{k=1}^{\infty}w_k(z_0)$ 收敛, 就称 z_0 是级数的**收敛点**, 反之则为**发散点**. 如果函数项级数在区域 E 上每一点都收敛, 则称级数在 E 内逐点收敛.

对于收敛域内的任意一点 z, 级数存在一个确定的和 $S(z)$, 它是 z 的单值函数, 称为**和函数**, 记为 $S(z)=\sum\limits_{k=1}^{\infty}w_k(z)$.

若对于任意小的正数 ε, 有仅依赖于 ε 的正整数 $N(\varepsilon)$ 存在, 当 $n>N$ 时, 对收敛域 E 内的所有点 z, 有

$$\left|S(z)-\sum_{k=1}^{n}w_k(z)\right|<\varepsilon$$

成立, 则称级数在区域 E 上**一致收敛**于 $S(z)$. 它表明, 在整个收敛域内, 只要求和的项数足够多 $(n>N)$, 则前 n 项的和可以任意地逼近和函数.

由连续函数项组成的级数如果一致收敛, 则有以下性质:

1. 设 $w_k(z)$ 在 E 内连续, 级数 $\sum\limits_{k=1}^{\infty}w_k(z)$ 在区域 E 上一致收敛于 $S(z)$, 则和函

数 $S(z)$ 也在 E 上连续. 因此可以对级数逐项求极限

$$\lim_{z \to z_0} \sum_{k=1}^{\infty} w_k(z) = \sum_{k=1}^{\infty} \lim_{z \to z_0} w_k(z) \tag{4.4}$$

2. 设 $w_k(z)$ 在分段光滑的曲线 l 上连续, 级数 $\sum_{k=1}^{\infty} w_k(z)$ 在曲线 l 上一致收敛于 $S(z)$, 则级数可以逐项积分, 即

$$\int_l \sum_{k=1}^{\infty} w_k(z) \mathrm{d}z = \sum_{k=1}^{\infty} \int_l w_k(z) \, \mathrm{d}z \tag{4.5}$$

3. 设在闭区域 $\bar{E}$ 上, $w_k(z)$ 单值解析, 级数 $\sum_{k=1}^{\infty} w_k(z)$ 一致收敛, 则和函数 $S(z)$ 在 E 上解析, 而且和函数的各级导数可以通过对级数中各函数项逐项求导后再求和而得. 求导数后的级数在 E 上也是一致收敛的. 即

$$S^{(n)}(z) = \sum_{k=1}^{\infty} w_k^{(n)}(z) \tag{4.6}$$

这些性质表明, 对于由连续函数项组成的一致收敛级数, 从计算角度来看: **求和可以与求极限交换次序; 求和可以与求导交换次序; 求和可以与求积分交换次序.**

魏尔斯特拉斯判别法 对区域 E(曲线 l) 上各点 z, 若 $|w_k(z)| \leqslant m_k (m_k > 0)$ 且 $\sum_{k=1}^{\infty} m_k$ 收敛, 则级数 $\sum_{k=1}^{\infty} w_k(z)$ 在 E(曲线 l) 上绝对且一致收敛.

4.3 复幂级数

◎ **幂级数及其收敛半径**

由幂函数组成的级数叫**幂级数**, 是最简单而又常见的函数项级数, 形式为

$$\sum_{k=0}^{\infty} a_k(z - z_0)^k = a_0 + a_1(z - z_0) + \cdots \tag{4.7}$$

其中 a_k、 z_0 为复常数. a_k 为幂级数的系数, z_0 点称为幂级数的中心.

对原幂级数各项的模构成的正项级数 $\sum_{k=0}^{\infty} |a_k| |z - z_0|^k$, 可应用达朗贝尔判别法判别其收敛性. 引入

$$R_1 = \lim_{k \to \infty} \left| \frac{a_k}{a_{k+1}} \right| \tag{4.8}$$

如果

$$\lim_{k \to \infty} \frac{|a_{k+1}| |z - z_0|^{k+1}}{|a_k| |z - z_0|^k} = \lim_{k \to \infty} \left| \frac{a_{k+1}}{a_k} \right| |z - z_0| = \frac{|z - z_0|}{R_1} < 1$$

则级数 $\sum_{k=0}^{\infty} a_k |z-z_0|^k$ 收敛, 因此原级数 $\sum_{k=0}^{\infty} a_k (z-z_0)^k$ 绝对收敛. 上式最后一步

表示幂级数的收敛区域为圆域 $|z-z_0| < R_1$, 圆域的半径为 R_1. 对于圆域之外有 $|z-z_0| > R_1$, 则

$$\lim_{k\to\infty} \frac{|a_{k+1}||z-z_0|^{k+1}}{|a_k||z-z_0|^k} = \lim_{k\to\infty}\left|\frac{a_{k+1}}{a_k}\right||z-z_0| > \lim_{k\to\infty}\left|\frac{a_{k+1}}{a_k}\right|R_1 = 1$$

级数中后项与前项之比大于 1, 所以级数必然会发散, 即级数在圆域之外不会收敛. 在圆周上, 级数究竟是收敛或发散需要逐点分析.

还可以用柯西判别法来判别 $\sum_{k=0}^{\infty} |a_k||z-z_0|^k$ 的收敛性. 结论是, 若有

$$\lim_{k\to\infty} \sqrt[k]{|a_k||z-z_0|^k} = \frac{|z-z_0|}{R_2} < 1$$

则 $\sum_{k=0}^{\infty} |a_k||z-z_0|^k$ 收敛, 而原复变函数项级数绝对收敛, 收敛域也是圆, 由此得出的 另一个收敛半径公式为

$$R_2 = \frac{1}{\lim\limits_{k\to\infty} \sqrt[k]{|a_k|}} \tag{4.9}$$

反之, 当

$$\lim_{k\to\infty} \sqrt[k]{|a_k||z-z_0|^k} = \frac{|z-z_0|}{R_2} > 1$$

时, 也即 z 在收敛圆外时, 正项级数及原函数项级数都发散, 而在圆周上则要逐点判 断其收敛性.

◎ **幂级数性质**

1. 幂级数在收敛圆内绝对且一致收敛.

证明 设幂级数 $\sum_{k=0}^{\infty} a_k (z-z_0)^k$ 的收敛半径为 R, 对于收敛圆内任意一点 z, 总可以找到满足条件 $|z-z_0| \leqslant r < R$ 的 r, 使得幂级数取绝对值后的项满足 $|a_k(z-z_0)^k| \leqslant |a_k|r^k$, 对于正项级数 $\sum_{k=0}^{\infty} |a_k|r^k$, 有

$$\lim_{k\to\infty} \frac{|a_{k+1}|r^{k+1}}{|a_k|r^k} = \lim_{k\to\infty}\frac{|a_{k+1}|}{|a_k|}r = \frac{r}{R} < 1$$

根据达朗贝尔判别法知它是收敛的, 再按照魏尔斯特拉斯判别法, 幂级数 $\sum_{k=0}^{\infty} a_k(z-z_0)^k$ 在以 r 为半径的闭圆域上绝对且一致收敛, 或者说, 在收敛圆内绝对且一致收敛. 根 据一致收敛性质, 幂级数自然具有以下性质.

2. 幂级数的和函数 $S(z)$ 在其收敛圆内连续且解析.

3. 幂级数的和函数 $S(z)$ 在收敛圆内可积, 且有逐项积分公式

$$\int_p^q S(z)\mathrm{d}z = \int_p^q \sum_{k=0}^{\infty} a_k(z-z_0)^k \mathrm{d}z = \sum_{k=0}^{\infty} \int_p^q a_k(z-z_0)^k \mathrm{d}z$$

$$= \sum_{k=0}^{\infty} \frac{a_k}{k+1}\left[(q-z_0)^{k+1} - (p-z_0)^{k+1}\right] \tag{4.10}$$

逐项积分后所得到的幂级数和原级数有相同的收敛半径.

4. 幂级数的和函数 $S(z)$ 在收敛圆内可导, 且有逐项求导公式

$$\frac{\mathrm{d}S(z)}{\mathrm{d}z} = \frac{\mathrm{d}}{\mathrm{d}z}\left[\sum_{k=0}^{\infty} a_k(z-z_0)^k\right] = \sum_{k=0}^{\infty} \frac{\mathrm{d}}{\mathrm{d}z}\left[a_k(z-z_0)^k\right] = \sum_{k=0}^{\infty} ka_k z^{k-1} \tag{4.11}$$

逐项求导所得到的幂级数和原级数有相同的收敛半径.

反复应用上述结论得: **幂级数的和函数在收敛圆内具有任意阶导数**.

5. 设幂级数 $\sum_{k=0}^{\infty} a_k(z-z_0)^k$ 和 $\sum_{k=0}^{\infty} c_k(z-z_0)^k$ 的收敛半径依次为 R_a 和 R_c ($R_c < R_a$), 则它们之积在 $|z-z_0| < R_c$ 内一定收敛.

例 1 求幂级数 $\sum_{k=0}^{\infty} z^k$ 的收敛圆.

解 因为幂级数系数 $a_k = 1$, 所以

$$R = \lim_{k\to\infty} \left|\frac{a_k}{a_{k+1}}\right| = 1$$

因此收敛圆以 $z = 0$ 为圆心而半径为 1, 收敛圆为 $|z| < 1$.

实际上, 级数 $\sum_{k=0}^{\infty} z^k$ 是几何级数, 公比为 z, 所以前 $n+1$ 项的和

$$\sum_{k=0}^{n} z^k = \frac{1-z^{n+1}}{1-z}$$

在收敛圆内 $|z| < 1$, 故有

$$\lim_{n\to\infty} \sum_{k=0}^{n} z^k = \lim_{n\to\infty} \frac{1-z^{n+1}}{1-z} = \frac{1}{1-z}$$

由此得到一个常用的公式

$$\sum_{k=0}^{\infty} z^k = \frac{1}{1-z} \quad (|z| < 1) \tag{4.12}$$

4.4 泰勒级数展开

泰勒简介

上节证明幂级数的和函数在收敛圆内部是解析函数, 本节将证明解析函数可以展开为泰勒级数形式的幂级数.

定理 设 $f(z)$ 在圆域 $|z - z_0| < R$ 内解析, 则对圆内的任何点 z, $f(z)$ 可展开为幂级数

$$f(z) = \sum_{k=0}^{\infty} a_k (z - z_0)^k \tag{4.13}$$

其中

$$a_k = \frac{1}{2\pi i} \oint_C \frac{f(\zeta)}{(\zeta - z_0)^{k+1}} d\zeta = \frac{f^{(k)}(z_0)}{k!} \tag{4.14}$$

C 为包含 z 且半径 r_C 略小于 R 的圆周, 即满足 $|z - z_0| < r_C < R$.

证明 取 C 上点 ζ, 因此有 $|z - z_0| < |\zeta - z_0|$, 利用柯西积分公式得

$$f(z) = \frac{1}{2\pi i} \oint_C \frac{f(\zeta)}{\zeta - z} d\zeta = \frac{1}{2\pi i} \oint_C f(\zeta) d\zeta \frac{1}{(\zeta - z_0) - (z - z_0)}$$

$$= \frac{1}{2\pi i} \oint_C f(\zeta) \frac{d\zeta}{\zeta - z_0} \frac{1}{1 - \dfrac{z - z_0}{\zeta - z_0}}$$

由公式 (4.12), 上式可写为

$$f(z) = \frac{1}{2\pi i} \oint_C f(\zeta) \frac{d\zeta}{\zeta - z_0} \sum_{k=0}^{\infty} \left(\frac{z - z_0}{\zeta - z_0} \right)^k = \frac{1}{2\pi i} \oint_C f(\zeta) d\zeta \sum_{k=0}^{\infty} \frac{(z - z_0)^k}{(\zeta - z_0)^{k+1}}$$

一致收敛级数可交换求和与积分次序, 所以

$$f(z) = \sum_{k=0}^{\infty} (z - z_0)^k \frac{1}{2\pi i} \oint_C \frac{f(\zeta) d\zeta}{(\zeta - z_0)^{k+1}}$$

由解析函数的高阶导数公式即得

$$f(z) = \sum_{k=0}^{\infty} \frac{f^{(k)}(z_0)}{k!} (z - z_0)^k$$

◎ **泰勒展开的唯一性**

在给定圆域上, 解析函数以圆心作展开中心所得泰勒级数是唯一的. 泰勒级数展开式有三个要素, 展开中心 z_0、展开系数 a_k 和收敛圆. 给定圆域就是指定展开中心与收敛圆, 唯一性就表现在泰勒级数的系数唯一确定.

证明 假定在同一个收敛圆内有两个泰勒级数都收敛到同一个解析函数 $f(z)$, 即

$$f(z) = a_0 + a_1(z - z_0) + a_2(z - z_0)^2 + \cdots + a_k(z - z_0)^k + \cdots$$

$$= b_0 + b_1(z - z_0) + b_2(z - z_0)^2 + \cdots + b_k(z - z_0)^k + \cdots$$

由于泰勒级数是一致收敛的, 取极限 $z \to z_0$ 就有 $a_0 = b_0$; 逐项求导一次, 再取极限 $z \to z_0$ 又有 $a_1 = b_1$; 如此继续, 可证 $a_k = b_k (k = 0, 1, 2, \cdots)$.

泰勒级数展开的唯一性表明, 不管用什么方法作展开, 所得到的泰勒级数必然相同. 所以在泰勒展开中, 很少根据公式计算导数, 而更多地利用各种技巧去计算系数, 这并不会造成错误.

◎ 常用泰勒展开式

$$1.\ \frac{1}{1-z} = \sum_{k=0}^{\infty} z^k \quad (|z| < 1) \tag{4.15}$$

$$2.\ \frac{1}{1+z} = \sum_{k=0}^{\infty} (-z)^k \quad (|z| < 1) \tag{4.16}$$

$$3.\ \mathrm{e}^z = \sum_{k=0}^{\infty} \frac{1}{k!} z^k \quad (|z| < \infty) \tag{4.17}$$

$$4.\ \sin z = \sum_{k=0}^{\infty} \frac{(-1)^k}{(2k+1)!} z^{2k+1} = \frac{z}{1!} - \frac{z^3}{3!} + \frac{z^5}{5!} - \cdots \quad (|z| < \infty) \tag{4.18}$$

$$5.\ \cos z = \sum_{k=0}^{\infty} \frac{(-1)^k}{2k!} z^{2k} = 1 - \frac{z^2}{2!} + \frac{z^4}{4!} - \cdots \quad (|z| < \infty) \tag{4.19}$$

$$6.\ \ln(1+z) = \sum_{k=1}^{\infty} \frac{(-1)^{k-1}}{k} z^k \quad (|z| < 1) \tag{4.20}$$

式 (4.15) 就是例 1, 式 (4.16) 是将式 (4.15) 的变量作了替换. 式 (4.17) 可通过计算导数来求系数. 式 (4.18)、式 (4.19) 可借用式 (4.17) 与欧拉公式求得. 式 (4.20) 是利用式 (4.16) 作积分而得. 这些公式所采用的技巧也是泰勒展开中常用的一些技巧. 下面再介绍一些例题.

◎ 泰勒展开的几种技巧

1. 用系数公式.

例 2 在 $z_0 = 0$ 的邻域上把 $f(z) = (1+z)^m$ 展开 (m 不是整数), 此是非整数的二项式定理.

解 由系数公式计算各阶导数值

$$f(z) = (1+z)^m, \qquad\qquad\qquad f(0) = 1^m$$
$$f'(z) = m(1+z)^{m-1} = \frac{m}{1+z} f(z), \qquad\qquad f'(0) = m1^m$$
$$f''(z) = \frac{m(m-1)}{(1+z)^{2-m}} = \frac{m(m-1)}{(1+z)^2} f(z), \qquad f''(0) = m(m-1)1^m$$
$$f^{(3)}(z) = \frac{m(m-1)(m-2)}{(1+z)^3} f(z), \qquad f^{(3)}(0) = m(m-1)(m-2)1^m$$
$$\cdots\cdots\cdots\cdots, \qquad\qquad\qquad \cdots\cdots\cdots\cdots$$

所得泰勒级数为

$$(1+z)^m = 1^m \left\{ 1 + \frac{m}{1!} z + \frac{m(m-1)}{2!} z^2 + \frac{m(m-1)(m-2)}{3!} z^3 + \cdots \right\} (|z| < 1)$$

其收敛半径为 1, 其中 $1^m = \mathrm{e}^{imn2\pi}$ (n 为整数).

2. 用公式 $\dfrac{1}{1-z} = \displaystyle\sum_{k=0}^{\infty} z^k$, 把有理分式先化为部分分式, 再逐项展开.

例 3 将 $f(z) = \dfrac{z-1}{z^2+1}$ 以 $z = 1$ 为中心展开.

解 法 1: 因为 $f(z) = \dfrac{z-1}{z^2+1} = \dfrac{1-\mathrm{i}}{2}\dfrac{1}{z+\mathrm{i}} + \dfrac{1+\mathrm{i}}{2}\dfrac{1}{z-\mathrm{i}}$

$$\frac{1}{z+\mathrm{i}} = \frac{1}{(1+\mathrm{i})+(z-1)} = \frac{1}{(1+\mathrm{i})}\frac{1}{\left(1+\dfrac{z-1}{1+\mathrm{i}}\right)}$$

$$= \frac{1}{1+\mathrm{i}}\sum_{k=0}^{\infty}(-1)^k\left(\frac{z-1}{1+\mathrm{i}}\right)^k \quad \left(\left|\frac{z-1}{1+\mathrm{i}}\right| < 1 \;\text{ 或 }\; |z-1| < \sqrt{2}\right)$$

$$\frac{1}{z-\mathrm{i}} = \frac{1}{(1-\mathrm{i})+(z-1)} = \frac{1}{(1-\mathrm{i})}\frac{1}{\left(1+\dfrac{z-1}{1-\mathrm{i}}\right)}$$

$$= \frac{1}{1-\mathrm{i}}\sum_{k=0}^{\infty}(-1)^k\left(\frac{z-1}{1-\mathrm{i}}\right)^k \quad \left(\left|\frac{z-1}{1-\mathrm{i}}\right| < 1 \;\text{ 或 }\; |z-1| < \sqrt{2}\right)$$

所以

$$f(z) = \frac{1-\mathrm{i}}{2}\frac{1}{1+\mathrm{i}}\sum_{k=0}^{\infty}(-1)^k\left(\frac{z-1}{1+\mathrm{i}}\right)^k + \frac{1+\mathrm{i}}{2}\frac{1}{1-\mathrm{i}}\sum_{k=0}^{\infty}(-1)^k\left(\frac{z-1}{1-\mathrm{i}}\right)^k$$

$$= \sum_{k=0}^{\infty}\frac{(-1)^k}{2}\left[\frac{1-\mathrm{i}}{(1+\mathrm{i})^{k+1}} + \frac{1+\mathrm{i}}{(1-\mathrm{i})^{k+1}}\right](z-1)^k$$

$$= \sum_{k=0}^{\infty}\frac{(-1)^k}{2^{k+2}}\left[(1-\mathrm{i})^{k+2} + (1+\mathrm{i})^{k+2}\right](z-1)^k \quad \left(|z-1| < \sqrt{2}\right)$$

法 2: $f(z) = (z-1)\dfrac{1}{z^2+1} = (z-1)\dfrac{\mathrm{i}}{2}\left(\dfrac{1}{z+\mathrm{i}} - \dfrac{1}{z-\mathrm{i}}\right)$

$$= (z-1)\frac{\mathrm{i}}{2}\left[\frac{1}{1+\mathrm{i}}\sum_{k=0}^{\infty}(-1)^k\left(\frac{z-1}{1+\mathrm{i}}\right)^k - \frac{1}{1-\mathrm{i}}\sum_{k=0}^{\infty}(-1)^k\left(\frac{z-1}{1-\mathrm{i}}\right)^k\right]$$

$$= \sum_{k=0}^{\infty}\frac{(-1)^k\mathrm{i}}{2^{k+2}}\left[(1-\mathrm{i})^{k+1} + (1+\mathrm{i})^{k+1}\right](z-1)^{k+1} \quad (|z-1| < \sqrt{2})$$

3. 三角函数和双曲函数化成 e^z 作展开.

例 4 将函数 $f(z) = \sin^5 z$ 在 $z_0 = 0$ 点处展开.

解 利用三角公式展开

$$f(z) = \sin^5 z = \left(\frac{e^{iz} - e^{-iz}}{2i}\right)^5$$

$$= \frac{1}{32i}\left(e^{i5z} - 5e^{i3z} + 10e^{iz} - 10e^{-iz} + 5e^{-i3z} - e^{-i5z}\right)$$

$$= \frac{1}{16}\left(\sin 5z - 5\sin 3z + 10\sin z\right)$$

$$= \frac{5}{16}\sum_{k=0}^{\infty}\frac{(-1)^k\left(5^{2k} - 3^{2k+1} + 2\right)}{(2k+1)!}z^{2k+1} \quad (|z| < \infty)$$

4. 幂级数相乘.

例 5 将函数 $f(z) = \dfrac{ze^z}{1-z}$ 以 $z = 0$ 为中心展开.

解 先分别将 e^z 和 $\dfrac{z}{1-z}$ 展开

$$e^z = \sum_{k=0}^{\infty}\frac{z^k}{k!}, \quad (|z| < \infty); \qquad \frac{z}{1-z} = \sum_{n=0}^{\infty}z^{n+1} \quad (|z| < 1)$$

两式相乘即得

$$f(z) = \sum_{k=0}^{\infty}\frac{z^k}{k!} \cdot \sum_{n=0}^{\infty}z^{n+1}$$

$$= z + \left(1 + \frac{1}{1!}\right)z^2 + \left(1 + \frac{1}{1!} + \frac{1}{2!}\right)z^3 + \cdots \quad (|z| < 1)$$

5. 逐项求导或求积.

例 6 将 $f(z) = \dfrac{z}{(1-z)^2}$ 以 $z = 0$ 为中心展开.

解 $f(z) = \dfrac{z}{(1-z)^2} = z\dfrac{d}{dz}\dfrac{1}{(1-z)} = z\dfrac{d}{dz}\sum_{k=0}^{\infty}z^k = \sum_{k=0}^{\infty}kz^k \quad (|z| < 1)$

4.5 洛朗级数展开

◎ **双边幂级数及其收敛性**

含有正、负幂项的级数

$$\sum_{k=-\infty}^{\infty} a_k(z - z_0)^k = \cdots + a_{-1}(z - z_0)^{-1} + a_0 + a_1(z - z_0) + \cdots \tag{4.21}$$

称为**双边幂级数**.

设正幂部分收敛圆为 $|z - z_0| < R$. 对于负幂部分, 引入变量 $t = 1/(z - z_0)$ 可写成另一个正幂级数

$$a_{-1}t + a_{-2}t^2 + a_{-3}t^3 + \cdots$$

记负幂部分收敛圆为 $|t| < 1/r$, 即收敛域为 $|z - z_0| > r$.

比较 R 和 r 的大小, 可能有三种情况, 如图 4.1 所示。

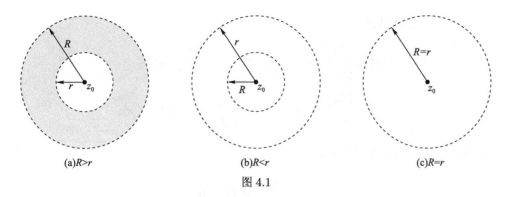

图 4.1

如 $r < R$, 正幂级数和负幂级数有公共收敛区域 (阴影部分), 级数 (4.21) 在环域 $r < |z - z_0| < R$ 内绝对且一致收敛, 和函数为环域内的解析函数. 环域 $r < |z - z_0| < R$ 称为收敛环.

如 $r > R$, 正幂级数和负幂级数无公共收敛区域, 级数 (4.21) 处处发散.

如 $r = R$, 在收敛圆圆周, 正负幂级数的收敛性都不确定.

◎ **洛朗级数展开定理**

双边幂级数在其收敛圆环内表示解析函数. 可以证明, 在圆环域内单值解析的函数也可以表示成双边幂级数, 这就是下面的洛朗级数展开定理.

定理 设 $f(z)$ 在 $r < |z - z_0| < R$ 内单值解析, 则对于环域内任一点 z, $f(z)$ 可展成幂级数

$$f(z) = \sum_{k=-\infty}^{\infty} a_k (z - z_0)^k \qquad (4.22)$$

其中

$$a_k = \frac{1}{2\pi i} \oint_c \frac{f(\zeta)}{(\zeta - z_0)^{k+1}} d\zeta \qquad (4.23)$$

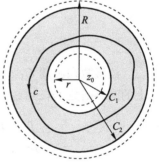

图 4.2

c 为环域内绕 z_0 的正向围线.

证明 画圆周 C_1、C_2, C_2 半径略小于 R, C_1 半径略大于 r, 如图 4.2 所示 (图上阴影). 应用多连通域柯西积分公式

$$f(z) = \frac{1}{2\pi i} \oint_{C_1} \frac{f(\zeta)}{\zeta - z} d\zeta + \frac{1}{2\pi i} \oint_{C_2} \frac{f(\zeta)}{\zeta - z} d\zeta$$

当 ζ 在大圆周 C_2 上, 有 $|z - z_0| < |\zeta - z_0|$, 故得正幂项级数

$$\frac{1}{\zeta - z} = \sum_{k=0}^{\infty} \frac{(z - z_0)^k}{(\zeta - z_0)^{k+1}}$$

当 ζ 在小圆周 C_1 上, 有 $|z - z_0| > |\zeta - z_0|$, 故

$$\frac{1}{\zeta - z} = -\sum_{l=0}^{\infty} \frac{(\zeta - z_0)^l}{(z - z_0)^{l+1}} = -\sum_{k=-\infty}^{-1} \frac{(z - z_0)^k}{(\zeta - z_0)^{k+1}}$$

将它们代入 $f(z)$ 表达式中

$$f(z) = \sum_{k=0}^{\infty} (z-z_0)^k \frac{1}{2\pi i} \oint_{C_2} \frac{f(\zeta)}{(\zeta-z_0)^{k+1}} d\zeta -$$

$$\sum_{l=0}^{\infty} (z-z_0)^{-(l+1)} \frac{1}{2\pi i} \oint_{C_1} (\zeta-z_0)^l f(\zeta) d\zeta$$

将积分路径 C_2 改为 C_1, 积分成为

$$f(z) = \sum_{k=-\infty}^{\infty} a_k (z-z_0)^k$$

其中

$$a_k = \frac{1}{2\pi i} \oint_{C_1} \frac{f(\zeta)}{(\zeta-z_0)^{k+1}} d\zeta$$

再将积分路径改为 c 即得.

这种级数展开叫洛朗展开, 所得级数叫洛朗级数. 洛朗级数的正幂部分叫**解析部分**, 负幂部分叫**主要部分**或**无限部分**. 注意洛朗级数中的系数即使是正幂部分也不具有导数形式, 即 $a_k \neq f^{(k)}(z_0)/k!$.

◎ **洛朗展开的唯一性**

设 $f(z)$ 在圆环 $r < |z-z_0| < R$ 内有另一展开式

$$f(z) = \sum_{n=-\infty}^{\infty} c_n (z-z_0)^n$$

该级数在圆周 $C_1 : |z-z_0| = \rho (r < \rho < R)$ 上一致收敛, 两边同乘以该圆周上的有界函数 $1/(z-z_0)^{m+1}$ 并逐项积分

$$\oint_{C_1} \frac{f(z)}{(z-z_0)} dz = \sum_{n=-\infty}^{\infty} c_n \oint_{C_1} (z-z_0)^{n-m-1} dz$$

由第三章例 6, 右边的积分只有被积函数是 $(z-z_0)^{-1}$ 的那一项不等于零, 并且值为 $2\pi i$, 因此

$$c_m = \frac{1}{2\pi i} \oint_{C_1} \frac{f(z)}{(z-z_0)} dz$$

所以 $c_m = a_k$, 唯一性得证.

例 7 将函数 $\frac{\sin 2z}{z}$ 在奇点 $z = 0$ 处展开.

解 因为在 $z_0 = 0$ 点处展开, 展开式唯一, 利用 $\sin z$ 的展开式得

$$\frac{\sin 2z}{z} = \frac{1}{z} \left[2z - \frac{1}{3!}(2z)^3 + \frac{1}{5!}(2z)^5 - \cdots \right]$$

$$= 2 - \frac{2^3}{3!}z^2 + \frac{2^5}{5!}z^4 - \cdots \quad (|z| < \infty)$$

该展开式不含负幂次项. 但应注意, 这仍是洛朗级数, 而不是泰勒级数, 展开中心为解析点的正幂级数才是泰勒级数.

例 8 在 $z_0 = 0$ 的邻域上把 $e^{\frac{1}{2}x(z-\frac{1}{z})}$ 展开.

解 把 $e^{\frac{1}{2}xz}$ 和 $e^{-\frac{1}{2}(x\frac{1}{z})}$ 分别展开并相乘

$$e^{\frac{1}{2}x(z-\frac{1}{z})} = e^{\frac{1}{2}xz}e^{-\frac{1}{2}x\frac{1}{z}}$$

$$= \sum_{l=0}^{\infty} \frac{1}{l!}\left(\frac{1}{2}xz\right)^l \sum_{n=0}^{\infty} \frac{1}{n!}\left(-\frac{1}{2}x\frac{1}{z}\right)^n \quad (|z| < \infty)$$

$$= \sum_{l=0}^{\infty}\sum_{n=0}^{\infty} \frac{(-1)^n}{l!n!}\left(\frac{x}{2}\right)^{l+n} z^{l-n} \quad (|z| < \infty)$$

对正幂项, 设为 $l - n = m \ (m > 0)$, 只有当 $l = m + n$ 的项乘以 z^{-n} 项才能得到; 对负幂项, 设为 $l - n = -h \ (h > 0)$, 只有当 $n = l + h$ 的项乘以 z^l 项才能得到. 按正负幂项将级数重写, 得

$$e^{\frac{1}{2}x(z-\frac{1}{z})} = \sum_{m=0}^{\infty}\left[\sum_{n=0}^{\infty} \frac{(-1)^n}{(m+n)!n!}\left(\frac{x}{2}\right)^{m+2n}\right] z^m +$$

$$\sum_{h=1}^{\infty}\left[(-1)^h \sum_{l=0}^{\infty} \frac{(-1)^l}{(l+h)!l!}\left(\frac{x}{2}\right)^{h+2l}\right] z^{-h}$$

将 $-h$ 改作 m, l 改作 n, 则

$$e^{\frac{1}{2}x(z-\frac{1}{z})} = \sum_{m=0}^{\infty}\left[\sum_{n=0}^{\infty} \frac{(-1)^n}{(m+n)!n!}\left(\frac{x}{2}\right)^{m+2n}\right] z^m +$$

$$\sum_{m=-1}^{-\infty}\left[(-1)^m \sum_{n=0}^{\infty} \frac{(-1)^n}{n!(n+|m|)!}\left(\frac{x}{2}\right)^{|m|+2n}\right] z^m \quad (|z| < \infty)$$

方括号中的函数是后面第九章将要介绍的 m 阶贝塞尔函数 $J_m(x)$. 这样就有

$$e^{\frac{1}{2}x(z-\frac{1}{z})} = \sum_{m=-\infty}^{\infty} J_m(x)z^m \quad (|z| < \infty)$$

例 9 以 $z = i$ 为中心分区展开 $f(z) = \dfrac{1}{z(1-z)}$ 为泰勒或洛朗级数.

解 (1) 展开中心 $z = i$, 奇点 $z = 0$、$z = 1$.

(2) 三个环域: (I) $R = |0 - i| = 1$, $|z - i| < 1$; (II) $R = |1 - i| = \sqrt{2}$, $1 < |z - i| < \sqrt{2}$; (III) $\sqrt{2} < |z - i|$.

(3) 分区展开 $f(z) = \dfrac{1}{z(1-z)}$, 先将函数化为最简分式

$$\frac{1}{z(1-z)} = \frac{1}{z} + \frac{1}{1-z} = \frac{1}{i + (z-i)} + \frac{1}{(1-i) - (z-i)}$$

先看右边第一项:

当 $|z-\mathrm{i}|<1$ 时

$$\frac{1}{\mathrm{i}+(z-\mathrm{i})}=\sum_{k=0}^{\infty}(-1)^k\frac{(z-\mathrm{i})^k}{\mathrm{i}^{k+1}}=\sum_{k=0}^{\infty}\mathrm{i}^{k-1}(z-\mathrm{i})^k$$

当 $|z-\mathrm{i}|>1$ 时

$$\frac{1}{\mathrm{i}+(z-\mathrm{i})}=\sum_{k=0}^{\infty}(-1)^k\frac{\mathrm{i}^k}{(z-\mathrm{i})^{k+1}}=\sum_{n=-\infty}^{-1}\mathrm{i}^{n+1}(z-\mathrm{i})^n$$

再看右边第二项:

当 $|z-\mathrm{i}|<|1-\mathrm{i}|=\sqrt{2}$ 时

$$\frac{1}{(1-\mathrm{i})-(z-\mathrm{i})}=\sum_{k=0}^{\infty}\frac{(z-\mathrm{i})^k}{(1-\mathrm{i})^{k+1}}=\sum_{k=0}^{\infty}\frac{(1+\mathrm{i})^{k+1}}{2^{k+1}}(z-\mathrm{i})^k$$

当 $|z-\mathrm{i}|>|1-\mathrm{i}|=\sqrt{2}$ 时

$$\frac{1}{(1-\mathrm{i})-(z-\mathrm{i})}=\sum_{k=0}^{\infty}\frac{-(1-\mathrm{i})^k}{(z-\mathrm{i})^{k+1}}=\sum_{n=-\infty}^{-1}-(1-\mathrm{i})^{-n-1}(z-\mathrm{i})^n$$

$$=\sum_{n=-\infty}^{-1}-\frac{(1+\mathrm{i})^{n+1}}{2^{n+1}}(z-\mathrm{i})^n \quad (n=-k-1)$$

在 I 区, 区内无奇点, 两项均为泰勒级数

$$f(z)=\sum_{k=0}^{\infty}\left[\mathrm{i}^{k-1}+\frac{(1+\mathrm{i})^{k+1}}{2^{k+1}}\right](z-\mathrm{i})^k$$

在 II 区, 第一项为洛朗级数, 第二项为泰勒级数

$$f(z)=\sum_{k=-\infty}^{-1}\mathrm{i}^{k+1}(z-\mathrm{i})^k+\sum_{k=0}^{\infty}\frac{(1+\mathrm{i})^{k+1}}{2^{k+1}}(z-\mathrm{i})^k$$

在 III 区, 两项均为洛朗级数

$$f(z)=\sum_{k=-\infty}^{-1}\left[\mathrm{i}^{k+1}-\frac{(1+\mathrm{i})^{k+1}}{2^{k+1}}\right](z-\mathrm{i})^k$$

例 10 以 $z=2$ 为中心展开 $f(z)=\cos\dfrac{2}{z-2}$ 为级数.

解 因为 $\cos z$ 在复平面上解析, 所以 $\cos \dfrac{2}{z-2}$ 的收敛域为复平面上除奇点 $z=2$ 以外的区域, 即

$$f(z) = \cos \frac{2}{z-2} = \sum_{k=0}^{\infty} \frac{(-1)^k}{(2k)!} \left(\frac{2}{z-2} \right)^{2k}$$

$$= \sum_{k=0}^{\infty} \frac{(-1)^k 2^{2k}}{(2k)!} \frac{1}{(z-2)^{2k}} \quad (0 < |z-2| < \infty)$$

4.6 孤立奇点的分类

在第二章中说过, 解析函数的非解析点叫**奇点**. 若 z_0 是单值函数 $f(z)$ 的奇点, 但在 z_0 的无心邻域 $0 < |z-z_0| < \varepsilon$ 内 $f(z)$ 解析, 则 z_0 是 $f(z)$ 的一个**孤立奇点**. 如果在 z_0 的无论多么小的邻域内, 总还有另外的奇点, 则 z_0 是**非孤立奇点**.

在孤立奇点 z_0 的邻域内将 $f(z)$ 展开成洛朗级数, 所得的洛郎级数中负幂项的数目可能是零、有限个或无限个, 因此可将孤立奇点分为三类.

1. **可去奇点** 若其洛朗级数中负幂项为零, 则称 z_0 为 $f(z)$ 的可去奇点. 此时有

$$f(z) = \sum_{k=0}^{\infty} a_k (z-z_0)^k = a_0 + a_1 (z-z_0) + a_2 (z-z_0)^2 + \cdots$$

两边取极限

$$\lim_{z \to z_0} f(z) = a_0$$

这也是判断函数 $f(z)$ 的可去奇点的方法, 即 $\lim\limits_{z \to z_0} f(z) =$ 有限值. 由此可以定义一个没有奇点且在 z_0 有心邻域中解析的函数 $g(z)$:

$$g(z) = \begin{cases} f(z) & (z \neq z_0) \\ a_0 & (z = z_0) \end{cases}$$

这就是 z_0 被称为可去奇点的原因.

例如考察函数 $f(z) = \dfrac{\sin z}{z}$, $z=0$ 是可去奇点, 因为当 $0 < |z| < \infty$ 时

$$f(z) = \frac{\sin z}{z} = \frac{1}{z} \left(z - \frac{1}{3!} z^3 + \frac{1}{5!} z^5 - \cdots \right) = 1 - \frac{1}{3!} z^2 + \frac{1}{5!} z^4 - \cdots$$

在 $z=0$ 点重新定义 $f(z)$ 的值后, 可引入无奇点的函数 $g(z)$:

$$g(z) = \begin{cases} \dfrac{\sin z}{z} & (z \neq 0) \\ 1 & (z = 0) \end{cases}$$

2. 极点　若其洛朗展开式中负幂次项的数目为有限个且最高次幂为 $m(m>0)$, 则称 z_0 为 $f(z)$ 的 m 阶极点. 一阶极点也称为**单极点**. 此时有

$$f(z) = a_{-m}(z-z_0)^{-m} + a_{-m+1}(z-z_0)^{-m+1} + \cdots +$$
$$a_{-1}(z-z_0)^{-1} + a_0 + a_1(z-z_0) + a_2(z-z_0)^2 + \cdots$$

求极限得

$$\lim_{z \to z_0} f(z) = \infty$$

这也是判断孤立奇点 z_0 是否为极点的方法.

例如考察函数 $\dfrac{z}{\sin^2 z}$, 因 $\lim\limits_{z \to n\pi} \dfrac{z}{\sin^2 z} = \infty$, 所以有极点 $z = n\pi \,(n = 0, 1, 2, \cdots)$.

3. 本性奇点　如果洛朗展开式中负幂次项数目无限多, 则称 z_0 为本性奇点. 此时有

$$f(z) = \sum_{n=-\infty}^{\infty} a_n(z-z_0)^n$$

取极限会发现, 随着 $z \to z_0$ 方式不同, 所得的极限值 $\lim\limits_{z \to z_0} f(z)$ 也不同, 换言之, 此时函数没有极限. 这也是本性奇点的判别方法.

例如, $z = 0$ 为函数 $\mathrm{e}^{\frac{1}{z}}$ 的本性奇点, 这是因为

$$\mathrm{e}^{\frac{1}{z}} = 1 + \frac{1}{z} + \frac{1}{2!z^2} + \cdots + \frac{1}{n!z^n} + \cdots$$

本例也可以用极限方法判别

$$\lim \mathrm{e}^{\frac{1}{z}} = \begin{cases} \mathrm{e}^{-\infty} = 0, & z \to -0 \\ \mathrm{e}^{\infty} = \infty, & z \to +0 \end{cases}$$

即沿 x 轴从负值和正值两方向趋于零时, $\mathrm{e}^{\frac{1}{z}}$ 的极限不同. 将以上讨论归纳, 如下表所示.

类型	洛朗级数中负幂项的数目	极限判别法
可去奇点	$\sum\limits_{k=0}^{\infty} a_k(z-z_0)^k$(无负幂项)	$\lim\limits_{z \to z_0} f(z) =$ 有限值
极点	$\sum\limits_{k=-m}^{\infty} a_k(z-z_0)^k$(有限个负幂项)	$\lim\limits_{z \to z_0} f(z) = \infty$
本性奇点	$\sum\limits_{k=-\infty}^{\infty} a_k(z-z_0)^k$(无限个负幂项)	$\lim\limits_{z \to z_0} f(z)$ 与取极限的路径有关

4.7 本章思维导图

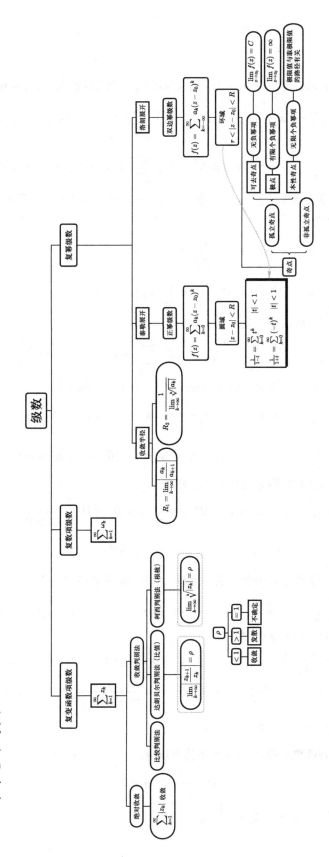

知识小结

参考例题

习　题

1. $f(z)$ 在圆心为 $z_0 = x_0 + \mathrm{i}y_0$ 的圆内解析, 对圆内任意点 $z = x + \mathrm{i}y$, $f(z) = ($ 　　$)$.

(1) $\sum_{k=0}^{\infty} a_k[(x+x_0) + \mathrm{i}(y-y_0)]^k$　　(2) $\sum_{k=0}^{\infty} a_k[(x-x_0) + \mathrm{i}(y-y_0)]^k$

(3) $\sum_{k=0}^{\infty} a_k[(x-x_0) + \mathrm{i}(y+y_0)]^k$　　(4) $\sum_{k=0}^{\infty} a_k[(x+x_0) - \mathrm{i}(y+y_0)]^k$

2. 设 m 为正整数, 若 z_0 是函数 $f(z)$ 的 m 阶极点, 则 $f(z)$ 在环域 $0 < |z - z_0| < R$ 内的洛朗级数为 (　).

(1) $\sum_{k=-m}^{\infty} a_k(z + z_0)^k$　　(2) $\sum_{k=m}^{\infty} a_k(z - z_0)^k$

(3) $\sum_{k=-m}^{\infty} a_k(-1)^k(z_0 - z)^k$　　(4) $\sum_{k=m}^{\infty} a_k(-1)^k(z_0 - z)^k$

3. 确定下列级数的收敛半径.

(1) $\sum_{n=1}^{\infty} \dfrac{n}{2^n} z^n$　　(2) $\sum_{n=1}^{\infty} \dfrac{1}{n^2 2^n} z^n$　　(3) $\sum_{n=1}^{\infty} \dfrac{1}{n^n}(z-a)^n$　　(4) $\sum_{n=1}^{\infty} \dfrac{n!}{n^n} z^n$

4. 将下列函数在指定点展开为幂级数, 并给出其收敛半径.

(1) $\dfrac{1}{1+z+z^2}$, $z_0 = 0$　　(2) $\dfrac{1}{(1-z)^2}$, $z_0 = 0$　　(3) $1 - z^2$, $z_0 = 1$

(4) $\dfrac{z}{z^2 - 2z + 5}$, $z_0 = 1$　　(5) $\cos z$, $z_0 = 1$　　(6) $\sin z$, $z_0 = n\pi$

5. 求下列函数在指定点邻域的泰勒展开.

(1) $\dfrac{z}{(z-1)(z-2)}$, $z_0 = 0$　　(2) $\dfrac{\mathrm{e}^{z^2}}{1+z}$, $z_0 = 0$　　(3) $\dfrac{1}{(1+2z)^2}$, $z_0 = 0$

(4) $\dfrac{z}{z+2}$, $z_0 = 1$　　(5) $\cos^2 z$, $z_0 = 0$　　(6) $\mathrm{e}^{\frac{1}{1-z}}$, $z_0 = 0$

6. 将下列函数展开为含 z 的幂级数, 并指明展开式成立的范围.

(1) $\dfrac{b}{az+b}$(a, b 为复数且 $b \neq 0$)　　(2) $\displaystyle\int_0^z \mathrm{e}^{z^3}\mathrm{d}z$　　(3) $\displaystyle\int_0^z \dfrac{\sin z}{z}\mathrm{d}z$

7. 求下列函数的洛朗展开.

(1) $\dfrac{z+1}{z^2(z-1)}$, $0 < |z| < 1$; $1 < |z| < \infty$　　(2) $\mathrm{e}^{z+\frac{1}{z}}$, $0 < |z| < \infty$

(3) $(z-1)^2 \mathrm{e}^{\frac{1}{1-z}}$, $0 < |z-1| < \infty$　　(4) $\dfrac{1}{z^2 - 3z + 2}$, $2 < |z| < \infty$

(5) $\sin\dfrac{1}{1-z}$, $0 < |z-1| < \infty$

8. 求下列函数在奇点 z_0 邻域的洛朗展开.

(1) $\dfrac{1}{z^2(z-1)}$, $z_0 = 1$　　(2) $\cos\dfrac{1}{z-2}$, $z_0 = 2$

(3) $z^2 \mathrm{e}^{\frac{1}{z}}$, $z_0 = 0$　　(4) $\sin\dfrac{1}{z}$, $z_0 = 0$

9. 确定下列各函数的孤立奇点并确定其类型.

(1) $\dfrac{z-1}{z(z^2+1)^2}$　(2) $\dfrac{1-\cos z}{z^2}$　(3) $\cos\dfrac{1}{z+\mathrm{i}}$　(4) $\dfrac{\mathrm{e}^z}{\mathrm{e}^z-1}$

(5) $\dfrac{2}{\sin z+\cos z}$　(6) $\dfrac{\sin z}{z^2}-\dfrac{1}{z}$　(7) $\cos\dfrac{1}{\sqrt{z}}$　(8) $\dfrac{\sqrt{z}}{\sin\sqrt{z}}$

10. 如果 $z=a$ 既是函数 $f(z)\neq 0$ 的解析点或极点, 又是函数 $g(z)$ 的本性奇点, 证明 $z=a$ 也是函数 $g(z)\pm f(z),\, g(z)\cdot f(z)$ 和 $\dfrac{g(z)}{f(z)}$ 的本性奇点.

习题解答
详解

习题答案

第五章　留数定理

留数是洛朗级数中负一次幂项的系数. 留数定理是在围线积分中同时运用了洛朗展开和柯西定理所得的结果. 留数定理可用来计算实变函数积分, 如三角函数积分、无穷区间的积分以及含三角函数的无穷积分等, 是巧妙运用复变函数理论解决实变函数问题的生动例子.

5.1　留数定理

留数　函数 $f(z)$ 在其第 k 个孤立奇点 z_k 的环域内的洛朗级数的负一次幂项的系数 a_{-1} 称为函数在奇点 z_k 的**留数**, 记作 $\operatorname{Res} f(z_k) = a_{-1}$.

◎　**留数定理**

设函数 $f(z)$ 在分段光滑的简单闭曲线 l 内除有限个孤立奇点 $z_k\ (k=1,2,\cdots,n)$ 外解析, 且在围线 l 上连续无奇点, 则

$$\oint_l f(z)\mathrm{d}z = 2\pi\mathrm{i}\sum_{k=1}^{n}\operatorname{Res} f(z_k) \qquad (5.1)$$

证明　在围线 l 内画 n 个互相不重叠的小圆周 $|z-z_k|=\delta_k\ (\delta_k>0)$, 如图 5.1 所示, 那么以围线 l 为外边界、n 个小圆周为内边界的区域是复连通区域. 由复连通区域柯西定理和函数洛朗展开可得

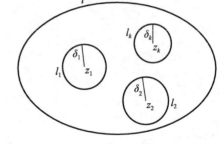

图 5.1

$$\oint_l f(z)\mathrm{d}z = \sum_{k=1}^{n}\oint_{l_k} f(z)\mathrm{d}z = \sum_{k=1}^{n}\oint_{l_k}\left[\sum_{m=-\infty}^{\infty} a_m(z-z_k)^m\right]\mathrm{d}z$$

一致收敛的级数求和与积分可以换序, 因此

$$\oint_l f(z)\mathrm{d}z = \sum_{k=1}^{n}\left[\sum_{m=-\infty}^{\infty}\oint_{l_k} a_m\,(z-z_k)^m\,\mathrm{d}z\right]$$

借用第三章例 6 结果即得所证结论

$$\oint_l f(z)\mathrm{d}z = \sum_{k=1}^{n} 2\pi\mathrm{i}a_{-1} = 2\pi\mathrm{i}\sum_{k=1}^{n}\operatorname{Res} f(z_k)$$

可以看到, 积分结果等于 $2\pi\mathrm{i}$ 乘以被积函数在各个奇点的留数之和. 积分的计算也转化为简单地计算各个奇点的留数.

◎ **留数计算**

根据洛朗展开式可以确定留数, 但是根据孤立奇点的不同类型, 也有比级数展开更简单的技巧来计算留数.

1. 可去奇点的留数 因其洛朗展开式中无负幂项, 因此留数等于零.

2. 本性奇点的留数 洛朗展开式中有无穷个负幂项, 将 $f(z)$ 展开后取负一次幂项的系数.

3. 极点 z_0 的留数 和可去奇点与本性奇点情况不同, 对于极点, 还要判断其阶数. 判断时不一定作展开, 而是将函数乘以 $(z - z_0)^m$ 后再取极限, 即

$$\lim_{z \to z_0}[(z - z_0)^m f(z)]$$
$$= \lim_{z \to z_0}[a_{-m} + a_{-m+1}(z - z_0) + a_{-m+2}(z - z_0)^2 + \cdots] = a_{-m} \tag{5.2}$$

使上式极限存在且 $a_{-m} \neq 0$ 的 m 值即极点的阶数.

(1) 当 $m = 1$ 时 z_0 为单极点, 上式已经给出了留数, 即

$$\text{Res } f(z_0) = \lim_{z \to z_0}(z - z_0)f(z) \tag{5.3}$$

对一些特例有更简便的方法: 若 $f(z) = P(z)/Q(z)$, $P(z)$、 $Q(z)$ 在 z_0 点解析, 且 $P(z_0) \neq 0, Q(z_0) = 0$ 但 $Q'(z_0) \neq 0$, 则 z_0 是 $f(z)$ 的单极点, 由此

$$\text{Res } f(z_0) = \lim_{z \to z_0}\left[(z - z_0)\frac{P(z)}{Q(z)}\right] = \lim_{z \to z_0}\left[\frac{P(z)}{\dfrac{Q(z) - Q(z_0)}{z - z_0}}\right] = \frac{P(z_0)}{Q'(z_0)} \tag{5.4}$$

(2) 对 $m(m \geqslant 2)$ 阶的极点 z_0, 计算留数的方法为

$$\text{Res } f(z_0) = \frac{1}{(m-1)!}\frac{\mathrm{d}^{m-1}}{\mathrm{d}z^{m-1}}[(z - z_0)^m f(z)]\bigg|_{z=z_0} \tag{5.5}$$

证明 将函数乘以 $(z - z_0)^m$, 再求导 $(m-1)$ 次后取极限, 即

$$\lim_{z \to z_0}\frac{\mathrm{d}^{m-1}}{\mathrm{d}z^{m-1}}[(z - z_0)^m f(z)]$$
$$= \lim_{z \to z_0}\frac{\mathrm{d}^{m-1}}{\mathrm{d}z^{m-1}}[a_{-m} + a_{-m+1}(z - z_0) + \cdots + a_{-1}(z - z_0)^{m-1} + \cdots]$$
$$= \lim_{z \to z_0}[(m-1)!a_{-1} + m!a_0(z - z_0) + \cdots] = (m-1)!a_{-1}$$

上式整理后即所证.

例 1 计算积分 $I = \oint_{|z|=2} \dfrac{\mathrm{e}^z + 1}{z(z-1)}\mathrm{d}z$.

解 分子 $\mathrm{e}^z + 1$ 为解析函数, 所以分母的零点 $z = 0$ 和 $z = 1$ 为被积函数的奇点, 且都在积分围线之内. 对于一阶奇点, 由式 (5.3) 计算留数

$$\lim_{z \to 0} z\frac{\mathrm{e}^z + 1}{z(z-1)} = -2, \quad \lim_{z \to 1}(z-1)\frac{\mathrm{e}^z + 1}{z(z-1)} = \mathrm{e} + 1$$

在 $z = 1$ 处的留数还可以按式 (5.4) 计算

$$\left.\frac{e^z + 1}{\dfrac{d}{dz}[z(z-1)]}\right|_{z=1} = \left.\frac{e^z + 1}{2z - 1}\right|_{z=1} = e + 1$$

由留数定理式 (5.1) 得所求积分

$$I = 2\pi i[\text{Res } f(0) + \text{Res } f(1)] = 2\pi i(e - 1)$$

例 2 计算积分 $I = \oint_{|z-i|=1} \dfrac{1}{(z^2+1)^3} dz$.

解 这里 $f(z) = \dfrac{1}{(z^2+1)^3} = \dfrac{1}{(z+i)^3(z-i)^3}$, 分母零点 $z = \pm i$ 为其三阶极点, 其中 $z = i$ 在围线内, 只需计算它的留数, 由式 (5.5) 得

$$\text{Res } f(i) = \frac{1}{2!} \lim_{z \to i} \frac{d^2}{dz^2} \left[(z-i)^3 f(z)\right]$$

$$= \frac{1}{2} \lim_{z \to i} \frac{d^2}{dz^2} \left[\frac{1}{(z+i)^3}\right] = \lim_{z \to i} \left[\frac{6}{(z+i)^5}\right] = -\frac{3}{16}i$$

所以积分值为

$$I = 2\pi i \text{Res } f(i) = \frac{3}{8}\pi$$

例 3 求函数 $f(z) = e^{\frac{z}{z-1}}$ 在 $z = 1$ 处的留数.

解 将函数 $f(z)$ 在 $z = 1$ 作洛朗展开

$$f(z) = e^{\frac{z-1+1}{z-1}} = e \cdot e^{\frac{1}{z-1}} = e \sum_{k=0}^{\infty} \frac{1}{k!} \left(\frac{1}{z-1}\right)^k, \quad |z-1| > 0$$

可见 $z = 1$ 是函数 $f(z)$ 的本性奇点, 留数就是展开式的负一次幂项的系数, 所以

$$\text{Res } f(1) = e$$

5.2 计算实变积分

留数定理可用来计算某些实变函数的定积分. 计算思路是: 先将实变函数 $f(x)$ 中的 x 换成 z 得到复平面上的复函数 $F(z)$, 再设法将积分路径化成围线积分后利用留数定理进行计算. 于是, 复杂的实变函数求积分问题统统变成了简单地求复变函数的留数和的问题. 为了构成围线, 常常会再增加一些复平面上的积分路径, 新增加的路径积分必须是可以算出来的. 下面是几种典型类型.

类型一 有理三角函数积分 $\displaystyle\int_0^{2\pi} R(\cos x, \sin x) dx$

$$\int_0^{2\pi} R(\cos x, \sin x) dx = 2\pi \sum_{|z|<1} \text{Res} \left[\frac{1}{z} R\left(\frac{z+z^{-1}}{2}, \frac{z-z^{-1}}{2i}\right)\right] \tag{5.6}$$

其中 $R(\cos x, \sin x)$ 是三角函数的有理式, 且在区间 $[0, 2\pi]$ 上连续.

证明 设原积分为 I, 作变换 $z = e^{ix}$, 则

$$\cos x = \frac{1}{2}(z + z^{-1}), \quad \sin x = \frac{1}{2i}(z - z^{-1}), \quad dx = \frac{dz}{iz}$$

当 x 由 0 变化到 2π 时, z 就沿圆周 $|z| = 1$ 的正方向绕行一周, 所以取积分围线 $|z| = 1$, 于是

$$I = \oint_{|z|=1} \frac{1}{iz} R\left(\frac{z+z^{-1}}{2}, \frac{z-z^{-1}}{2i}\right) dz$$

因为 $\operatorname{Re} z = \dfrac{z+z^{-1}}{2}$, $\operatorname{Im} z = \dfrac{z-z^{-1}}{2i}$ 在 $|z| = 1$ 上无奇点, 所以由它们构成的有理式 $R\left(\dfrac{z+z^{-1}}{2}, \dfrac{z-z^{-1}}{2i}\right)$ 在 $|z| = 1$ 上也就没有奇点. 由留数定理式 (5.1) 得

$$I = \oint_{|z|=1} \frac{1}{iz} R\left(\frac{z+z^{-1}}{2}, \frac{z-z^{-1}}{2i}\right) dz$$
$$= 2\pi \sum_{|z|<1} \operatorname{Res}\left[\frac{1}{z} R\left(\frac{z+z^{-1}}{2}, \frac{z-z^{-1}}{2i}\right)\right]$$

结论得证.

计算中用变量变换, 既解决了实变函数替换成复变函数的问题, 又确定了积分围线, 方法比较巧妙.

例 4 计算 $\displaystyle\int_0^{2\pi} \frac{dx}{1 - 2\varepsilon\cos x + \varepsilon^2}$ $(0 < \varepsilon < 1)$.

解 仿照上面的方法步骤, 有

$$I = \oint_{|z|=1} \frac{1}{1 - \varepsilon(z + z^{-1}) + \varepsilon^2} \frac{dz}{iz} = \oint_{|z|=1} \frac{dz}{i(z - \varepsilon z^2 - \varepsilon + \varepsilon^2 z)}$$
$$= \oint_{|z|=1} \frac{dz}{i(\varepsilon z - 1)(-z + \varepsilon)} = 2\pi \sum_{|z|<1} \operatorname{Res}\left[\frac{1}{(\varepsilon z - 1)(\varepsilon - z)}\right]$$
$$= 2\pi \cdot \frac{-1}{\varepsilon z - 1}\bigg|_{z=\varepsilon} = \frac{2\pi}{1 - \varepsilon^2}$$

类型二 无穷积分 $\displaystyle\int_{-\infty}^{\infty} f(x) dx$

将 $f(x)$ 中的 x 换成 z 得到复函数 $f(z)$. 若 $f(z)$ 在实轴上有有限个单极点 $r_j(j = 1, 2, \cdots, g)$, 在上半平面有有限个孤立奇点 $b_k(k = 1, 2, \cdots, n)$, 除此之外都是解析的, 且在上半平面和实轴上, $|z| \to \infty$ 时 $zf(z)$ 一致地趋于零, 则有

$$\int_{-\infty}^{\infty} f(x) dx = 2\pi i \sum_{k=1}^{n} \operatorname{Res} f(b_k) + \pi i \sum_{j=1}^{g} \operatorname{Res} f(r_j) \tag{5.7}$$

即积分值等于 $2\pi i$ 乘以 $f(z)$ 在上半平面的奇点的留数和再加上 πi 乘以 $f(z)$ 在实轴上的奇点的留数和. 一种特例是, $f(z)$ 在实轴上没有奇点, 则上式右边的第二项

为零, 即

$$\int_{-\infty}^{\infty} f(x)\mathrm{d}x = 2\pi\mathrm{i}\sum_{k=1}^{n}\mathrm{Res}\, f(b_k) \tag{5.8}$$

这里的积分都是求主值积分, 即 $\mathrm{p\cdot v}\cdot\displaystyle\int_{-\infty}^{\infty} f(x)\mathrm{d}x = \lim_{R\to\infty}\int_{-R}^{R} f(x)\mathrm{d}x.$

证明 1. 先考虑较简单的特例, 即 $f(z)$ 在实轴上没有奇点.

在上半平面添加足够大的半圆周 C_R, 使它包括了 $f(z)$ 在上半平面的所有奇点, 如图 5.2 所示.

由留数定理式 (5.1), $f(z)$ 沿半圆形围线 $l = ab + C_R$ 的积分

$$\oint_l f(z)\mathrm{d}z = \int_{-R}^{R} f(x)\mathrm{d}x + \int_{C_R} f(z)\mathrm{d}z = 2\pi\mathrm{i}\sum_{k=1}^{n}\mathrm{Res}\, f(b_k)$$

对添加的沿半圆弧积分 $\displaystyle\int_{C_R} f(z)\mathrm{d}z$ 有

$$\left|\int_{C_R} f(z)\mathrm{d}z\right| = \left|\int_{C_R} zf(z)\frac{\mathrm{d}z}{z}\right| \leqslant \int_{C_R} |zf(z)|\frac{|\mathrm{d}z|}{|z|}$$

在 $|z|\to\infty$, $zf(z)$ 一致地趋于零条件下

$$\int_{C_R} |zf(z)|\frac{|\mathrm{d}z|}{|z|} \leqslant \max|zf(z)|\frac{\pi R}{R} = \pi\cdot\max|zf(z)| \to 0$$

结论得证.

特别地, 若 $f(x) = \varphi(x)/\psi(x)$ 是有理分式, 上述条件意味着:

(1) 在实轴上 $\psi(x) \neq 0$;

(2) $\psi(x)$ 的次数至少高于 $\varphi(x)$ 的两次.

2. 再讨论在实轴上有奇点的一般情形.

在上半平面添加足够大的半圆周 C_R, 使它包括了 $f(z)$ 在上半平面的所有奇点, 再添加一些小半圆周, 使它绕开实轴上的奇点, 小半圆周的圆心在奇点, 半径取任意小值 ε, 如图 5.3 所示 (图中只画出了一个奇点的情形).

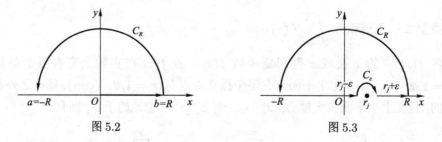

图 5.2　　　　　　　　　　　　图 5.3

由留数定理式 (5.1)

$$\oint_l f(z)\mathrm{d}z = 2\pi\mathrm{i}\sum_{k=1}^{n}\mathrm{Res}\, f(b_k)$$

积分围线由四段组成 (考虑实轴上有一个奇点 r_j 的情形), 故

$$\oint_l f(z)\mathrm{d}z = \int_{-R}^{r_j-\varepsilon} f(x)\mathrm{d}x + \int_{r_j+\varepsilon}^{R} f(x)\mathrm{d}x + \int_{C_R} f(z)\mathrm{d}z + \int_{C_\varepsilon} f(z)\mathrm{d}z \qquad (5.9)$$

当 $R \to \infty$, $\varepsilon \to 0$ 时, 等式右边前两项就是所求的实变函数的主值积分. 而前面已经证明 $R \to \infty$ 时等式右边第三个积分 $\int_{C_R} f(z)\mathrm{d}z = 0$, 因此只要求出实轴上单极点处的小圆弧 C_ε 上的积分即可.

对于单极点, 被积函数可以写成

$$\int_{C_\varepsilon} f(z)\mathrm{d}z = \int_{C_\varepsilon} \left[\frac{a_{-1}}{z-r_j} + \sum_{m=0}^{\infty} a_m(z-r_j)^m \right] \mathrm{d}z$$

令 $z - r_j = \varepsilon\mathrm{e}^{\mathrm{i}\varphi}$, 则

$$\int_{C_\varepsilon} f(z)\mathrm{d}z = \int_{\pi}^{0} \frac{a_{-1}\mathrm{d}(\varepsilon\mathrm{e}^{\mathrm{i}\varphi})}{\varepsilon\mathrm{e}^{\mathrm{i}\varphi}} + \sum_{m=0}^{\infty} a_m \varepsilon^m \int_{\pi}^{0} \mathrm{e}^{\mathrm{i}m\varphi}\mathrm{d}(\varepsilon\mathrm{e}^{\mathrm{i}\varphi})$$

所以当 $\varepsilon \to 0$ 时

$$\int_{C_\varepsilon} f(z)\mathrm{d}z = -\mathrm{i}\pi a_{-1} = -\pi\mathrm{i}\mathrm{Res}\, f(r_j)$$

将它代回式 (5.9) 并移项得

$$\int_{-\infty}^{\infty} f(x)\mathrm{d}x = 2\pi\mathrm{i}\sum_{k=1}^{n} \mathrm{Res}\, f(b_k) + \pi\mathrm{i}\mathrm{Res}\, f(r_j)$$

如果实轴上有多个单极点, 同理可证

$$\int_{-\infty}^{\infty} f(x)\mathrm{d}x = 2\pi\mathrm{i}\sum_{k=1}^{n} \mathrm{Res}\, f(b_k) + \pi\mathrm{i}\sum_{j=1}^{g} \mathrm{Res}\, f(r_j) \qquad (5.10)$$

注意: 实轴上的奇点只能是单极点, 若是二阶以上极点则积分趋于无穷, 若是本性奇点则积分不存在.

例 5 计算积分 $I = \displaystyle\int_{-\infty}^{\infty} \frac{\mathrm{d}x}{(1+x^2)^n}$, 其中 n 为整数.

解 本题中

$$f(z) = \frac{1}{(1+z^2)^n} = \frac{1}{(z-\mathrm{i})^n(z+\mathrm{i})^n}$$

上半平面的奇点为 n 阶极点 i, 在 $z = \mathrm{i}$ 的留数为

$$\begin{aligned}
\mathrm{Res}\, f(\mathrm{i}) &= \lim_{z\to\mathrm{i}} \frac{1}{(n-1)!} \frac{\mathrm{d}^{n-1}}{\mathrm{d}z^{n-1}} [(z-\mathrm{i})^n f(z)] \\
&= \lim_{z\to\mathrm{i}} \frac{1}{(n-1)!} \frac{\mathrm{d}^{n-1}}{\mathrm{d}z^{n-1}} (z+\mathrm{i})^{-n} = \frac{(-n)(-n-1)\cdots(-2n+2)}{(n-1)!}(2\mathrm{i})^{-2n+1} \\
&= -\frac{n(n+1)\cdots(2n-2)}{(n-1)!2^{2n-1}}\mathrm{i} = -\frac{(2n-2)!}{[(n-1)!]^2 2^{2n-1}}\mathrm{i}
\end{aligned}$$

积分结果为

$$I = 2\pi\mathrm{i}\left[-\frac{(2n-2)!}{[(n-1)!]^2 2^{2n-1}}\mathrm{i}\right] = \frac{\pi}{2^{2n-2}}\frac{(2n-2)!}{[(n-1)!]^2}$$

类型三 含三角函数的无穷积分 $\displaystyle\int_{-\infty}^{\infty} f(x)\cos mx\mathrm{d}x, \int_{-\infty}^{\infty} f(x)\sin mx\mathrm{d}x$

将实变函数 $f(x)$ 换成上半平面的复变函数 $F(z) = \mathrm{e}^{\mathrm{i}mz}f(z)$. $f(z)$ 在实轴上没有奇点, 在上半平面有有限个孤立奇点 $b_k(k = 1, 2, \cdots, n)$, 除此之外都是解析的. 在上半平面和实轴上, 当 $|z| \to \infty$ 时 $f(z)$ 一致地趋于零, 则有

$$\int_{-\infty}^{\infty} f(x)\cos mx\mathrm{d}x = \mathrm{Re}\left\{2\pi\mathrm{i}\sum_{k=1}^{n}\mathrm{Res}[\mathrm{e}^{\mathrm{i}mb_k}f(b_k)]\right\} \tag{5.11}$$

$$\int_{-\infty}^{\infty} f(x)\sin mx\mathrm{d}x = \mathrm{Im}\left\{2\pi\mathrm{i}\sum_{k=1}^{n}\mathrm{Res}[\mathrm{e}^{\mathrm{i}mb_k}f(b_k)]\right\} \tag{5.12}$$

证明 当

$$\int_{-\infty}^{\infty} f(x)\mathrm{e}^{\mathrm{i}mx}\mathrm{d}x = 2\pi\mathrm{i}\sum_{k=1}^{n}\mathrm{Res}\, F(b_k)$$

成立时, 上述两个公式分别是它的实部和虚部. 证明过程与类型二相似, 在上半平面上添加足够大的半圆周 C_R, 使它包括了上半平面的所有奇点, 则由留数定理, 上半平面的半圆形回路 l 的积分为

$$\oint_l f(z)\mathrm{e}^{\mathrm{i}mz}\mathrm{d}z = \int_{-R}^{R} f(x)\mathrm{e}^{\mathrm{i}mx}\mathrm{d}x + \int_{C_R} f(z)\mathrm{e}^{\mathrm{i}mz}\mathrm{d}z = 2\pi\mathrm{i}\sum_{k=1}^{n}\mathrm{Res}\, F(b_k)$$

$R \to \infty$ 时, 添加的在 C_R 上的积分由下面约当引理证明其值为零, 得证.

约当引理 $\displaystyle\lim_{R\to\infty}\int_{C_R} f(z)\mathrm{e}^{\mathrm{i}mz}\mathrm{d}z = 0$ 的证明如下 (引理的条件与上面相同). 如图 5.4 所示,

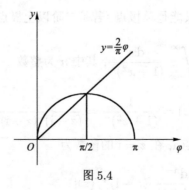

图 5.4

$$\left|\int_{C_R} f(z)\mathrm{e}^{\mathrm{i}mz}\mathrm{d}z\right| = \left|\int_{C_R} f(z)\mathrm{e}^{\mathrm{i}mx-my}\mathrm{d}z\right| = \left|\int_0^{\pi} f(R\mathrm{e}^{\mathrm{i}\varphi})\mathrm{e}^{-mR\sin\varphi}\mathrm{e}^{\mathrm{i}mR\cos\varphi}R\mathrm{e}^{\mathrm{i}\varphi}\mathrm{i}\mathrm{d}\varphi\right|$$

$$\leqslant \max|f(z)|\int_0^{\pi}\mathrm{e}^{-mR\sin\varphi}R\mathrm{d}\varphi = \max|f(z)|\cdot 2\int_0^{\pi/2}\mathrm{e}^{-mR\sin\varphi}R\mathrm{d}\varphi$$

由已知条件, $|z| \to \infty$ 时, $\max |f(z)| \to 0$, 若上式第二项有界, 则上式趋于零. 由函数曲线知 $0 \leqslant \varphi \leqslant \pi/2$, $0 \leqslant 2\varphi/\pi \leqslant \sin\varphi$, 所以

$$\int_0^{\pi/2} \mathrm{e}^{-mR\sin\varphi} R\mathrm{d}\varphi \leqslant \int_0^{\pi/2} \mathrm{e}^{-mR\frac{2\varphi}{\pi}} R\mathrm{d}\varphi = \frac{\pi}{2m}(1 - \mathrm{e}^{-mR})$$

即第二项是有界的, 证毕.

特例: 若 $f(x)$ 为偶函数, 则

$$\int_0^\infty f(x)\cos mx\mathrm{d}x = \pi\mathrm{i}\sum_{k=1}^n \mathrm{Res}[\mathrm{e}^{\mathrm{i}mb_k}f(b_k)] \tag{5.13}$$

若 $f(x)$ 为奇函数, 则

$$\int_0^\infty f(x)\sin mx\mathrm{d}x = \pi\sum_{k=1}^n \mathrm{Res}[\mathrm{e}^{\mathrm{i}mb_k}f(b_k)] \tag{5.14}$$

例 6 求积分 $I = \int_0^\infty \frac{\sin x}{x}\mathrm{d}x$.

解 利用函数的奇偶性, 原积分可化成

$$I = \frac{1}{2\mathrm{i}}\int_{-\infty}^\infty \frac{\mathrm{e}^{\mathrm{i}x}}{x}\mathrm{d}x$$

被积函数 $f(z) = \mathrm{e}^{\mathrm{i}z}/z$ 仅仅在实轴上有单极点 $z = 0$, 并且 $\mathrm{Res}\, f(0) = 1$. 所以根据类型二的积分公式 (5.7), 将留数代入上式得原积分值

$$I = \int_0^\infty \frac{\sin x}{x}\mathrm{d}x = \frac{1}{2\mathrm{i}}\pi\mathrm{i} = \frac{\pi}{2}$$

推论: $m > 0$ 时,

$$I = \int_0^\infty \frac{\sin mx}{x}\mathrm{d}x = \int_0^\infty \frac{\sin mx}{mx}\mathrm{d}mx = \frac{\pi}{2}$$

$m < 0$ 时,

$$I = \int_0^\infty \frac{\sin mx}{x}\mathrm{d}x = -\int_0^\infty \frac{\sin |m|x}{x}\mathrm{d}x = -\frac{\pi}{2}$$

例 7 计算 $I = \int_0^\infty \frac{x\sin mx}{(x^2+a^2)^2}\mathrm{d}x$ $(a > 0,\ m > 0)$.

解 本题中, 函数 $f(z)\mathrm{e}^{\mathrm{i}mz} = \frac{z}{(z^2+a^2)^2}\mathrm{e}^{\mathrm{i}mz}$, 两个二阶极点是分母的零点 $\pm a\mathrm{i}$, 其中 $a\mathrm{i}$ 在上半平面. 由式 (5.14) 及式 (5.5), 积分为

$$\begin{aligned}
I &= \pi\mathrm{Res}[f(a\mathrm{i})\mathrm{e}^{\mathrm{i}m(a\mathrm{i})}]\\
&= \pi\lim_{z\to a\mathrm{i}}\frac{\mathrm{d}}{\mathrm{d}z}\left[(z-a\mathrm{i})^2\frac{z}{(z^2+a^2)^2}\mathrm{e}^{\mathrm{i}mz}\right] = \pi\lim_{z\to a\mathrm{i}}\frac{\mathrm{d}}{\mathrm{d}z}\left[\frac{z}{(z+a\mathrm{i})^2}\mathrm{e}^{\mathrm{i}mz}\right]\\
&= \pi\lim_{z\to a\mathrm{i}}\left[\frac{1}{(z+a\mathrm{i})^2}\mathrm{e}^{\mathrm{i}mz} + \frac{z}{(z+a\mathrm{i})^2}\mathrm{i}m\mathrm{e}^{\mathrm{i}mz} - 2\frac{z}{(z+a\mathrm{i})^3}\mathrm{e}^{\mathrm{i}mz}\right]\\
&= \pi\left[-\frac{1}{4a^2}\mathrm{e}^{-ma} + \frac{ma}{4a^2}\mathrm{e}^{-ma} + \frac{1}{4a^2}\mathrm{e}^{-ma}\right] = \frac{m\pi}{4a}\mathrm{e}^{-ma}
\end{aligned}$$

5.3 本章思维导图

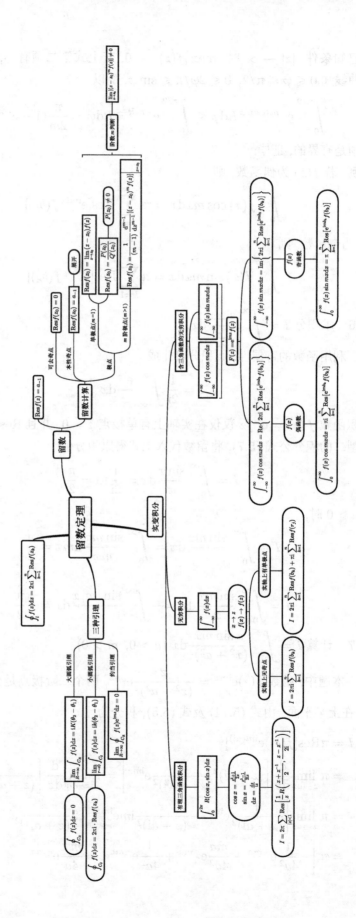

习 题

1. 确定下列函数的奇点, 并求在该奇点处的留数.

(1) $\dfrac{1-\cos(z-1)}{(z-1)^5}$ (2) $\dfrac{2}{z\sin z}$ (3) $\dfrac{1-\mathrm{e}^{2z}}{z^5}$

(4) $\dfrac{z^{2n}}{(z-1)^n}$ (5) $\cos\dfrac{1}{z}$ (6) $z^m\sin\dfrac{1}{z}$, m 为自然数

2. 计算下列积分.

(1) $\displaystyle\oint_{|z|=1}\dfrac{\cos z}{z^3}\mathrm{d}z$ (2) $\displaystyle\oint_{|z-1|=2}\dfrac{\mathrm{d}z}{z^{10}(z-10)}$ (3) $\displaystyle\oint_{|z|=1}\dfrac{\mathrm{e}^{2z}\mathrm{d}z}{z^4}$

(4) $\displaystyle\oint_{|z|=2}\dfrac{\mathrm{e}^{tz}\mathrm{d}z}{z^2+1}$ (5) $\displaystyle\oint_{|z|=4}\dfrac{z\mathrm{d}z}{(z-3)(z-2)}$ (6) $\displaystyle\oint_{|z+1|=1/2}\dfrac{z^3}{1+z}\mathrm{e}^{\frac{1}{z}}\mathrm{d}z$

3. 计算下列积分.

(1) $\displaystyle\int_0^{\frac{\pi}{2}}\dfrac{\mathrm{d}x}{2+\sin^2 x}$ (2) $\displaystyle\int_0^{\pi}\dfrac{\mathrm{d}x}{2+\cos x}$ (3) $\displaystyle\int_0^{2\pi}\dfrac{\mathrm{d}x}{5-3\sin x}$

(4) $\displaystyle\int_0^{2\pi}\dfrac{\mathrm{d}x}{(2+\sqrt{3}\cos x)^2}$ (5) $\displaystyle\int_0^{2\pi}\cos^{2n}x\mathrm{d}x$ (6) $\displaystyle\int_0^{2\pi}\mathrm{e}^{\mathrm{e}^{\mathrm{i}\theta}}\mathrm{d}\theta$

4. 计算下列积分.

(1) $\displaystyle\int_0^{\infty}\dfrac{x\sin x}{x^2+4}\mathrm{d}x$ (2) $\displaystyle\int_{-\infty}^{\infty}\dfrac{1+x^2}{1+x^4}\mathrm{d}x$

(3) $\displaystyle\int_{-\infty}^{\infty}\dfrac{\mathrm{d}x}{(x^2+1)(x^2+9)}$ (4) $\displaystyle\int_{-\infty}^{\infty}\dfrac{\cos x\mathrm{d}x}{(x^2+1)(x^2+9)}$

知识小结

参考例题

习题解答
详解

习题答案

下 篇
数学物理方程

　　物理现象随时间、空间而变化,要描述其物理量随时间和空间的变化,就需要二维、三维甚至四维函数,其方程是偏微分方程或积分方程（统称为数学物理方程）.

　　本篇只讨论三种最基本的二阶线性偏微分方程及其解法,重点介绍分离变量法和在求解过程中所用到的两种特殊函数.

第六章　数学物理定解问题

6.1　数学物理方程的导出

本节从物理问题出发, 导出相应的偏微分方程, 主要讨论:

(1) 描述波动现象的**波动方程**;

(2) 描述物质扩散、热量流动等现象的**扩散与热传导方程**;

(3) 描述稳定问题的**泊松方程与拉普拉斯方程**.

这三类方程在数学上分别属于双曲型、抛物型和椭圆型偏微分方程.

方程导出方法: 在物体中任取一微小体积作为研究对象, 分析它和相邻小体积间的相互作用, 根据物理定律建立描述其运动的方程.

◎　**均匀弦的微小横振动**

拨动琴弦会发出声音, 声音的高低大小与拨动的方式有关. 用数学语言来描述就是两端固定且绷紧的均匀柔软轻弦, 长度为 l, 质量线密度为 ρ, 在外界扰动下发生横向小幅振动, 求弦上任一点在任一时刻的微小横振动满足的方程.

在这里, 绷紧表示弦内存在张力; 均匀表示弦长不变时质量线密度为常数; 柔软表示弦可以弯曲; 轻弦表示弦有质量但忽略重力作用; 微小横振动则表示运动方向与弦平衡位置相垂直且偏离平衡位置很小. 因此, 弦在任意位置处切线的倾角 α 很小 (参见图 6.1 中 α_1 和 α_2), 可以忽略 α^2 及以上的高阶小量, 所以 $\sin\alpha \approx \tan\alpha = \partial u/\partial x$ (可记作 u_x, 下同), $\cos\alpha \approx 1$.

取水平绷紧弦所在位置为 x 轴, $u(x,t)$ 为弦上一点 x 在 t 时刻的横向位移, 如图 6.1 所示.

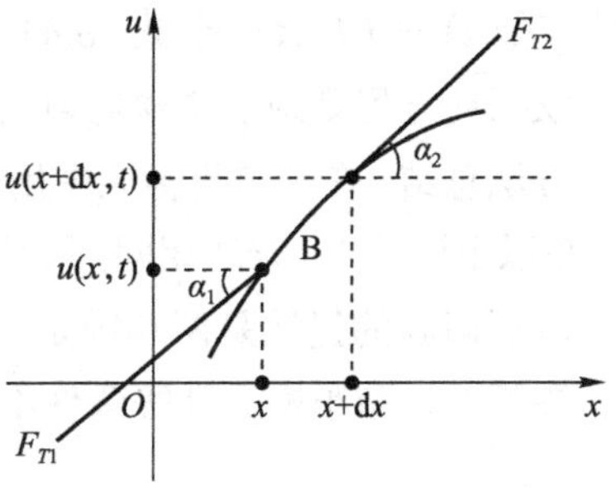

以弦上长度为 $\mathrm{d}x$ 的任一小段 B 为研究对象, 视之为质点, 它在两个端点 x 及 $x+\mathrm{d}x$ 处受到相邻小段的张力 $F_{\mathrm{T}1}(x,t)$、$F_{\mathrm{T}2}(x+\mathrm{d}x,t)$ 作用.

图 6.1

设任意时刻 B 的弧长为 $\mathrm{d}s$, 则在微小横振动条件下有

$$\mathrm{d}s = \sqrt{1 + \left(\frac{\partial u}{\partial x}\right)^2}\,\mathrm{d}x \approx \sqrt{1 + (\tan\alpha)^2}\,\mathrm{d}x \approx \mathrm{d}x$$

说明弦振动时 B 的长度不变, 所以弦总长度不变, 故线密度 ρ 为常量, 张力也与时间无关, 即 $F_{\mathrm{T}}(x,t) = F_{\mathrm{T}}(x)$.

B 段纵向与横向运动方程为

$$F_{\mathrm{T}2}(x+\mathrm{d}x)\cos\alpha_2 - F_{\mathrm{T}1}(x)\cos\alpha_1 = 0 \tag{6.1}$$

$$F_{\mathrm{T2}}(x + \mathrm{d}x)\sin\alpha_2 - F_{\mathrm{T1}}(x)\sin\alpha_1 = \rho\mathrm{d}x \cdot u_{tt} \tag{6.2}$$

其中 u_{tt} 为 B 的横向加速度.

由 $\cos\alpha \approx 1$, 方程 (6.1) 简化为

$$F_{\mathrm{T1}}(x) = F_{\mathrm{T2}}(x + \mathrm{d}x)$$

表明张力也与 x 无关, 因此弦振动过程中张力为常数, 记为 T.

由 $\sin\alpha \approx u_x$, 方程 (6.2) 简化为

$$T\left(u_x|_{x+\mathrm{d}x} - u_x|_x\right) = \rho\mathrm{d}x \cdot u_{tt}$$

两边同除以 $\mathrm{d}x$, 由微分定义得

$$u_{tt} - a^2 u_{xx} = 0 \tag{6.3}$$

式中 $a = \sqrt{T/\rho}$, 量纲与速度相同, 以后会看到 a 实际就是弦上振动的传播速度. 式 (6.1) 称为弦**自由振动方程**.

若单位长度的弦受有横向 (u 的正向) 力 $F(x,t)$ 作用, 仿照前面推导, 弦横向方程为

$$T\sin\alpha_2 - T\sin\alpha_1 + F(x,t)\mathrm{d}x = \rho\mathrm{d}x u_{tt}$$

整理得

$$u_{tt} - a^2 u_{xx} = f(x,t) \tag{6.4}$$

式中 $f(x,t) = F(x,t)/\rho$. 式 (6.4) 称为弦**受迫振动方程**.

弦振动方程刻画了柔软均匀细弦微小横振动时所服从的规律.

方法总结: 在一定坐标系中用牛顿运动定律描述小体积元的运动, 采取合理的近似. 在以下讨论中, 方法相同, 只是使用的物理定律不同.

以后问题的提法是两端固定、长为 l 的弦的自由 (受迫) 振动. 其余如均匀柔软的、绷紧的、微小横振动等条件不再提及, 并认为 a^2 已知.

方程导出
补充讲解

◎ **均匀杆的纵振动**

一根长为 l、横截面积为 S 的均匀细杆, 其质量密度为 ρ, 杨氏模量为 E, 求其微小纵振动方程。这里细杆是指不考虑重力.

将杆放在 x 轴上, $u(x,t)$ 为杆上坐标为 x 的任一截面在 t 时刻的纵向位移, 如图 6.2 所示.

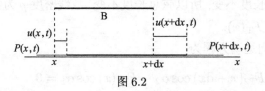

图 6.2

以长为 $\mathrm{d}x$ 的小段杆 B 为研究对象, 其质量为 $\rho S\mathrm{d}x$, 因截面法线方向受到张力为 ESu_x, 所以 B 的纵向运动方程为

$$\rho S\mathrm{d}x \cdot u_{tt} = ES(u_x|_{x+\mathrm{d}x} - u_x|_x) = ES\mathrm{d}x \cdot u_{xx}$$

整理得杆自由纵振动方程

$$u_{tt} - a^2 u_{xx} = 0 \tag{6.5}$$

式中 $a = \sqrt{E/\rho}$, 量纲也与速度相同, 实际就是纵振动在杆中的传播速度.

若单位长度单位横截面积杆受纵向力 $F(x,t)$, 则杆**受迫振动方程**为

$$u_{tt} - a^2 u_{xx} = f(x,t) \tag{6.6}$$

其中 $f(x,t) = F(x,t)/\rho$.

以后问题的提法是长为 l 的杆的纵向振动.

注意杆振动方程与弦振动方程在数学形式上是一致的, 在以后讨论解法时不必加以区分.

◎ **均匀薄膜的微小横振动**

膜可以划分为许多条带, 每条带的宽度小到极限就成为弦, 所以膜振动方程可以仿照弦振动方程来推导.

以柔软均匀薄膜绷紧后的静止平面为 Oxy 面, 质量面密度为 ρ, 膜的横向位移 $u(x,y,t)$, 如图 6.3 所示.

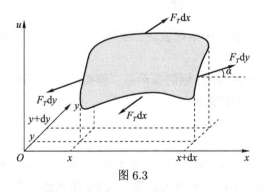

图 6.3

取面积为 $\mathrm{d}S = \mathrm{d}x\mathrm{d}y$ 小块膜为研究对象, 与弦微小横振动相类似, 膜振动时, 水平方向的伸缩可以忽略, 只考虑上下方向的振动, 膜上每单位长直线两边的牵引张力 F_T 也是常数, F_T 与 Oxy 平面的夹角 α 很小, 想象在膜上沿水平方向有一条弦, 则其所受横向力为

$$(F_\mathrm{T}u_x|_{x+\mathrm{d}x} - F_\mathrm{T}u_x|_x) = F_\mathrm{T}u_{xx}\mathrm{d}x$$

小块膜在 x 和 $x+\mathrm{d}x$ 两边所受横向作用力的合力为上述力再乘以宽度 $\mathrm{d}y$, 即

$$(F_\mathrm{T}u_x|_{x+\mathrm{d}x} - F_\mathrm{T}u_x|_x)\mathrm{d}y = F_\mathrm{T}u_{xx}\mathrm{d}x\mathrm{d}y$$

同理, 在 y 和 $y + \mathrm{d}y$ 两边膜所受横向作用力的合力为

$$(Tu_y|_{y+\mathrm{d}y} - Tu_y|_y)\mathrm{d}x = Tu_{yy}\mathrm{d}x\mathrm{d}y$$

因此小块膜横向运动方程为

$$\rho\mathrm{d}x\mathrm{d}yu_{tt} = Tu_{xx}\mathrm{d}x\mathrm{d}y + Tu_{yy}\mathrm{d}x\mathrm{d}y$$

即

$$u_{tt} - a^2\Delta_2 u = 0 \tag{6.7}$$

式中 $a = \sqrt{T/\rho}$, 为膜上振动的传播速度, 并采用记号

$$\Delta_2 = \frac{\partial^2}{\partial x^2} + \frac{\partial^2}{\partial y^2} \quad 及 \quad \Delta_3 = \frac{\partial^2}{\partial x^2} + \frac{\partial^2}{\partial y^2} + \frac{\partial^2}{\partial z^2}$$

如果膜单位面积上受到横向外力 $F(x, y, t)$ 作用, 则膜受迫振动方程为

$$u_{tt} - a^2\Delta_2 u = f(x, y, t) \tag{6.8}$$

其中 $f(x, y, t) = F(x, y, t)/\rho$.

◎ 电磁波方程

在国际单位制中, 真空中电场强度 $\boldsymbol{E}$ 和磁场强度 $\boldsymbol{H}$ 满足的方程为

$$\boldsymbol{E}_{tt} - a^2\Delta_3\boldsymbol{E} = 0 \tag{6.9}$$

$$\boldsymbol{H}_{tt} - a^2\Delta_3\boldsymbol{H} = 0 \tag{6.10}$$

式中 $a = \sqrt{1/(\mu_0\varepsilon_0)}$ 为真空中电磁波的速度即光速, μ_0、ε_0 分别为真空中的磁导率和电容率.

弦与杆的振动是一维振动, 膜的振动是二维振动, 而电磁波则是三维振动, 描述这一类现象的方程统称为**波动方程**.

◎ 扩散方程

物理现象: 在气体、液体和固体中, 如果浓度不均匀, 物质就会从浓度大的地方向浓度小的地方转移, 这种现象称为扩散. 例如, 墨水滴入清水中出现的现象就是扩散.

物理模型: 空间各点上物质浓度 u 随时间的变化规律是扩散定律 (斐克定律) 和粒子数 (质量) 守恒定律.

斐克定律为 $\boldsymbol{q} = -D\boldsymbol{\nabla}u$, 式中 $D(D > 0)$ 为扩散系数, $\boldsymbol{q}$ 为扩散流强度, 指单位时间内通过单位横截面积的粒子数或质量, 负号表示 $\boldsymbol{q}$ 的方向 (即浓度减小的方向) 与浓度梯度 $\boldsymbol{\nabla}u$ 的方向相反, 即扩散是由浓度大的地方向浓度小的地方进行.

取空间小立方体 B, 其底面与 Oxy 面平行, 如图 6.4 所示, B 内的粒子数浓度变化取决于进出 B 的粒子数之差.

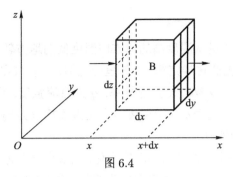

图 6.4

x 方向的粒子流强度是

$$q_x = -Du_x$$

所以单位时间内在 x 方向上通过位于 x 和 $x + \mathrm{d}x$ 两面 (图中网格表示) 流入 B 的净粒子数为

$$-(q_x|_{x+\mathrm{d}x} - q_x|_x)\mathrm{d}y\mathrm{d}z = -\frac{\partial q_x}{\partial x}\mathrm{d}x\mathrm{d}y\mathrm{d}z = \frac{\partial}{\partial x}\left(D\frac{\partial u}{\partial x}\right)\mathrm{d}x\mathrm{d}y\mathrm{d}z$$

同理, 单位时间内从 y 和 z 方向流入 B 的净粒子数为

$$\frac{\partial}{\partial y}\left(D\frac{\partial u}{\partial y}\right)\mathrm{d}x\mathrm{d}y\mathrm{d}z, \quad \frac{\partial}{\partial z}\left(D\frac{\partial u}{\partial z}\right)\mathrm{d}x\mathrm{d}y\mathrm{d}z$$

单位时间 B 内的粒子数变化又可以表示成

$$\frac{\partial u}{\partial t}\mathrm{d}x\mathrm{d}y\mathrm{d}z$$

若整个过程遵守粒子数守恒定律, 既无源也无汇 (其他物质能转化成这种粒子的称为源, 这种物质粒子转化成其他物质的为汇), 则 B 内粒子数变化等于所有表面流入流出的粒子数之差, 即

$$\frac{\partial u}{\partial t}\mathrm{d}x\mathrm{d}y\mathrm{d}z = \left[\frac{\partial}{\partial x}\left(D\frac{\partial u}{\partial x}\right) + \frac{\partial}{\partial y}\left(D\frac{\partial u}{\partial y}\right) + \frac{\partial}{\partial z}\left(D\frac{\partial u}{\partial z}\right)\right]\mathrm{d}x\mathrm{d}y\mathrm{d}z$$

整理即得三维扩散方程

$$\frac{\partial u}{\partial t} - \left[\frac{\partial}{\partial x}\left(D\frac{\partial u}{\partial x}\right) + \frac{\partial}{\partial y}\left(D\frac{\partial u}{\partial y}\right) + \frac{\partial}{\partial z}\left(D\frac{\partial u}{\partial z}\right)\right] = 0 \qquad (6.11)$$

若 D 在空间均匀, 令 $a^2 = D$, 方程 (6.11) 可以写成

$$u_t - a^2\Delta_3 u = 0 \qquad (6.12)$$

对沿 x 轴方向扩散的一维情形, $q_y = q_z = 0$, 所以

$$u_t - a^2 u_{xx} = 0$$

若有源或汇, 设 $f(x, y, z, t)$ 是扩散源强度 (在单位时间内单位体积中产生的粒子数) 且与浓度 u 无关, 则有

$$u_t - a^2\Delta_3 u = f(x, y, z, t) \qquad (6.13)$$

以后问题提法是: 求空间各点粒子浓度随时间的变化.

◎　**热传导方程**

在热传导过程中, 热量从温度高的地方向温度低的地方转移, 求空间各点的温度 u 随时间的变化. 可根据热传导定律 (即傅里叶定律) 与能量守恒定律建立方程.

傅里叶定律是 $\boldsymbol{q} = -\kappa \boldsymbol{\nabla} u$, κ 为热导率, $\boldsymbol{q}$ 为热流强度, 是单位时间内通过单位横截面积的热量, 负号也是表示热流强度方向与温度梯度方向相反, 即热量是从温度高的地方流入温度低的地方.

以 $\partial u / \partial t$ 表示某个小立方体内的温度变化, 先求小立方体内相应的热量变化. 设 ρ 为介质密度, c 为比热容 (单位质量物质改变单位温度时吸收或释放的热量), 则单位时间、单位体积中热量的变化为

$$c\rho \frac{\partial u}{\partial t}$$

类似于扩散方程推导, 若 κ 为常数, 则单位时间流入单位体积的净热量为

$$\kappa \left(\frac{\partial^2 u}{\partial x^2} + \frac{\partial^2 u}{\partial y^2} + \frac{\partial^2 u}{\partial z^2} \right)$$

小体积元内的能量变化等于净流入的热量, 因此

$$c\rho \frac{\partial u}{\partial t} = \kappa \left(\frac{\partial^2 u}{\partial x^2} + \frac{\partial^2 u}{\partial y^2} + \frac{\partial^2 u}{\partial z^2} \right)$$

令 $a^2 = \kappa / c\rho$, 得

$$u_t - a^2 \Delta_3 u = 0 \tag{6.14}$$

若介质内有热源 (或冷源) 存在, 例如有电流通过, 设其热源强度 (单位时间在单位体积中产生的热量) 为 $F(x, y, z, t)$, 方程为

$$u_t - a^2 \Delta_3 u = f(x, y, z, t) \tag{6.15}$$

式中 $f(x, y, z, t) = F(x, y, z, t) / c\rho$.

如果考虑侧面绝热的均匀细杆 ($q_y = 0$, $q_z = 0$) 或均匀薄板 $q_z = 0$ 的温度分布, 就分别得到一维热传导方程和二维热传导方程.

扩散方程与热传导方程在数学形式上完全一致, 在讨论解法时也不必加以区分.

◎　**泊松方程与拉普拉斯方程**

若热源强度 $F(x, y, z, t)$ 与时间无关, 热传导进行足够长时间后将达到稳定状态, 空间各点温度不再随时间变化, 即 $\partial u / \partial t = 0$, 热传导方程 (6.15) 就变为如下的**泊松方程**:

$$\Delta_3 u = g(x, y, z) \tag{6.16}$$

其中 $g(x, y, z) = -F(x, y, z) / (a^2 c\rho)$.

若再有 $F(x, y, z) = 0$, 则得**拉普拉斯方程**

$$\Delta_3 u = 0 \tag{6.17}$$

泊松方程与拉普拉斯方程描述的都是**稳定态问题**, 即 u 不随时间变化.

6.2 定解条件

上节导出了三种典型的偏微分方程, 如果直接求解这些方程, 会发现其解并非唯一确定的, 比如在下一节求解无限长的弦的振动问题时, 如果不考虑初始状态, 得到的解是两个某种形式的任意函数. 从物理上看, 这是因为一个物理过程的变化, 既会受到周围环境的影响 (边界条件), 也与初始状态有关 (初始条件), 只有边界条件和初始条件都确定的情形下, 物理过程的变化才是确定的, 数学上的解才是唯一的. 边界条件和初始条件反映了具体问题的特定环境和历史, 合称为**定解条件**. 常把方程称之为**泛定方程**以表明其解具有不确定性. 在给定的定解条件下求解方程称为**定解问题**.

◎ 初始条件

初始条件描写的是初始时刻介质内部及边界上任意一点的物理场的状态. 初始条件不同, 即使其他条件相同, 结果也不同.

拉普拉斯方程和泊松方程与时间 t 无关, 不需要初始条件.

热传导方程中, 未知函数对 t 是一阶偏导数, 需要一个初始条件

$$u(x,y,z,t)|_{t=0} = \phi(x,y,z)$$

描述的是 u 的初始浓度 (或温度等) 分布.

波动方程中, 未知函数对 t 是二阶偏导数, 需要两个初始条件

$$u(x,y,z,t)|_{t=0} = \phi(x,y,z), \quad u_t(x,y,z,t)|_{t=0} = \psi(x,y,z)$$

第一式描述的是初始 "位移" 分布, 第二式是初始 "速度" 分布.

以上各式中 $\phi(x,y,z)$、$\psi(x,y,z)$ 均为已知函数.

无初始条件问题: 周期性外力作用下的振动, 经足够长时间后, 振动就完全由周期性外力所决定, 初始条件的影响已经消失, 类似这样的问题就是无初始条件问题.

初始条件是描述对象初始时刻所有各点的状况, 不能是一点状况. 例如, 长为 l 的弦两端固定, 在 x_0 处拉起 h, 初始位移不是 $u(x_0,0)=h$, 而是

$$u(x,0) = \begin{cases} \dfrac{h}{x_0}x & (0 \leqslant x \leqslant x_0) \\ \dfrac{h}{l-x_0}(l-x) & (x_0 \leqslant x \leqslant l) \end{cases}$$

◎ 边界条件

边界条件描写物理场边界上各点在任一时刻的状况. 对于有界问题, 一维、二维、三维分别要二个、四个、六个边界条件. 边界条件中未知函数或其导数的最高幂次为一次时称为线性边界条件. 就一端而言, 线性边界条件分以下三类:

1. **第一类边界条件** 已知未知函数 u 在边界 Σ 上的值.

$$u(x,y,z,t)|_\Sigma = g(M,t) \tag{6.18}$$

M 表示边界 Σ 上的点的坐标, g 是已知函数.

对波动问题, 指的是边界点的 "位移" 已知. 例如, 长为 l 的弦两端固定, 边界点的位移始终为零, 则

$$u(x,t)|_{x=0} = u(x,t)|_{x=l} = 0 \quad 或 \quad u(0,t) = u(l,t) = 0$$

对热传导 (扩散) 问题, 指的是边界上的温度 (浓度等) 已知. 例如, 杆的端点 $x = a$ 处温度 $u(x,t)$ 变化规律为 $\phi(t)$, 则

$$u(x,t)|_{x=a} = \phi(t)$$

对稳定态问题, 也可以是已知边界上的温度 (浓度等). 例如, 长宽分别为 a 和 b 的矩形薄板, 如果一边温度为常数 T, 其他三边温度为零, 则边界条件可写为

$$\begin{cases} u(0,y) = 0, u(a,y) = 0 \\ u(x,0) = 0, u(x,b) = T \end{cases}$$

2. 第二类边界条件 已知未知函数在边界外法线 $\boldsymbol{n}$ 上的方向导数在边界上的值.

$$\left.\frac{\partial u}{\partial n}\right|_{\Sigma} = f(M,t) \tag{6.19}$$

式中 $\partial u/\partial n = \boldsymbol{e}_{\mathrm{n}} \cdot \boldsymbol{\nabla} u$ 是梯度矢量在外法线方向上的投影.

对细杆纵振动问题, 该条件是指边界所受外力已知.

(1) 细杆端点不受力, 则 $f(M,t) = 0$ 即 $u_x(x,t)|_{\Sigma} = 0$, 端点自由.

(2) 细杆端点受力.

若受拉力, u_x 为正; 受压力, u_x 为负. 设力大小 $f > 0$, 由胡克定律 $F = ESu_x(E$ 为杨氏模量, S 为截面积) 得

$$ESu_x(l,t) = \begin{cases} f(M,t) & (拉力) \\ -f(M,t) & (压力) \end{cases}$$

$$ESu_x(0,t) = \begin{cases} f(M,t) & (拉力) \\ -f(M,t) & (压力) \end{cases}$$

对细杆热传导问题, 条件是指从边界流入或流出的热量已知.

(1) 细杆端点无热量进出即绝热, 则 $u_x(x,t)|_{\Sigma} = 0$.

(2) 细杆端点有热量进出, 热流强度大小 $q > 0$. 由傅里叶定律 $\boldsymbol{q} = -\kappa\boldsymbol{\nabla}u(\kappa$ 为导热系数), 若在 $x = l$ 端有热流沿 x 轴 (单位矢量 $\boldsymbol{i}$) 负方向流入细杆, 则 $\boldsymbol{q} = q(-\boldsymbol{i})$, 而 $\boldsymbol{\nabla}u = u_x\boldsymbol{i}$, 因此有 $\kappa u_x(l,t) = q$, 同理可得其他情况如下:

$$\kappa u_x(0,t) = \begin{cases} q(M,t) & (流出) \\ -q(M,t) & (流入) \end{cases}, \quad \kappa u_x(l,t) = \begin{cases} -q(M,t) & (流出) \\ q(M,t) & (流入) \end{cases}$$

3. 第三类边界条件 一、二类边界条件条件的线性组合.

$$\left(u + H\frac{\partial u}{\partial n}\right)\Big|_{\Sigma} = \varphi\left(\Sigma, t\right) \tag{6.20}$$

式中 H 为系数.

例如, 一维热传导时, 在端点 $x = l$ 自由冷却, 杆端与周围介质 (温度 θ) 按照牛顿冷却定律交换热量, 杆端流出的热流强度与温度差成正比, 即 $q = h(u|_{x=l} - \theta)$, 而杆内由傅里叶定律知热流强度为 $-\kappa u_x|_{x=l}$, 在杆端两者相等, 因此

$$-\kappa u_x|_{x=l} = h(u|_{x=l} - \theta)$$

即

$$(u + Hu_x)|_{x=l} = \theta \quad (H = \kappa/h)$$

在 $x = 0$ 端, 杆端流出的热流强度与温度差成正比, $q = h(\theta - u|_{x=0})$, 杆内的热流强度表达式不变, 故有

$$(u - Hu_x)|_{x=0} = \theta$$

当 $H = \kappa/h \approx 0$ 时, 即热交换系数 h 远大于杆的热传导系数 κ 时, 上述边界条件就退化成第一类边界条件.

再如杆纵振动时, 若 $x = l$ 端通过弹性体 (如弹簧) 连结在固定物上, 则杆的弹性力等于弹性体的恢复弹力

$$YSu_x|_{x=l} = -\kappa u|_{x=l} \quad \text{即} \quad \left(u + \frac{YS}{k}u_x\right)\Big|_{x=l} = 0$$

除以上三类边界条件外, 还有如下条件:

非线性边界条件: 如物体表面按斯蒂芬定律 (辐射能流与温度四次方成正比) 向周围辐射热量时形成的条件.

衔接条件: 如由两种不同材料连接而成的杆, 在连接点处杆的位移和应力大小分别相等所成的条件.

定解条件
补充讲解

无界问题: 边界无限远, 或在问题讨论的时间内, 边界的影响没有到达, 这一类问题就称为无界或半无界问题, 在定解条件中只有初始条件没有边界条件.

齐次与非齐次条件: 初始或边界条件为零称为齐次, 否则为非齐次.

6.3 行波法——达朗贝尔公式 定解问题

行波法求解偏微分方程的思路类似于常微分方程解法, 先求方程通解, 再用条件定特解.

◎ **达朗贝尔公式**

研究无限长弦的自由振动, 定解问题为

达朗贝尔
简介

$$\begin{cases} \left(\dfrac{\partial^2}{\partial t^2} - a^2 \dfrac{\partial^2}{\partial x^2}\right) u = 0 & (6.21) \\[3mm] u(x,0) = \varphi(x), \quad u_t|_{t=0} = \psi(x) & (6.22) \end{cases}$$

1. 通解　将方程 (6.21) 分解为

$$\left(\frac{\partial}{\partial t} + a \frac{\partial}{\partial x}\right) \left(\frac{\partial}{\partial t} - a \frac{\partial}{\partial x}\right) u = 0$$

令

$$\xi = x + at; \quad \eta = x - at \tag{6.23}$$

利用复合函数求导法则得

$$\frac{\partial}{\partial t} = \frac{\partial}{\partial \xi} \frac{\partial \xi}{\partial t} + \frac{\partial}{\partial \eta} \frac{\partial \eta}{\partial t} = a \frac{\partial}{\partial \xi} - a \frac{\partial}{\partial \eta}$$

$$\frac{\partial^2}{\partial t^2} = a \left(\frac{\partial^2}{\partial \xi^2} \cdot \frac{\partial \xi}{\partial t} + \frac{\partial^2}{\partial \xi \partial \eta} \cdot \frac{\partial \eta}{\partial t}\right) - a \left(\frac{\partial^2}{\partial \xi \partial \eta} \cdot \frac{\partial \xi}{\partial t} + \frac{\partial^2}{\partial \eta^2} \cdot \frac{\partial \eta}{\partial t}\right)$$

$$= a^2 \left(\frac{\partial^2}{\partial \xi^2} + \frac{\partial^2}{\partial \eta^2} - 2\frac{\partial^2}{\partial \xi \partial \eta}\right) \tag{6.24}$$

同理

$$\frac{\partial^2}{\partial x^2} = \frac{\partial^2}{\partial \xi^2} + \frac{\partial^2}{\partial \eta^2} + 2\frac{\partial^2}{\partial \xi \partial \eta} \tag{6.25}$$

式 (6.24)、式 (6.25) 代入原方程 (6.21) 并整理得

$$\frac{\partial^2 u}{\partial \xi \partial \eta} = 0$$

先对 η 后对 ξ 积分并利用式 (6.23) 得方程 (6.21) 通解

$$u = f_1(\xi) + f_2(\eta) = f_1(x + at) + f_2(x - at) \tag{6.26}$$

式 (6.26) 是两个二阶连续可微的任意函数 f_1 和 f_2 的组合, 正像前面所述, 如果没有定解条件, 偏微分方程的解不是唯一的.

2. 达朗贝尔公式　将初始条件式 (6.22) 代入通解式 (6.26) 中得

$$\begin{cases} f_1(x) + f_2(x) = \varphi(x) \\[2mm] a f_1'(x) - a f_2'(x) = \psi(x) \end{cases}$$

即

$$\begin{cases} f_1(x) + f_2(x) = \varphi(x) \\[2mm] f_1(x) - f_2(x) = \dfrac{1}{a} \displaystyle\int_{x_0}^{x} \psi(\tau)\mathrm{d}\tau + f_1(x_0) - f_2(x_0) \end{cases}$$

由此解得

$$\begin{cases} f_1(x) = \dfrac{1}{2}\varphi(x) + \dfrac{1}{2a}\int_{x_0}^{x}\psi(\tau)\mathrm{d}\tau + \dfrac{1}{2}[f_1(x_0) - f_2(x_0)] \\[3mm] f_2(x) = \dfrac{1}{2}\varphi(x) - \dfrac{1}{2a}\int_{x_0}^{x}\psi(\tau)\mathrm{d}\tau - \dfrac{1}{2}[f_1(x_0) - f_2(x_0)] \end{cases}$$

以上两式代回原解 (6.26), 得达朗贝尔公式

$$\begin{aligned} u(x,t) &= f_1(x + at) + f_2(x - at) \\ &= \frac{1}{2}[\varphi(x + at) + \varphi(x - at)] + \frac{1}{2a}\int_{x-at}^{x+at}\psi(\tau)\mathrm{d}\tau \end{aligned} \tag{6.27}$$

这种求解方法是比较特殊的, 对于大多数偏微分方程的求解并不适用. 后面会介绍其他的解法.

3. 解的物理意义 通解式 (6.26) 具有非常明确的物理意义. 以 $u(x,t) = f_2(x - at)$ 为例.

$$t = 0 时, \quad u(x,0) = f_2(x), \quad 对应初始时刻的位移$$
$$t = t_0 时, \quad u(x,t_0) = f_2(x - at_0), \quad 对应 t_0 时刻的位移$$

在 (x, u) 平面上, t_0 时刻的 $f_2(x - at_0)$ 图形可看作是将初始时刻 $t = 0$ 时的图形 $f_2(x)$ 向右平移一段距离 at_0 而得到, 且平移速率为 a, 如图 6.5 所示.

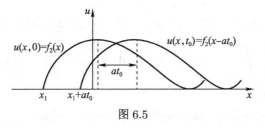

图 6.5

因此 $f_2(x - at)$ 表示的是初位形以速率 a 沿 x 轴正向运动的行波. 同理, $f_1(x + at)$ 则是速率为 a 沿 x 轴负向运动的行波. 由此可见, 通解式 (6.26) 表示弦上的振动是两个方向相反的行波叠加结果, 所以该解法又称为**行波法**.

再看达朗贝尔解式 (6.27): 第一项意味着初位移 $\varphi(x)$ 激发行波后分成相等两部分, 独立地以速率 a 向左右传播, 表示初位移对振幅的贡献; 第二项意味着初速度 $\psi(x)$ 激发的行波, 左右对称地以速率 a 扩展到 $[x - at, x + at]$ 的范围, 表示弦上从 $x - at$ 到 $x + at$ 各点振动初速度对振幅的贡献. 可以通过下面的例子来说明这一点, 若初位移为零, 初速度为

$$\psi(x) = \begin{cases} \psi_0 & (x_1 \leqslant x \leqslant x_2) \\ 0 & (x < x_1, \ x > x_2) \end{cases}$$

代入公式 (6.27) 得

$$u(x,t) = \frac{1}{2a}\int_{-\infty}^{x+at}\psi(\tau)\mathrm{d}\tau - \frac{1}{2a}\int_{-\infty}^{x-at}\psi(\tau)\mathrm{d}\tau = \varPsi(x+at) - \varPsi(x-at)$$

其中

$$\varPsi(x) = \frac{1}{2a}\int_{-\infty}^{x}\psi(\tau)\mathrm{d}\tau = \begin{cases} 0 & (x \leqslant x_1) \\ \dfrac{1}{2a}(x-x_1)\psi_0 & (x_1 \leqslant x \leqslant x_2) \\ \dfrac{1}{2a}(x_2-x_1)\psi_0 & (x_2 \leqslant x) \end{cases}$$

据此可作出 $+\varPsi(x)$ 和 $-\varPsi(x)$ 图像, 让它们以速度 a 分别向左、右两个方向移动, 两者的和就描画出各个时刻的波形.

◎ **定解问题的适定性**

定解问题的适定性是指解具有: (1) 存在性; (2) 唯一性; (3) 稳定性. 其中稳定性是指定解条件有微小改变时, 其解也只有微小改变.

如对达朗贝尔解, 稳定性证明如下: 设有两组初始条件

$$u(x,0) = \varphi_1(x), \quad u_t(x,0) = \psi_1(x)$$
$$u(x,0) = \varphi_2(x), \quad u_t(x,0) = \psi_2(x)$$

它们相差很小, 即 (δ 为很小的正数)

$$|\varphi_1 - \varphi_2| < \delta; \quad |\psi_1 - \psi_2| < \delta$$

由达朗贝尔公式得

$$|u_1 - u_2| \leqslant \frac{1}{2}|\varphi_1(x+at) - \varphi_2(x+at)| + \frac{1}{2}|\varphi_1(x-at) - \varphi_2(x-at)|$$
$$+ \frac{1}{2a}\int_{x-at}^{x+at}|\psi_1(\tau) - \psi_2(\tau)|\mathrm{d}\tau < \frac{1}{2}\delta + \frac{1}{2}\delta + \frac{1}{2a}2at\delta = (1+t)\delta$$

无限长弦自由振动问题的 MATLAB 求解

可见两解的差别很小.

本书后面所涉及的定解问题都是适定的, 不再一一加以论述.

6.4　方程的分类

◎ **线性二阶偏微分方程**

含 n 个变量的线性二阶 (非齐次) 偏微分方程的一般形式为

$$\sum_{j=1}^{n}\sum_{i=1}^{n}a_{ij}u_{x_ix_j} + \sum_{i=1}^{n}b_iu_{x_i} + cu + f = 0 \tag{6.28}$$

式中未知函数 u 的偏导数最高阶数为 2, x_i、x_j 为包括空间和时间的变量.

线性是指 a_{ij}, b_i, c, f 仅与 $x_1, x_2, \cdots, x_n$ 有关而与 u 无关, 反之为非线性.

非齐次是指 $f \neq 0$, 反之 $f \equiv 0$ 则为齐次 (相当于没有常数项).

◎ **叠加原理**

若 u_1, u_2 是线性齐次方程的解, 则 $u = \lambda_1 u_1 + \lambda_2 u_2 (\lambda_1 、 \lambda_2$ 为常数) 也是线性齐次方程的解. 将 u 代入方程即可证明.

◎ **两个自变量方程的分类**

两个变量方程的一般形式如下:

$$a_{11} u_{xx} + 2 a_{12} u_{xy} + a_{22} u_{yy} + b_1 u_x + b_2 u_y + cu + f = 0 \tag{6.29}$$

假定 $a_{11}, a_{12}, a_{22}, b_1, b_2, c, f$ 都是实常数, 令 $\Delta = a_{12}^2 - a_{11} a_{22}$, 则方程 (6.29) 可进行如下分类

$$\Delta > 0, \text{双曲型}; \quad \Delta = 0, \text{抛物型}; \quad \Delta < 0, \text{椭圆型}.$$

◎ **两个自变量方程的化简**

方程 (6.29) 可按如下步骤进行简化.

1. 写出式 (6.29) 的特征方程

$$a_{11} \left(\frac{\mathrm{d}y}{\mathrm{d}x} \right)^2 - 2 a_{12} \frac{\mathrm{d}y}{\mathrm{d}x} + a_{22} = 0$$

分解成两个特征线方程

$$\frac{\mathrm{d}y}{\mathrm{d}x} = \frac{a_{12} + \sqrt{\Delta}}{a_{11}}; \quad \frac{\mathrm{d}y}{\mathrm{d}x} = \frac{a_{12} - \sqrt{\Delta}}{a_{11}}$$

其解为特征线, 分别为

$$\varphi(x, y) = c_1; \quad \psi(x, y) = c_2$$

2. 根据判别式 Δ 的情况, 分别用不同的方法化简. 为此先令

$$\xi = \varphi(x, y), \quad \eta = \psi(x, y)$$

(1) $\Delta > 0$, 此时有两族实特征线. 引入新变量 $\alpha = (\xi + \eta)/2$, $\beta = (\xi - \eta)/2$, 代入方程 (6.29) 化简可得

$$u_{\alpha\alpha} - u_{\beta\beta} = g u_\alpha + h u_\beta + ju + k \tag{6.30}$$

(2) $\Delta = 0$, 此时只有一族实特征线 $\varphi(x, y) = c$. 再取与 $\varphi(x, y)$ 线性无关的任意函数 $\eta(x, y)$, ξ 和 η 作为两个新变量代入方程化简可得

$$u_{\eta\eta} = g u_\xi + h u_\eta + ju + k \tag{6.31}$$

(3) $\Delta < 0$, 得到一对为共轭复数的特征线. 取新变量 α 和 β 分别为复数的实部和虚部, 即引入 $\alpha = (\xi + \eta)/2$, $\beta = \mathrm{i}(\eta - \xi)/2$, 可得

$$u_{\alpha\alpha} + u_{\beta\beta} = g u_\alpha + h u_\beta + ju + k \tag{6.32}$$

以上各式中 g, h, j, k 是 $a_{11}, a_{12}, a_{22}, b_1, b_2, c, f$ 及 α, β 的函数. 式 (6.30)、式 (6.31) 和式 (6.32) 分别是两个变量时双曲型、抛物型和椭圆型方程的标准形式.

如果系数不是常数, 则要考虑系数的取值范围再加以讨论.

按此分类, 显然波动方程 $u_{tt} = a^2 u_{xx} + f(x,t)$ 属于双曲型方程, 热传导方程 $u_t = a^2 u_{xx} + f(x,t)$ 属于抛物型方程, 稳定场方程 $u_{xx} + u_{yy} = f(x,y)$ 则属于椭圆型方程.

如果化简后的方程 (这时方程中二阶导数没有类似 u_{xy} 的交叉项) 所有系数为常数, 则方程可以进一步化简, 方法是令

$$u(x,y) = e^{\lambda x + \mu y} v(x,y)$$

其中 λ, μ 是待定的常数, 再将

$$u_x = e^{\lambda x + \mu y}(v_x + \lambda v), \quad u_{xx} = e^{\lambda x + \mu y}(v_{xx} + 2\lambda v_x + \lambda^2 v)$$
$$u_y = e^{\lambda x + \mu y}(v_y + \mu v), \quad u_{yy} = e^{\lambda x + \mu y}(v_{yy} + 2\mu v_y + \mu^2 v)$$
$$u_{xy} = e^{\lambda x + \mu y}(v_{xy} + \lambda v_y + \mu v_x + \lambda\mu v)$$

代入式 (6.30)— (6.32), 用待定系数法定出 λ 和 μ, 往往可以消去一阶导数项.

例 1 化简方程: $u_{xx} + u_{yy} + \alpha u_x + \beta u_y + \gamma u = 0$, 其中 α、β、γ 为常数.

解 令 $u(x,t) = e^{\lambda x + \mu t} v(x,t)$, 其中 λ, μ 是待定常数, 将

$$u_x = e^{\lambda x + \mu y}(v_x + \lambda v), \quad u_{xx} = e^{\lambda x + \mu y}(v_{xx} + 2\lambda v_x + \lambda^2 v)$$
$$u_y = e^{\lambda x + \mu y}(v_y + \mu v), \quad u_{yy} = e^{\lambda x + \mu y}(v_{yy} + 2\mu v_y + \mu^2 v)$$

代入方程得

$$v_{xx} + v_{yy} + (2\lambda + \alpha)v_x + (2\mu + \beta)v_y + (\lambda^2 + \mu^2 + \alpha\lambda + \beta\mu + \gamma)v = 0$$

令 $\lambda = -\alpha/2$, $\mu = -\beta/2$, 即 $u = ve^{-\frac{\alpha}{2}x - \frac{\beta}{2}y}$, 得

$$v_{xx} + v_{yy} + \left(\gamma - \frac{\alpha^2}{4} - \frac{\beta^2}{4}\right)v = 0$$

例 2 化简: $u_{xx} + y u_{yy} = 0$.

解 判别式 $\Delta = -y$, 故有:

(1) $y < 0$, $\Delta > 0$ 双曲型; (2) $y > 0$, $\Delta < 0$ 椭圆型.

特征方程

$$\left(\frac{dy}{dx}\right)^2 + y = 0$$

特征线方程

$$\frac{dy}{dx} = \sqrt{-y} = (-y)^{\frac{1}{2}}; \quad \frac{dy}{dx} = -(-y)^{\frac{1}{2}}$$

积分, 得解为

$$-2(-y)^{\frac{1}{2}} = x + c_1, \quad 2(-y)^{\frac{1}{2}} = x + c_2$$

引入变量

$$\xi = 2(-y)^{\frac{1}{2}} + x; \quad \eta = 2(-y)^{\frac{1}{2}} - x;$$

第二次引入变量

$$\alpha = \frac{1}{2}(\xi + \eta) = 2(-y)^{\frac{1}{2}}; \qquad \beta = \frac{1}{2}(\xi - \eta) = x$$

求出各项偏导数待用

$$\alpha_x = 0; \qquad \alpha_y = -(-y)^{-\frac{1}{2}}; \qquad \beta_x = 1; \qquad \beta_y = 0$$

计算方程中各项

$$u_x = u_\beta; \qquad u_y = u_\alpha[-(-y)^{-\frac{1}{2}}]; \qquad u_{xx} = u_{\beta\beta}$$

以及

$$u_{yy} = u_{\alpha\alpha}\alpha_y + u_{\alpha\beta}\beta_y + u_\alpha[-(-y)^{-\frac{1}{2}}]_y = u_{\alpha\alpha}\left[-(-y)^{-\frac{1}{2}}\right] - \frac{1}{2}[(-y)^{-\frac{3}{2}}]u_\alpha$$

代入方程得

$$u_{\beta\beta} + y\left\{u_{\alpha\alpha}[-(-y)^{-\frac{1}{2}}] - \frac{1}{2}[(-y)^{-\frac{3}{2}}]u_\alpha\right\} = 0$$

整理即得

$$u_{\beta\beta} - u_{\alpha\alpha} - \frac{1}{2}(-y)^{-\frac{1}{2}}u_\alpha = 0$$

再将 α 代入得双曲型方程

$$u_{\beta\beta} - u_{\alpha\alpha} - \frac{u_\alpha}{\alpha} = 0$$

对 $y > 0$, 同理得椭圆方程

$$u_{\alpha\alpha} + u_{\beta\beta} - \frac{u_\beta}{\beta} = 0$$

习 题

1. 两端自由的均匀弦受迫振动, 位移 $u(x,t)$ 满足的方程及边界条件可以是 ($f(x,t) \neq 0$) (   ).

(1) $\begin{cases} u_{tt} - a^2 u_{xx} = f(x,t) \\ u|_{边界} = 0 \end{cases}$
(2) $\begin{cases} u_t - a^2 u_{xx} = f(x,t) \\ u|_{边界} = 0 \end{cases}$

(3) $\begin{cases} u_{tt} - a^2 u_{xx} = 0 \\ u|_{边界} = 0 \end{cases}$
(4) $\begin{cases} u_{tt} - a^2 u_{xx} = f(x,t) \\ u_x|_{边界} = 0 \end{cases}$

2. 内无热源细杆, $x = 0$ 端和侧面均绝热, $x = l$ 端温度为常量 T, 杆中温度分布 $u(x,t)$ 满足的方程及边界条件可以是 ($f(x,t) \neq 0$) (   ).

(1) $\begin{cases} u_t - a^2 u_{xx} = 0 \\ u_x|_{x=0} = 0, \ u|_{x=l} = T \end{cases}$
(2) $\begin{cases} u_t - a^2 u_{xx} = f(x,t) \\ u_x|_{x=0} = 0, \ u|_{x=l} = T \end{cases}$

知识小结

参考例题

$$(3) \begin{cases} u_{tt} - a^2 u_{xx} = f(x,t) \\ u|_{x=0} = T, \ u|_{x=l} = 0 \end{cases} \qquad (4) \begin{cases} u_{tt} - a^2 u_{xx} = 0 \\ u_x|_{x=0} = 0, \ u_x|_{x=l} = T \end{cases}$$

3. 一维波动方程属于 (　　).

(1) 双曲型方程　　　　(2) 抛物型方程

(3) 椭圆型方程　　　　(4) 以上三个答案都不对

4. 对于方程 $a_{11}u_{xx} + 2a_{12}u_{xy} + a_{22}u_{yy} + b_1 u_x + b_2 u_y + cu + f = 0$, 其为抛物型方程的条件为 (　　).

(1) $a_{12}^2 - a_{11}a_{22} > 0$　　　　(2) $a_{12}^2 - a_{11}a_{22} = 0$

(3) $a_{12}^2 - a_{11}a_{22} < 0$　　　　(4) 以上三个答案都不对

5. 方程导出.

(1) 推导一维热传导方程.

(2) 由静电场高斯定理 $\int_S \boldsymbol{E} \cdot \mathrm{d}\boldsymbol{S} = \dfrac{1}{\varepsilon_0} \int_V \rho \mathrm{d}V$ (式中 ρ 为电荷体密度), 证明 $\boldsymbol{\nabla} \cdot \boldsymbol{E} = \dfrac{\rho}{\varepsilon_0}$, 并由此得出静电势 u 所满足的泊松方程 $\Delta u = -\rho/\varepsilon_0$.

(3) 长为 l 柔软而均匀的弦线, 上端固定在以匀速 ω 转动的竖直轴上, 在本身重力作用下此线处于竖直平衡位置, 取 x 轴向下, 固定端为原点, 证明此线相对于竖直线的微小横振动位移 u 所满足的方程为

$$u_{tt} = g\frac{\partial}{\partial x}\left[(l-x)\frac{\partial u}{\partial x}\right] + \omega^2 u$$

(4) 密度为 $\rho(x)$ 的有限长细杆受某种外界原因而产生纵向振动, 设杆杨氏模量为 $Y(x)$, 以 $u(x,t)$ 表示杆上坐标 x 处的点在时刻 t 离开原来位置的偏移, 假设振动过程发生的张力服从胡克定律, 试证明 $u(x,t)$ 满足方程

$$\frac{\partial}{\partial t}\left[\rho(x)\frac{\partial u}{\partial t}\right] = \frac{\partial}{\partial x}\left[Y(x)\frac{\partial u}{\partial x}\right]$$

(5) 密度为 ρ 的均匀弦在介质中振动, 若弦单位长度受到的阻力与速度 u_t 成正比 (阻力系数 R), 设张力为 F, 导出弦的振动方程

$$u_{tt} = \frac{F}{\rho}u_{xx} - \frac{R}{\rho}u_t$$

6. 定解条件.

(1) 长为 l 的均匀弦, 两端 $(x=0,l)$ 固定, 在 $x = l/3$ 处以弦中张力大小一半的横向力拉弦, 稳定后放手任其自由振动, 求其振动的初始条件.

(2) 一根长为 l 的杆以常速 v 沿 x 轴方向运动, 在某时刻, 在杆的中点突然钳住停止运动, 求其振动的初始条件.

(3) 热流强度大小为 q, 热导率 $\kappa(>0)$, 试根据傅里叶热传导定律推导细杆两端 $(x=0,l)$ 有热流流出或流入时的边界条件.

(4) 弹簧原长 l, 一端 $(x=0)$ 固定, 另一端拉离平衡位置 ε 而静止, 然后突然放手任其振动, 试写出其定解条件.

(5) 长为 l 的弦两端固定, 密度为 ρ, 开始时在 $|x - c| < e$ 处受到冲量 I 的作用, 写出初始条件.

(6) 半径为 R 的金属圆柱表面涂黑, 太阳光垂直于圆柱轴可射到圆柱体表面的一半. 设单位时间垂直于与太阳光入射方向上的单位面积通过的热量为 q, 外界温度为 $0\,^\circ\mathrm{C}$, 写出该问题的边界条件.

(7) 长为 l 的均匀细杆, $x = 0$ 端固定, $x = l$ 端沿轴向受到拉力伸长至 $(1 + 2\varepsilon)l$, 写出其定解条件.

7. 定解问题.

(1) 长为 l 的均匀弦自由振动, 一端 $(x = 0)$ 固定, 一端 $(x = l)$ 自由, 初始时处于平衡位置, 速度分布为 $\varphi(x)$, 试写出其定解问题.

(2) 长为 l 的均匀细杆内有热源, 两端 $(x = 0, l)$ 绝热, 初始时温度分布为 $\varphi(x)$, 试写出其定解问题.

(3) 一矩形薄平板 $(x = 0, a, y = 0, b)$, 上下绝热, 如 $x = 0, a$ 两边温度依次为 0 和 1, $y = 0, b$ 两边温度为 $\varphi(x)$ 和 $\psi(x)$, 求稳恒状态下的定解问题.

(4) 长为 l 的杆沿 x 轴放置, 初始时杆上温度呈抛物线分布 (两端为 0, 中间点温度最高为 u_0). 若 $x = l$ 处有热量流入杆中, 热流密度为 $\psi(t) = q\mathrm{e}^{-\alpha t}$, 其他部分绝热, 试写出杆中热传导的定解问题.

(5) 一完全柔软的均匀细轻线, 一端 $x = 0$ 固定在匀速转动的轴上, 角速度为 ω, 另一端 $x = l$ 自由, 由于惯性离心力的作用, 此细线的平衡位置为水平线. 设初始时位移、速度分别为 $\varphi(x)$ 和 $2\varphi(x)$, 试写出其定解问题.

(6) 长为 l 的均匀细杆, 两端同时沿轴线方向用力将杆拉长 d(在弹性限度内), 然后放手振动, 试写出定解问题.

8. 求解下列定解问题.

(1) 无限长弦的自由振动, 弦初始位移为 $\varphi(x)$, 初始速度为 $-2a\varphi'(x)$.

(2) $\begin{cases} u_{tt} = a^2 u_{xx}, 0 < x < \infty \\ u|_{x=0} = 0 \\ u|_{t=0} = \varphi(x), u_t|_{t=0} = \psi(x) \end{cases}$
(3) $\begin{cases} u_{tt} = a^2 u_{xx}, 0 < x < \infty \\ u_x|_{x=0} = 0 \\ u|_{t=0} = \varphi(x), u_t|_{t=0} = \psi(x) \end{cases}$

习题解答
详解

9. 判断下列方程的类型.

(1) $u_{xx} - 2u_{xy} - 3u_{yy} + 2u_x + 6u_y = 0$

(2) $au_{xx} + 2au_{xy} + au_{yy} + bu_x + cu_y + u = 0$

(3) $u_{xx} + 4u_{xy} + 5u_{yy} + u_x + 2u_y = 2xy$

(4) $(1 - x^2)u_{xx} - 2xy u_{xy} - (1 + y^2)u_{yy} - 2xu_x - 2yu_y = 0.$

习题答案

10. 简化下列常系数方程.

(1) $u_{xy} + 3u_x + 4u_y + 2u = 0$ (2) $u_{xx} = 2u_x + u_y + u$

第七章 两变量偏微分方程的分离变量

本章解偏微分方程的基本思路是: 将两个变量的偏微分方程拆成用本征值联系起来的两个二阶常微分方程, 利用已知的解常微分方程的方法对两个问题依次求解, 最后将两个解组合成偏微分方程的解.

7.1 齐次方程齐次边界条件的分离变量法

长为 l 两端固定的弦作自由振动, 初始位移 $\varphi(x)$, 初始速度 $\psi(x)$, 求弦上任一点偏离平衡位置的位移 $u(x,t)$ 随时间的变化规律.

写成定解问题如下 (第一类齐次边界条件):

$$
\begin{cases}
u_{tt} - a^2 u_{xx} = 0 & (7.1) \\
u(0,t) = 0, \quad u(l,t) = 0 & (7.2) \\
u(x,0) = \varphi(x), \quad u_t(x,0) = \psi(x) & (7.3)
\end{cases}
$$

◎ **分离变量**

将偏微分方程 (7.1) 分解成两个常微分方程. 取具有变量分离形式的试探解, 即 $u(x,t) = X(x)T(t)$, 将其代入式 (7.1) 和式 (7.2) 得

$$
XT'' - a^2 X'' T = 0
$$

$$
X(0)T(t) = 0, \quad X(l)T(t) = 0
$$

因 $T(t) \neq 0$[否则 $u(x,t) \equiv 0$], 所以

$$
\frac{T''(t)}{a^2 T(t)} = \frac{X''(x)}{X(x)} \tag{7.4}
$$

$$
X(0) = X(l) = 0 \tag{7.5}
$$

式 (7.4) 右边仅是 x 的函数与 t 无关, 左边只是 t 的函数与 x 无关, x 与 t 又是相互独立的变量, 因此要使等式成立, 只能是等式左右两边同时等于一个与 x 和 t 都无关的常数, 习惯上将其记为 $-\lambda$, 因此

$$
\frac{T''(t)}{a^2 T(t)} = \frac{X''(x)}{X(x)} = -\lambda
$$

即

$$
X''(x) + \lambda X(x) = 0 \tag{7.6}
$$

$$
T''(t) + a^2 \lambda T(t) = 0 \tag{7.7}
$$

这样, 分离变量的目的已经达到, 原来的偏微分方程 (7.1) 已分解为两个带有参数 λ 的常微分方程 (7.6) 和 (7.7), 同时由齐次边界条件 (7.2) 分离变量还得到了条件 (7.5).

◎ **求解本征值问题**

求出 λ 具体值和非零函数 $X(x)$ 具体形式. 含参数的常微分方程 (7.6) 和条件 (7.5) 构成本征值问题

$$\begin{cases} X(x)'' + \lambda X(x) = 0 \\ X(0) = X(l) = 0 \end{cases}$$

方程 (7.6) 的通解为

$$X(x) = \begin{cases} Ce^{\sqrt{-\lambda}x} + De^{-\sqrt{-\lambda}x} & (\lambda < 0) \\ Cx + D & (\lambda = 0) \\ C\cos\sqrt{\lambda}x + D\sin\sqrt{\lambda}x & (\lambda > 0) \end{cases} \tag{7.8}$$

式中 C, D 为积分常数. 为得到非零解 $X(x)$[否则 $u(x,t) = 0$], 将条件 (7.5) 依次代入方程 (7.8) 之第一、二、三式进行讨论

1. $\lambda < 0$ 时: $\begin{cases} C + D = 0 \\ Ce^{\sqrt{-\lambda}l} + De^{-\sqrt{-\lambda}l} = 0 \end{cases}$

所以有 $C = D = 0$, 这样 $X(x) = 0$, 舍弃.

2. $\lambda = 0$ 时: $\begin{cases} D = 0 \\ Cl + D = 0 \end{cases}$

因此 $C = D = 0$, $X(x) = 0$, 舍弃.

3. $\lambda > 0$ 时: $\begin{cases} C = 0 \\ C\cos\sqrt{\lambda}l + D\sin\sqrt{\lambda}l = 0 \end{cases}$

故 $D \neq 0$, 所以 $\sin\sqrt{\lambda}l = 0$ 即 $\sqrt{\lambda}l = n\pi$, 得本征值 λ_n (加角标 n 以示 λ 与 n 有关, 下同):

$$\lambda_n = \frac{n^2\pi^2}{l^2}, \quad n = 1, 2, \cdots$$

相应的解则为本征函数 (其中 $D(n)$ 与 n 有关)

$$X_n(x) = D(n)\sin\frac{n\pi x}{l} \tag{7.9}$$

◎ **求解非本征值问题 $T(t)$, 进而得特解**

求出 $T(t)$ 的具体形式, 由 $T(t)$ 和 $X(x)$ 相乘得特解. 将本征值 $\lambda_n = n^2\pi^2/l^2$ 代入 $T(t)$ 的方程 (7.7) 中有

$$T(t)'' + a^2\frac{n^2\pi^2}{l^2}T(t) = 0$$

解之得

$$T_n(t) = C_n \cos \frac{n\pi a}{l} t + D_n \sin \frac{n\pi a}{l} t \tag{7.10}$$

式 (7.9)、式 (7.10) 相乘得满足方程 (7.1) 和边界条件 (7.2) 的特解

$$u_n(x,t) = \left(A_n \cos \frac{n\pi a}{l} t + B_n \sin \frac{n\pi a}{l} t \right) \sin \frac{n\pi}{l} x, \quad n = 1, 2, 3, \cdots \tag{7.11}$$

式中 $A_n = C_n D(n)$、$B_n = D_n D(n)$ 为待定系数.

◎ **叠加特解得形式解, 再由初始条件定系数**

利用傅里叶级数系数公式 (参见附录 B) 和初始条件求出系数 A_n、B_n. 一般说来, 任取式 (7.11) 中的一个特解不可能满足初始条件 (7.3), 因为由式 (7.11) 和初始条件 (7.3) 求得的系数 A_n 和 B_n 是函数而不是常数.

方程 (7.1) 和边界条件 (7.2) 均为线性齐次, 满足叠加原理, 因此叠加后仍然满足式 (7.1) 和式 (7.2), 所以形式解为

$$u(x,t) = \sum_{n=1}^{\infty} \left(A_n \cos \frac{n\pi a}{l} t + B_n \sin \frac{n\pi a}{l} t \right) \sin \frac{n\pi}{l} x \tag{7.12}$$

代入初始条件 (7.3) 得

$$\begin{cases} \displaystyle\sum_{n=1}^{\infty} A_n \sin \frac{n\pi}{l} x = \varphi(x) \\ \displaystyle\sum_{n=1}^{\infty} \frac{n\pi a}{l} B_n \sin \frac{n\pi}{l} x = \psi(x) \end{cases}$$

如果上述等式成立, 则由已知函数 $\varphi(x)$、$\psi(x)$ 和傅里叶系数公式得系数

$$A_n = \frac{2}{l} \int_0^l \varphi(\xi) \sin \frac{n\pi\xi}{l} \mathrm{d}\xi , \quad B_n = \frac{2}{n\pi a} \int_0^l \psi(\xi) \sin \frac{n\pi\xi}{l} \mathrm{d}\xi \tag{7.13}$$

这样就得到了整个定解问题的解.

下面再将求解步骤细节总结如图 7.1 所示.

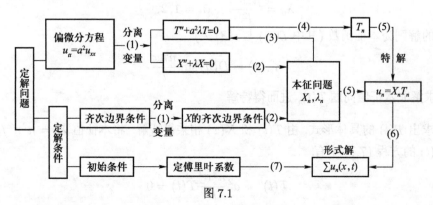

图 7.1

解的物理意义　利用三角函数公式可将式 (7.12) 改写成

$$u(x,t) = \sum_{n=1}^{\infty} E_n \sin \frac{n\pi}{l} x \sin\left(\frac{n\pi a}{l} t + \delta_n\right), \quad n = 1, 2, 3, \cdots \tag{7.14}$$

式中 $E_n = \sqrt{A_n^2 + B_n^2}$, $\tan \delta_n = A_n/B_n$.

式 (7.14) 右边级数中的每一项都是一个驻波: $E_n \sin(n\pi x/l)$ 表示振幅分布, δ_n 为初相位, $\omega_n = n\pi a/l$ 则为圆频率, 而 $n+1$ 个波节位于 $x = 0, l/n, 2l/n, \cdots,$ $(n-1)l/n$ 和 l, 两相邻节点间隔 l/n, 所以驻波的波长为 $2l/n$. $n = 1$ 时的驻波称作 **基波**, 相应的圆频率 $\omega_1 = \pi a/l$ 称为 **基频**; $n > 1$ 的驻波称作 n 次谐波, ω_n 称为 n **倍频**.

所以, 式 (7.12) 就表示定解问题的解是由一系列驻波叠加而成.

分离变量法是求解偏微分方程定解问题的最常用方法, 对热传导和稳定态问题也适用. **分离变量法关键是本征值问题, 而构成本征值问题的关键是齐次方程和齐次边界条件.** 因此在使用分离变量法时, 应确保方程和边界条件为齐次.

例 1　长为 l 的均匀细杆, 侧面和两端绝热, 内部无热源, 初始温度分布为 $\varphi(x)$, 求杆上任一点温度随时间变化规律.

解　设 $u(x,t)$ 表示杆上温度, 定解问题是

$$\begin{cases} u_t - a^2 u_{xx} = 0 & (7.15) \\ u_x(0,t) = 0, \quad u_x(l,t) = 0 & (7.16) \\ u(x,0) = \varphi(x) & (7.17) \end{cases}$$

仿照以上求解步骤, 有

1. **分离变量**　令 $u(x,t) = X(x)T(t)$, 代入式 (7.15) 和式 (7.16) 并整理得

$$\frac{X''(x)}{X(x)} = \frac{T'(t)}{a^2 T(t)} = -\lambda \tag{7.18}$$

$$X'(0) = X'(l) = 0 \tag{7.19}$$

由式 (7.18) 得

$$X''(x) + \lambda X(x) = 0 \tag{7.20}$$

$$T'(t) + a^2 \lambda T(t) = 0 \tag{7.21}$$

2. **求解本征值问题**　方程 (7.20) 和 (7.19) 构成本征值问题

$$\begin{cases} X''(x) + \lambda X(x) = 0 \\ X'(0) = X'(l) = 0 \end{cases}$$

方程 (7.20) 的通解为

$$X(x) = \begin{cases} Ce^{\sqrt{-\lambda}x} + De^{-\sqrt{-\lambda}x}, & \lambda < 0 \\ Cx + D, & \lambda = 0 \\ C\cos\sqrt{\lambda}x + D\sin\sqrt{\lambda}x, & \lambda > 0 \end{cases}$$

所以

$$X'(x) = \begin{cases} \sqrt{-\lambda}\left(Ce^{\sqrt{-\lambda}x} - De^{-\sqrt{-\lambda}x}\right), & \lambda < 0 \\ C, & \lambda = 0 \\ \sqrt{\lambda}\left(-C\sin\sqrt{\lambda}x + D\cos\sqrt{\lambda}x\right), & \lambda > 0 \end{cases} \tag{7.22}$$

式中 C, D 为积分常数.

分别将条件 (7.19) 代入式 (7.22) 的第一、二、三式, 有

(1) $\lambda < 0$ 时: $X(x) \equiv 0$, 舍弃.

(2) $\lambda = 0$ 时: $C = 0$, D 为任意常数, 相应本征值、本征函数可写为

$$\lambda_0 = 0, \quad X_0(x) = D \tag{7.23}$$

(3) $\lambda > 0$ 时: $\begin{cases} D\sqrt{\lambda} = 0 \\ -C\sqrt{\lambda}\sin\sqrt{\lambda}l + D\sqrt{\lambda}\cos\sqrt{\lambda}l = 0 \end{cases}$

得本征值、本征函数

$$\lambda_n = \frac{n^2\pi^2}{l^2}, \quad X_n(x) = C(n)\cos\frac{n\pi x}{l}, \quad n = 1, 2, \cdots \tag{7.24}$$

综合式 (7.23) 和式 (7.24), 将本征值、本征函数统一记作

$$\lambda_n = \frac{n^2\pi^2}{l^2}, \quad X_n(x) = C_n\cos\frac{n\pi x}{l}, \quad n = 0, 1, 2, \cdots \tag{7.25}$$

3. 求解 $T(t)$, 进而得特解 将本征值 λ_n 代入 $T(t)$ 的方程 (7.21) 中有

$$T'(t) + a^2\frac{n^2\pi^2}{l^2}T(t) = 0, \quad n = 0, 1, 2, \cdots$$

解之得

$$T_n(t) = D_n e^{-\left(\frac{n\pi a}{l}\right)^2 t} \tag{7.26}$$

由式 (7.25) 和式 (7.26) 得特解

$$u_n(x,t) = A_n e^{-\left(\frac{n\pi a}{l}\right)^2 t}\cos\frac{n\pi x}{l}, \quad n = 0, 1, 2, \cdots \tag{7.27}$$

式中 $A_n = C_n D_n$ 为待定系数.

4. 叠加特解得形式解, 再由初始条件定系数

$$u(x,t) = \sum_{n=0}^{\infty} A_n e^{-\left(\frac{n\pi a}{l}\right)^2 t}\cos\frac{n\pi x}{l} \tag{7.28}$$

代入初始条件 (7.17) 得

$$\sum_{n=0}^{\infty} A_n\cos\frac{n\pi x}{l} = \varphi(x)$$

由傅里叶系数公式得系数

$$A_0 = \frac{1}{l}\int_0^l \varphi(\xi)\mathrm{d}\xi, \quad A_n = \frac{2}{l}\int_0^l \varphi(\xi)\cos\frac{n\pi\xi}{l}\mathrm{d}\xi$$

式 (7.28) 有明确物理意义, 因为

$$\lim_{t \to \infty} u(x,t) = \sum_{n=0}^{\infty} A_n \left[\lim_{t \to \infty} \mathrm{e}^{-\left(\frac{n\pi a}{l}\right)^2 t} \right] \cos \frac{n\pi}{l} x = A_0$$

可见, 经过足够长时间后, 细杆内各点温度都一样, 等于由初始温度分布计算的平均温度, 这与实际情况是完全一致的. 这个过程是从热力学非平衡态趋于热力学平衡态的弛豫过程.

例 2 长为 a 的均匀正方形薄板, 一对边分别保持恒温 T_1 和 T_2, 另一对边分别保持零度和绝热, 内部无热源, 求薄板上稳定温度分布.

解 这是个稳定态问题, 设 $u(x,y)$ 表示薄板温度, 可化为如下定解问题

$$\begin{cases} u_{xx} + u_{yy} = 0 & (7.29) \\ u(0,y) = 0, \ u_x(a,y) = 0 & (7.30) \\ u(x,0) = T_1, \ u(x,a) = T_2 & (7.31) \end{cases}$$

式 (7.30) 称为**混合边界条件**. 这里没有初始条件, 为了借用上面的方法, 可将非齐次边界条件 (7.31) 仿照波动问题中的初始条件来使用.

1. **分离变量** 将 $u(x,y) = X(x)Y(y)$ 代入式 (7.29) 和式 (7.30) 并整理得

$$\frac{X''(x)}{X(x)} = -\frac{Y''(y)}{Y(y)} = -\lambda$$

$$X(0) = X'(a) = 0$$

即

$$X''(x) + \lambda X(x) = 0$$

$$Y''(y) - \lambda Y(y) = 0$$

2. **求解本征值问题**

$$\begin{cases} X''(x) + \lambda X(x) = 0 \\ X(0) = X'(a) = 0 \end{cases}$$

方程通解为

$$X(x) = \begin{cases} C\mathrm{e}^{\sqrt{-\lambda}x} + D\mathrm{e}^{-\sqrt{-\lambda}x}, & \lambda < 0 \\ Cx + D, & \lambda = 0 \\ C\cos\sqrt{\lambda}x + D\sin\sqrt{\lambda}x, & \lambda > 0 \end{cases}$$

所以

$$X'(x) = \begin{cases} \sqrt{-\lambda}\left(C\mathrm{e}^{\sqrt{-\lambda}x} - D\mathrm{e}^{-\sqrt{-\lambda}x}\right), & \lambda < 0 \\ C, & \lambda = 0 \\ \sqrt{\lambda}\left(-C\sin\sqrt{\lambda}x + D\cos\sqrt{\lambda}x\right), & \lambda > 0 \end{cases}$$

C, D 为积分常数.

分别将 $X(0) = X'(a) = 0$ 代入, 有:

(1) $\lambda \leqslant 0$ 时: $X(x) = 0$, 舍弃.

(2) $\lambda > 0$ 时:

$$\begin{cases} C = 0 \\ -C\sqrt{\lambda}\sin\sqrt{\lambda}a + D\sqrt{\lambda}\cos\sqrt{\lambda}a = 0 \end{cases}$$

得本征值、本征函数

$$\lambda_n = \left[\frac{(2n-1)\pi}{2a}\right]^2, \quad X_n(x) = D(n)\sin\frac{(2n-1)\pi}{2a}x, \quad n = 1, 2, 3, \cdots$$

3. 求解 $T(t)$, 进而得特解 λ_n 代入 $Y(y)$ 的方程

$$Y_n''(y) - \left[\frac{(2n-1)}{2a}\pi\right]^2 Y_n(y) = 0$$

解之得

$$Y_n(y) = C_n\cosh\frac{2n-1}{2a}\pi y + D_n\sinh\frac{2n-1}{2a}\pi y, \quad n = 1, 2, \cdots$$

特解

$$u_n(x, t) = \left(A_n\cosh\frac{2n-1}{2a}\pi y + B_n\sinh\frac{2n-1}{2a}\pi y\right)\sin\frac{2n-1}{2a}\pi x$$

式中 $A_n = C_n D(n), B_n = D_n D(n)$.

4. 叠加特解得形式解, 再由非齐次边界条件定系数

$$u(x, t) = \sum_{n=1}^{\infty}\left(A_n\cosh\frac{2n-1}{2a}\pi y + B_n\sinh\frac{2n-1}{2a}\pi y\right)\sin\frac{2n-1}{2a}\pi x$$

代入条件 (7.31) 得

$$\sum_{n=1}^{\infty}A_n\sin\frac{2n-1}{2a}\pi x = T_1$$

$$\sum_{n=1}^{\infty}\left(A_n\cosh\frac{2n-1}{2}\pi + B_n\sinh\frac{2n-1}{2}\pi\right)\sin\frac{2n-1}{2a}\pi x = T_2$$

根据傅里叶级数公式可得

$$A_n = \frac{2}{a}\int_0^a T_1\sin\frac{2n-1}{2a}\pi\xi d\xi = \frac{4T_1}{(2n-1)\pi}$$

$$A_n\cosh\frac{2n-1}{2}\pi + B_n\sinh\frac{2n-1}{2}\pi = \frac{2}{a}\int_0^a T_2\sin\frac{2n-1}{2a}\pi\xi d\xi = \frac{4T_2}{(2n-1)\pi}$$

最后可得系数

$$A_n = \frac{4T_1}{(2n-1)\pi}, \quad B_n = \frac{4\left(T_2 - T_1\cosh\dfrac{2n-1}{2}\pi\right)}{(2n-1)\pi\sinh\dfrac{2n-1}{2}\pi}$$

从以上各例可见, 对于波动、热传导和稳定态三种方程, 齐次边界条件时, 直角坐标下分离变量所得本征函数 $X(x)$ 的方程都相同 (在这里假定稳定态时 $X(x)$ 的一组边界条件为齐次), 对应于四种不同的边界条件, 有四种本征值和本征函数, 总结如表 7.1 所示.

表 7.1　齐次边界条件的本征函数系

方程	$X''(x) + \lambda X(x) = 0$			
边界条件	$X(0) = 0$ $X(l) = 0$	$X'(0) = 0$ $X'(l) = 0$	$X(0) = 0$ $X'(l) = 0$	$X'(0) = 0$ $X(l) = 0$
本征值 λ_n	$\left(\dfrac{n\pi}{l}\right)^2$	$\left(\dfrac{n\pi}{l}\right)^2$	$\left[\left(n - \dfrac{1}{2}\right)\dfrac{\pi}{l}\right]^2$	$\left[\left(n - \dfrac{1}{2}\right)\dfrac{\pi}{l}\right]^2$
本征系 X_n	$\sin\dfrac{n\pi x}{l}$	$\cos\dfrac{n\pi x}{l}$	$\sin\left(n - \dfrac{1}{2}\right)\dfrac{\pi x}{l}$	$\cos\left(n - \dfrac{1}{2}\right)\dfrac{\pi x}{l}$
n 的取值	$1, 2, \cdots$	$0, 1, 2, \cdots$	$1, 2, \cdots$	$1, 2, \cdots$

对应的非本征问题有三种形式的解, 总结如表 7.2 所示.

表 7.2　非本征问题的形式

方程	$T'' + \lambda_n a^2 T = 0$	$T' + \lambda_n a^2 T = 0$	$Y'' - \lambda_n Y = 0$
解的组成	正余弦函数	指数函数	双曲函数
解的形式	$T_0 = A_0 + B_0 t$; $T_n = A_n \cos\sqrt{\lambda_n}at$ $+ B_n \sin\sqrt{\lambda_n}at$	$T_n = A_n \mathrm{e}^{-\lambda_n a^2 t}$	$Y_0 = A_0 + B_0 y$; $Y_n = A_n \cosh\sqrt{\lambda_n}y$ $+ B_n \sinh\sqrt{\lambda_n}y$
n 的取值	$1, 2, \cdots$	$0, 1, 2, \cdots$	$1, 2, \cdots$

本节得到的各种本征值问题都可归结为施图姆 – 刘维尔本征值问题, 得到的解也都是本征函数系的级数解的形式, 实际上所有施图姆 – 刘维尔方程解的形式都具有这种级数解的形式, 同时还有其他性质, 例如所有本征值都不小于零, 有关内容可以参考附录 C. 本章解法的结果都是级数解.

四种常见的
本征函数系

7.2　非齐次方程齐次边界条件

分离变量法可以解齐次方程齐次边界条件问题, 如果是非齐次方程则不能分离变量.

分离变量法的重要结果是齐次边界条件下存在本征函数系, 方程的解可以表示为本征函数系的级数. 现在的条件也是齐次的边界条件, 也应有本征函数系, 如果认为方程的解也可以表示为本征函数系的级数, 就产生了下面的傅里叶级数解法.

◎　**傅里叶级数法** (本征函数系展开法)

傅里叶级数法是先将解表示成本征函数系的级数 (系数是时间变量 t 的函数), 再将该级数代入原方程分离出 t 的常微分方程, 然后解 t 的方程, 最终得到级数形式的解. 它与分离变量法的主要区别在于分离 $T_n(t)$ 的方法变了. 傅里叶级数解法与分离变量法的对比如表 7.3 所示.

表 7.3

分离变量法	傅里叶级数解法
1. 变量分离 $u = XT$	1. 由齐次边界条件得本征函数系 X_n
2. 由本征问题得 X_n, λ_n	2. 解 $u = \sum T_n X_n$, 并将非齐次项按 X_n 展开
3. 从非本征问题得 T_n	3. 将 u 代入定解问题分离出 T_n 的方程和条件
4. 由初始条件定系数	4. 求解带有条件的 T_n 方程

例 3 求解定解问题 (式中 a, l 为已知常数)

$$\begin{cases} u_{tt} - a^2 u_{xx} = \sin\dfrac{2\pi}{l}x \sin\dfrac{2a\pi}{l}t & (7.32) \\[2mm] u(0,t) = 0, \quad u(l,t) = 0 & (7.33) \\[2mm] u(x,0) = 0, \quad u_t(x,0) = 0 & (7.34) \end{cases}$$

解 由齐次边界条件得本征函数系: $\sin\dfrac{n\pi x}{l}$, $n = 1, 2, \cdots$

方程非齐次项已经是本征函数展式, 只需将 $u(x,t)$ 按 $\sin\dfrac{n\pi x}{l}$ 展开

$$u(x,t) = \sum_{n=1}^{\infty} T_n(t) \sin\frac{n\pi x}{l} \tag{7.35}$$

将式 (7.35) 代入方程 (7.32) 和 (7.34) 得

$$\sum_{n=1}^{\infty} \left[T_n''(t) + \left(\frac{n\pi a}{l}\right)^2 T_n(t) \right] \sin\frac{n\pi}{l}x = \sin\frac{2\pi}{l}x \sin\frac{2a\pi}{l}t$$

$$\sum_{n=1}^{\infty} T_n(0) \sin\frac{n\pi}{l}x = 0, \quad \sum_{n=1}^{\infty} T_n'(0) \sin\frac{n\pi}{l}x = 0$$

比较两端系数得

$$\begin{cases} T_n''(t) + \left(\dfrac{n\pi a}{l}\right)^2 T_n(t) = 0 \quad (n \neq 2) \\[3mm] T_n(0) = 0, \quad T_n'(0) = 0 \end{cases} \tag{7.36}$$

$$\begin{cases} T_2''(t) + \left(\dfrac{2\pi a}{l}\right)^2 T_2(t) = \sin\dfrac{2a\pi}{l}t \\[3mm] T_2(0) = 0, \quad T_2'(0) = 0 \end{cases} \tag{7.37}$$

求解式 (7.36) 和式 (7.37) 得

$$T_n(t) = 0, \quad n = 1, 3, 4, 5, \cdots \tag{7.38}$$

$$T_2(t) = \frac{1}{4\pi a} \left(\frac{l}{2a\pi} \sin\frac{2a\pi}{l}t - t\cos\frac{2a\pi}{l}t \right) \tag{7.39}$$

将式 (7.38) 和式 (7.39) 代入式 (7.35) 得问题的解为

$$u(x,t) = \frac{1}{4\pi a} \left(\frac{l}{2a\pi} \sin\frac{2a\pi}{l}t - t\cos\frac{2a\pi}{l}t \right) \sin\frac{2\pi x}{l}$$

◎ **特殊处理法**

若方程的非齐次项形式比较特殊, 可采用更简便的方法求解, 下面以非齐次项仅为 x 的函数为例进行说明. 设定解问题为

$$\begin{cases} u_{tt} - a^2 u_{xx} = f(x) & (7.40) \\ u(0,t) = 0 \,, \ u(l,t) = 0 & (7.41) \\ u(x,0) = \varphi(x) \,, \ u_t(x,0) = \psi(x) & (7.42) \end{cases}$$

令

$$u(x,t) = v(x,t) + g(x)$$

式中 $g(x)$ 为待求函数, 而 $v(x,t)$ **则应满足齐次方程齐次边界条件**.

将上式代入式 (7.40)、式 (7.41) 和式 (7.42) 并整理得

$$\begin{cases} v_{tt} - a^2 v_{xx} = a^2 g''(x) + f(x) \\ v(0,t) + g(0) = 0, \ v(l,t) + g(l) = 0 \\ v(x,0) + g(x) = \varphi(x), \ v_t(x,0) = \psi(x) \end{cases}$$

为使 $v(x,t)$ 的定解问题为齐次方程齐次边界条件, 令

$$\begin{cases} a^2 g''(x) + f(x) = 0 \\ g(0) = g(l) = 0 \end{cases} \tag{7.43}$$

通过式 (7.43) 可求出 $g(x)$. 这样, $v(x,t)$ 的定解问题则显然为

$$\begin{cases} v_{tt} - a^2 v_{xx} = 0 \\ v(0,t) = 0, \ v(l,t) = 0 \\ v(x,0) = \varphi(x) - g(x), \ v_t(x,0) = \psi(x) \end{cases} \tag{7.44}$$

利用分离变量求解得到 $v(x,t)$, $v(x,t)$、 $g(x)$ 两者相加即可求出 $u(x,t)$.

以上是以波动定解问题为例, 但其思想对热传导和稳定态定解问题同样适用. 方程非齐次项的形式也不限于仅为 x 的函数, 如下例.

例 4 求解波动问题 (式中 a 为已知常数)

$$\begin{cases} u_{tt} - a^2 u_{xx} = a^2 \sin at \\ u(0,t) = 0, \ u(2,t) = 0 \\ u(x,0) = 0, \ u_t(x,0) = a\dfrac{\cos(x-1)}{\cos 1} - a \end{cases} \tag{7.45}$$

解 根据方程非齐次项的形式, 取函数 $g(x,t) = f(x)\sin at$, 即

$$u(x,t) = f(x)\sin at + w(x,t) \tag{7.46}$$

代入式 (7.45) 得

$$\begin{cases} w_{tt} - a^2 w_{xx} = a^2 \left[f''(x) + f(x) + 1 \right] \sin at \\ w(0,t) + f(0) \sin at = 0, \quad w(2,t) + f(2) \sin at = 0 \\ w(x,0) = 0, \quad w_t(x,0) + af(x) = a\dfrac{\cos(x-1)}{\cos 1} - a \end{cases} \tag{7.47}$$

令

$$\begin{cases} f''(x) + f(x) = -1 \\ f(0) = 0, \ f(2) = 0 \end{cases}$$

其解

$$f(x) = \frac{\cos(x-1)}{\cos 1} - 1 \tag{7.48}$$

将式 (7.48) 代入式 (7.47) 得 $w(x,t)$ 所满足的定解问题为

$$\begin{cases} w_{tt} = a^2 w_{xx} \\ w(0,t) = 0, \quad w(2,t) = 0 \\ w(x,0) = 0, \quad w_t(x,0) = 0 \end{cases}$$

非齐次方程
扩充阅读 1

显然

$$w(x,t) = 0 \tag{7.49}$$

将式 (7.48)、式 (7.49) 代入式 (7.46) 最终得解

$$u(x,t) = \left[\frac{\cos(x-1)}{\cos 1} - 1 \right] \sin at$$

非齐次方程
扩充阅读 2

7.3 非齐次边界条件

前面讨论了齐次边界条件下各种定解问题的解法, 本节讨论非齐次边界条件下的定解问题.

非齐次泛定
方程的处理
方法小结

◎ **一般处理方法**

常用的方法是将未知函数分成两部分: $u(x,t) = w(x,t) + v(x,t)$, 其中 $w(x,t)$ 满足齐次边界条件, $v(x,t)$ 满足非齐次边界条件. 根据定解问题边界条件的不同, $v(x,t)$ 常见形式有两种:

$$v(x,t) = \begin{cases} A(t)\,x + B(t) & \left(\begin{array}{l} \text{第一类边界条件,} \\ \text{一、二类混合边界条件} \end{array} \right) \\ A(t)x^2 + B(t)x & \text{(第二类边界条件)} \end{cases}$$

系数 $A(t)$, $B(t)$ 由非齐次边界条件决定.

注意: 新的定解问题有齐次化的边界条件, 但方程可能是非齐次的, 初始条件也可能发生变化.

例如, 对第一类非齐次边界条件定解问题

$$\begin{cases} u_{tt} - a^2 u_{xx} = 0 \\ u(0,t) = \mu(t), \quad u(l,t) = \nu(t) \\ u(x,0) = \varphi(x), \quad u_t(x,0) = \psi(x) \end{cases}$$

令 $u = w + A(t)x + B(t)$, 代入边界条件并注意 $w(0,t) = w(l,t) = 0$, 得

$$\begin{cases} B(t) = \mu(t) \\ A(t)l + B(t) = \nu(t) \end{cases}$$

解得

$$v(x,t) = \frac{\nu(t) - \mu(t)}{l}x + \mu(t)$$

而 $w(x,t)$ 则满足

$$\begin{cases} w_{tt} - a^2 w_{xx} = -v_{tt} + a^2 v_{xx} = \frac{1}{l}[\mu_{tt}(t) - \nu_{tt}(t)]x - \mu_{tt}(t) \\ w(0,t) = 0, \quad w(l,t) = 0 \\ w(x,0) = \varphi(x) - v(x,0) = \varphi(x) + \frac{1}{l}[\mu(0) - \nu(0)]x - \mu(0) \\ w_t(x,0) = \psi(x) - v_t(x,0) = \psi(x) + \frac{1}{l}[\mu_t(0) - \nu_t(0)]x - \mu_t(0) \end{cases}$$

这是一个齐次边界条件非齐次方程问题, 可用傅里叶级数方法求解.

对于其他非齐次边界条件, 也可作类似处理, 所有结果总结如表 7.4 所示.

表 7.4 非齐次边界条件齐次化小结

边界条件	变换函数 $v(x,t)$	具体变换表达式
$u(0,t) = \mu(t), u(l,t) = \nu(t)$	$A(t)x + B(t)$	$\dfrac{\nu(t) - \mu(t)}{l}x + \mu(t)$
$u(0,t) = \mu(t), u_x(l,t) = \nu(t)$	$A(t)x + B(t)$	$\nu(t)x + \mu(t)$
$u_x(0,t) = \mu(t), u(l,t) = \nu(t)$	$A(t)x + B(t)$	$\mu(t)x + \nu(t) - \mu(t)l$
$u_x(0,t) = \mu(t), u_x(l,t) = \nu(t)$	$A(t)x^2 + B(t)x$	$\dfrac{\nu(t) - \mu(t)}{2l}x^2 + \mu(t)x$

注意: 对于没有初始条件的稳定态问题, 在直角坐标下的边界条件有两组四个, 应设法使其一组 (如 x 方向) 边界条件化为齐次, 而另一组 (如 y 方向) 边界条件则视同初始条件一样来定系数.

例 5 求解如下定解问题 (式中 a, ω, l 为已知常数)

$$\begin{cases} u_{tt} - a^2 u_{xx} = -\dfrac{\omega^2 x}{l} \sin \omega t + \sin \dfrac{\pi}{l} x \\ u(0, t) = \omega t, \ u(l, t) = \sin \omega t \\ u(x, 0) = 0, \ u_t(x, 0) = \omega \end{cases} \tag{7.50}$$

解 方程和第一类边界条件都为非齐次, 按照前面的公式将函数分为两部分使边界条件齐次化. 取

$$u(x, t) = w(x, t) + \frac{1}{l}(\sin \omega t - \omega t) x + \omega t \tag{7.51}$$

代入定解问题式 (7.50) 整理后得

$$\begin{cases} w_{tt} - a^2 w_{xx} = \sin \dfrac{\pi}{l} x \\ w(0, t) = 0, \ w(l, t) = 0 \\ w(x, 0) = 0, \ w_t(x, 0) = 0 \end{cases} \tag{7.52}$$

这是非齐次方程的定解问题, 方程非齐次项为 x 的正弦函数, 可令

$$w(x, t) = A(t) \sin \frac{\pi}{l} x \tag{7.53}$$

代入式 (7.52) 并整理得

$$\begin{cases} A''(t) + \left(\dfrac{a\pi}{l}\right)^2 A(t) = 1 \\ A(0) = 0, \ A'(0) = 0 \end{cases} \tag{7.54}$$

解之得

$$A(t) = \left(\frac{l}{a\pi}\right)^2 \left(1 - \cos \frac{a\pi}{l} t\right) \tag{7.55}$$

由式 (7.55)、式 (7.53) 和式 (7.51) 得

$$u(x, t) = \left(\frac{l}{a\pi}\right)^2 \left(1 - \cos \frac{a\pi}{l} t\right) \sin \frac{\pi}{l} x + \frac{1}{l}(\sin \omega t - \omega t) x + \omega t$$

例 6 一矩形薄板, 三边温度均为常数 u_0, 一边温度为 $x + u_0$, 内部无热源, 定解问题为

$$\begin{cases} u_{xx} + u_{yy} = 0 \\ u(0, y) = u_0, \ \ u(a, y) = u_0 \\ u(x, 0) = u_0, \ \ u(x, b) = x + u_0 \end{cases} \tag{7.56}$$

求该矩形板上的稳定温度分布 $u(x, y)$.

解 观察两组边界条件, 显然 x 方向边界条件容易化为齐次. 为此令

$$u(x, y) = v(x, y) + u_0 \tag{7.57}$$

将式 (7.57) 代入式 (7.56) 整理后得

$$\begin{cases} v_{xx} + v_{yy} = 0 \\ v(0,y) = 0, \quad v(a,y) = 0 \\ v(x,0) = 0, \quad v(x,b) = x \end{cases} \tag{7.58}$$

式 (7.58) 经分离变量可解得

$$v(x,y) = \sum_{n=1}^{\infty} \left(A_n e^{\frac{n\pi}{a}y} + B_n e^{-\frac{n\pi}{a}y} \right) \sin \frac{n\pi}{a}x$$

将式 (7.58) 的第三式代入定系数 A_n, B_n

$$\begin{cases} v(x,0) = \sum_{n=1}^{\infty} (A_n + B_n) \sin \frac{n\pi}{a}x = 0 \\ v(x,b) = \sum_{n=1}^{\infty} \left(A_n e^{\frac{n\pi}{a}b} + B_n e^{-\frac{n\pi}{a}b} \right) \sin \frac{n\pi}{a}x = x \end{cases}$$

利用傅里叶系数公式得

$$A_n = -B_n = \frac{2a}{n\pi \left(e^{\frac{n\pi b}{a}} - e^{-\frac{n\pi b}{a}} \right)} = \frac{a}{n\pi \sinh \frac{n\pi b}{a}}$$

最终得

$$u(x,y) = \sum_{n=1}^{\infty} \frac{a}{n\pi \sinh \frac{n\pi b}{a}} \left(e^{\frac{n\pi y}{a}} - e^{-\frac{n\pi y}{a}} \right) \sin \frac{n\pi}{a}x + u_0$$

本题中定解问题也可分解为如下两个定解问题:

$$\begin{cases} v_{xx} + v_{yy} = 0 \\ v(0,y) = u_0, \, v(a,y) = u_0 \\ v(x,0) = 0, \, u(x,b) = 0 \end{cases} + \begin{cases} w_{xx} + w_{yy} = 0 \\ w(0,y) = 0, \, w(a,y) = 0 \\ w(x,0) = u_0, \, u(x,b) = x + u_0 \end{cases}$$

此时 $v(x,y)$ 和 $w(x,y)$ 分别是齐次方程和带有一组齐次边界条件的情形, 分别解之后相加即可得原 $u(x,y)$.

◎ **特殊处理方法**

若边界条件非齐次项形式比较特殊时, 也可能存在更简便的方法, 比如下面一例, 其思路与处理非齐次方程时类似.

例 7 求解波动问题 (式中 ω, l 为已知常数)

$$\begin{cases} u_{tt} - u_{xx} = 0 \\ u(0,t) = \sin \omega t, \quad u(l,t) = 2\cos \omega l \cdot \sin \omega t \\ u(x,0) = \sin \frac{3\pi}{l}x, \quad u_t(x,0) = \frac{\omega \sin[\omega(x+l)]}{\sin \omega l} \end{cases} \tag{7.59}$$

解 根据边界条件非齐次项的特殊形式, 采用针对性的方法. 令

$$u(x,t) = v(x,t) + g(x)\sin\omega t \tag{7.60}$$

将式 (7.60) 代入式 (7.59) 得

$$\begin{cases} v_{tt} - v_{xx} - [g''(x) + \omega^2 g(x)]\sin\omega t = 0 \\ v(0,t) + g(0)\sin\omega t = \sin\omega t \\ v(l,t) + g(l)\sin\omega t = 2\cos\omega l \cdot \sin\omega t \\ v(x,0) = \sin\dfrac{3\pi}{l}x, \ v_t(x,0) + \omega g(x) = \dfrac{\omega\sin[\omega(x+l)]}{\sin\omega l} \end{cases} \tag{7.61}$$

非齐次边界
条件扩充阅
读 1

观察式 (7.61), 为使 $v(x,t)$ 的方程和边界条件为齐次, 显然应令

$$\begin{cases} g''(x) + \omega^2 g(x) = 0 \\ g(0) = 1, \ g(l) = 2\cos\omega l \end{cases}$$

非齐次边界
条件扩充阅
读 2

其解为

$$g(x) = \frac{\sin[\omega(x+l)]}{\sin\omega l}$$

代入式 (7.61) 则有

$$\begin{cases} v_{tt} - v_{xx} = 0 \\ v(0,t) = 0, \ v(l,t) = 0 \\ v(x,0) = \sin\dfrac{3\pi}{l}x, \ v_t(x,0) = 0 \end{cases}$$

非齐次边界
条件扩充阅
读 3

解之得

$$v(x,t) = \cos\frac{3\pi}{l}t \cdot \sin\frac{3\pi}{l}x$$

最终解为

$$u(x,t) = \cos\frac{3\pi}{l}t \cdot \sin\frac{3\pi}{l}x + \frac{\sin[\omega(x+l)]}{\sin\omega l}\sin\omega t$$

初始条件
扩充阅读

该题若采用一般处理非齐次边界条件的方法, 将导致方程变为非齐次, 求解过程会明显繁杂, 读者不妨一试.

拉普拉斯、
泊松简介

7.4 圆域中的拉普拉斯方程和泊松方程

到目前为止, 前面都是在矩形区域讨论拉普拉斯方程定解问题, 所以用直角坐标, 但对圆形、半圆形、扇形、环形等区域, 应采用平面极坐标. 本节就讨论极坐标下拉普拉斯方程和泊松方程的求解.

拉普拉斯方程 $\Delta u = 0$ 在平面极坐标 (ρ, φ) 下的具体形式为

$$\frac{1}{\rho}\frac{\partial}{\partial\rho}\left(\rho\frac{\partial u}{\partial\rho}\right) + \frac{1}{\rho^2}\frac{\partial^2 u}{\partial\varphi^2} = 0 \tag{7.62}$$

根据分离变量法的思想, 令 $u(\rho,\varphi) = R(\rho)\Phi(\varphi)$ 代入式 (7.62) 并整理得

$$\frac{\rho}{R}\frac{\partial}{\partial\rho}\left(\rho\frac{\partial R}{\partial\rho}\right) = -\frac{1}{\Phi}\frac{\partial^2\Phi}{\partial\varphi^2} = \lambda$$

式中 λ 为待定常数。这样得两微分方程

$$\rho^2 R''(\rho) + \rho R'(\rho) - \lambda R(\rho) = 0 \tag{7.63}$$

$$\Phi''(\varphi) + \lambda\Phi(\varphi) = 0 \tag{7.64}$$

$\Phi(\varphi)$ 的通解为 (式中 α, β 为常数)

$$\Phi(\varphi) = \begin{cases} \alpha\cos\sqrt{\lambda}\varphi + \beta\sin\sqrt{\lambda}\varphi & (\lambda > 0) \\ \alpha + \beta\varphi & (\lambda = 0) \\ \alpha e^{\sqrt{-\lambda}\varphi} + \beta e^{\sqrt{-\lambda}\varphi} & (\lambda < 0) \end{cases}$$

对于极坐标 (ρ,φ), 因为有 $u(\rho,\varphi) = u(\rho,\varphi+2\pi)$, 即 $\Phi(\varphi+2\pi) = \Phi(\varphi)$, 这称为**周期性边界条件**, 将此条件代入上式得本征值与本征函数是

$$\lambda = m^2 \quad (m = 0, 1, 2, \cdots) \tag{7.65}$$

$$\Phi(\varphi) = \begin{cases} \alpha_m\cos m\varphi + \beta_m\sin m\varphi & (m > 0) \\ \alpha & (m = 0) \end{cases} \tag{7.66}$$

将本征值式 (7.65) 代入方程 (7.63)

$$\rho^2 R''(\rho) + \rho R'(\rho) - m^2 R(\rho) = 0$$

该方程为欧拉 (Euler) 型常微分方程, 它的通解为

$$R(\rho) = \begin{cases} \delta_m\rho^m + \gamma_m\rho^{-m} & (m > 0) \\ \delta + \gamma\ln\rho & (m = 0) \end{cases} \tag{7.67}$$

式中 δ_m, γ_m, δ, γ 为常数.

由式 (7.66)、式 (7.67) 得**极坐标系下拉普拉斯方程的形式解**为

$$u(\rho,\varphi) = C_0 + D_0\ln\rho + \sum_{m=1}^{\infty}\rho^m(A_m\cos m\varphi + B_m\sin m\varphi) +$$

$$\sum_{m=1}^{\infty}\rho^{-m}(C_m\cos m\varphi + D_m\sin m\varphi) \tag{7.68}$$

其中 $C_0 = \alpha\delta$, $D_0 = \alpha\gamma$, $A_m = \alpha_m\delta_m$, $B_m = \beta_m\delta_m$, $C_m = \alpha_m\gamma_m$, $D_m = \beta_m\gamma_m$.

例 8 一半径为 ρ_0 的薄圆盘, 内无热源, 上下两面绝热. 若以圆盘中心为平面极坐标系 (ρ,φ) 的原点, 则该圆盘的边缘温度分布为 $A\cos\varphi + B\sin 2\varphi(A, B$ 为常数), 试求圆盘内的稳定温度分布.

解 设 $u(x,y)$ 表示圆盘上某点温度, 定解问题是

$$\begin{cases} \Delta u = 0 & (0 < \rho < \rho_0, 0 < \varphi < 2\pi) \\ u|_{\rho=\rho_0} = A\cos\varphi + B\sin 2\varphi & (0 \leqslant \varphi < 2\pi) \end{cases}$$

它的形式解为式 (7.68). 因 $u(0,\varphi)$ 有限, 所以 $D_0 = C_m = D_m = 0$, 因此

$$u(\rho,\varphi) = C_0 + \sum_{m=1}^{\infty} \rho^m (A_m\cos m\varphi + B_m\sin m\varphi)$$

将边界条件代入

$$C_0 + \sum_{m=1}^{\infty} \rho_0^m (A_m\cos m\varphi + B_m\sin m\varphi) = A\cos\varphi + B\sin 2\varphi$$

等式两边均为三角函数级数, 直接比较两边系数即得

$$C_0 = 0, \quad B_m = 0(m \neq 2), \quad A_m = 0\,(m \neq 1), \quad A_1 = \frac{A}{\rho_0}, \quad B_2 = \frac{B}{\rho_0^2}$$

最后得

$$u(\rho,\varphi) = \rho A_1\cos\varphi + \rho^2 B_2\sin 2\varphi = \frac{A}{\rho_0}\rho\cos\varphi + \frac{B}{\rho_0^2}\rho^2\sin 2\varphi$$

例 9 求解如下定解问题 (α, b 为已知常数)

$$\begin{cases} \Delta u = 0 & (0 < \rho < b, 0 < \varphi < \alpha < \pi) \\ u(\rho,0) = 0, \ u(\rho,\alpha) = 0 & (0 \leqslant \rho \leqslant b) \\ u(b,\varphi) = 2\varphi & (0 \leqslant \varphi < \alpha < \pi) \end{cases}$$

解 注意定解问题的区域不是圆域. 将 $u(\rho,0) = 0$ 代入式 (7.68) 得 $C_0 = D_0 = C_m = A_m = 0$, 由 $u(0,\varphi)$ 有限得 $D_m = 0$, 所以式 (7.68) 可以写为

$$u(\rho,\varphi) = \sum_{m=1}^{\infty} \rho^m B_m\sin m\varphi$$

将 $u(\rho,\alpha) = 0$ 代入上式得 $B_m\sin m\alpha = 0$, 因此

$$m = \frac{n\pi}{\alpha} \quad (n = 1, 2, 3, \cdots)$$

$$u(\rho,\varphi) = \sum_{n=1}^{\infty} B_n \rho^{\frac{n\pi}{\alpha}}\sin\frac{n\pi}{\alpha}\varphi$$

将边界条件 $u(b,\varphi) = 2\varphi$ 代入

$$u(b,\varphi) = \sum_{n=1}^{\infty} B_n b^{\frac{n\pi}{\alpha}}\sin\frac{n\pi}{\alpha}\varphi = 2\varphi$$

按傅里叶级数系数公式得

$$B_n = \frac{1}{b^{\frac{n\pi}{\alpha}}} \cdot \frac{2}{\alpha} \int_0^\alpha 2\varphi \sin\frac{n\pi}{\alpha}\varphi \mathrm{d}\varphi = (-1)^{n+1}\frac{4\alpha}{n\pi b^{\frac{n\pi}{\alpha}}}$$

最后得

$$u(\rho,\varphi) = \sum_{n=1}^{\infty} (-1)^{n+1}\frac{4\alpha}{n\pi}\left(\frac{\rho}{b}\right)^{\frac{n\pi}{\alpha}} \sin\frac{n\pi}{\alpha}\varphi$$

例 10 设 a, b, ρ_0 为已知常数, 且 $\rho < \rho_0$, $0 \leqslant \varphi \leqslant 2\pi$, 求解

$$\begin{cases} \Delta u = a + b(x^2 - y^2) \\ u(\rho_0,\varphi) = \dfrac{a}{2}\rho_0{}^2 + \rho_0\sin\varphi \end{cases}$$

解 方程为泊松方程, 思路是将方程化为拉普拉斯方程后再求解. 根据方程非齐次项的特征 (没有变量 x, y 的交叉项), 可设

$$u(x,y) = w(x,y) + f(x) + g(y)$$

代入方程得

$$w_{xx} + w_{yy} + f''(x) + g''(y) = a + bx^2 - by^2$$

为使 $w(x,y)$ 满足齐次方程, 显然可取

$$\begin{cases} f''(x) = \dfrac{a}{2} + bx^2 \\ g''(y) = \dfrac{a}{2} - by^2 \end{cases}$$

取其最简单解

$$\begin{cases} f(x) = \dfrac{a}{4}x^2 + \dfrac{b}{12}x^4 \\ g(y) = \dfrac{a}{4}y^2 - \dfrac{b}{12}y^4 \end{cases}$$

所以

$$u(\rho,\varphi) = w(\rho,\varphi) + f(x) + g(y) = w(\rho,\varphi) + \frac{a}{4}(x^2 + y^2) + \frac{b}{12}(x^4 - y^4)$$

$$= w(\rho,\varphi) + \frac{a}{4}\rho^2 + \frac{b}{12}\rho^4\cos 2\varphi$$

$w(\rho,\varphi)$ 则满足

$$\begin{cases} \Delta w = 0 \\ w(\rho_0,\varphi) = \dfrac{a}{4}\rho_0^2 - \dfrac{b}{12}\rho_0^4\cos 2\varphi + \rho_0\sin\varphi \end{cases}$$

应用形式解式 (7.68), 圆域内应有 $D_0 = 0$, $D_m = 0$, $C_m = 0$, 所以

$$w(\rho, \varphi) = C_0 + \sum_{m=1}^{\infty} \rho^m (A_m \cos m\varphi + B_m \sin m\varphi)$$

二维拉普拉
斯方程和泊
松方程的
MATLAB
求解

代入边界条件

$$C_0 + \sum_{m=1}^{\infty} \rho_0^m (A_m \cos m\varphi + B_m \sin m\varphi) = \frac{a}{4}\rho_0^2 - \frac{b}{12}\rho_0^4 \cos 2\varphi + \rho_0 \sin \varphi$$

得

$$C_0 = \frac{a}{4}\rho_0^2, \ A_2 = -\frac{b}{12}\rho_0^2, \ A_m = 0(m \neq 2), \ B_1 = 1, \ B_m = 0(m \neq 1)$$

最后得

$$u(\rho, \varphi) = \frac{a}{4}\rho^2 + \frac{b}{12}\rho^4 \cos 2\varphi + \frac{a}{4}\rho_0^2 - \frac{b}{12}\rho^2 \rho_0^2 \cos 2\varphi + \rho \sin \varphi$$
$$= \frac{a}{4}(\rho^2 + \rho_0^2) + \frac{b}{12}\rho^2(\rho^2 - \rho_0^2) \cos 2\varphi + \rho \sin \varphi$$

知识小结

习　题

1. 求解第六章习题 6(1) 中弦的振动.

2. 长为 l 的均匀细杆, 与外界绝热, 其两端温度保持零摄氏度, 已知初始温度分布 $\varphi(x) = x(l - x)$, 求在 $t > 0$ 时杆上的温度分布.

3. 长为 l 的均匀细杆, 上端固定在电梯顶板上, 下端自由. 当电梯匀速上升 (速率 v) 中突然停止, 杆将发生振动, 求解杆的纵向微振动.

4. 求下列定解问题的解 (A, B, C 为常数)

(1) $\begin{cases} u_{tt} = a^2 u_{xx} \\ u|_{x=0} = 0, \ u|_{x=l} = 0 \\ u|_{t=0} = \sin\dfrac{3\pi x}{l}, \ u_t|_{t=0} = x(1-x) \end{cases}$

(2) $\begin{cases} u_t = a^2 u_{xx} \\ u|_{x=0} = 0, u|_{x=l} = 0 \\ u|_{t=0} = \dfrac{\pi^2 x}{l} \end{cases}$

(3) $\begin{cases} u_{xx} + u_{yy} = 0 \\ u(0, y) = u(l, y) = 0 \\ u(x, 0) = \pi, \ \lim\limits_{y \to \infty} u(x, y) \text{ 有限} \end{cases}$

(4) $\begin{cases} u_{xx} + u_{yy} = 0 \\ u_x(0, y) = \dfrac{A}{a}, u(a, y) = B + C \cos\dfrac{\pi}{b}y \\ u_y(x, 0) = u_y(x, b) = 0 \end{cases}$

5. 长为 l 的均匀细杆两端固定, 杆上单位长度受有纵向外力 $f_0 \sin \dfrac{2\pi x}{l} \cos \omega t$, 初始位移为 $\sin^2 \dfrac{\pi x}{l}$, 初始速度为零, 求解杆的振动.

6. 长为 l 的均匀导热细杆, 侧面绝热, 杆上有热源, 单位长度热源强度为 $c\rho\alpha u$(c 为比热容, ρ 为线密度, $\alpha > 0$), $x = 0$ 端绝热, $x = l$ 端保持零度, 初始温度分布为 $\pi^3 x(x-l)$, 求解杆上温度变化.

7. 求下列定解问题的解 (A 为常数)

(1) $\begin{cases} u_{tt} = a^2 u_{xx} + Ax \\ u|_{x=0} = 0, \ u|_{x=l} = 0 \\ u|_{t=0} = 0, \ u_t|_{t=0} = 0 \end{cases}$ (2) $\begin{cases} u_t = a^2 u_{xx} + a^2 \pi e^{-\alpha x} \\ u(0,t) = 0, u(l,t) = 0 \\ u(x,0) = \dfrac{\pi}{2} \end{cases}$

(3) $\begin{cases} u_{tt} = a^2 u_{xx} + \dfrac{a\pi}{l} \cos \dfrac{\pi x}{l} \sin \omega t \\ u_x|_{x=0} = 0, \ u_x|_{x=l} = 0 \\ u|_{t=0} = 0, \ u_t|_{t=0} = 0 \end{cases}$ (4) $\begin{cases} u_t = a^2 u_{xx} + A \sin \omega t \\ u(0,t) = 0, u(l,t) = 0 \\ u(x,0) = 0 \end{cases}$

8. 求解细杆导热问题. 杆内无热源, 杆长 l, 初始温度均匀为 T_0, $x = 0$ 和 $x = l$ 端温度依次保持为 $2T_0$ 和 $3T_0$.

9. 长为 l 的均匀细杆处于静止状态, $x = 0$ 端固定, $t = 0$ 时一沿杆长方向的力 Q(每单位面积上) 加在杆的另一端上, 求 $t > 0$ 时杆上各点位移分布.

10. 求下列定解问题的解 (A, B 为常数)

(1) $\begin{cases} u_t = 4u_{xx} \\ u|_{x=0} = u|_{x=1} = \pi \\ u|_{t=0} = 0 \end{cases}$ (2) $\begin{cases} u_{tt} = a^2 u_{xx} \\ u_x|_{x=0} = A, u|_{x=l} = B \\ u|_{t=0} = B - Al, u_t|_{t=0} = 0 \end{cases}$

11. 给出下列定解问题的求解思路

(1) $\begin{cases} u_{tt} = a^2 u_{xx} + f(x,t) \\ u|_{x=0} = g(t), u|_{x=l} = h(t) \\ u|_{t=0} = \varphi(x), u_t|_{t=0} = \psi(x) \end{cases}$ (2) $\begin{cases} u_{xx} + u_{yy} = f(x,y) \\ u|_{x=0} = g(y), u|_{x=a} = h(y) \\ u|_{y=0} = \varphi(x), u|_{y=b} = \psi(x) \end{cases}$

12. 半径为 r 的半圆形薄板, 上下两面绝热, 直径边界上保持零度, 半圆周边界上温度分布为 $\varphi(\pi - \varphi)\pi/2$(式中 $0 < \varphi < \pi$), 试求板内稳定的温度分布.

13. 空间中有沿 x 轴方向的场强为 E_0 的均匀静电场. 在电场中沿 z 轴放置一个半径为 r 的无限长导体圆柱. 若导体圆柱单位长度上带电荷量为 q, 试求导体外空间的电势分布.

14. 求下列定解问题的解 (A, B 为常数)

(1) $\begin{cases} \dfrac{\partial^2 u}{\partial \rho^2} + \dfrac{1}{\rho} \dfrac{\partial u}{\partial \rho} + \dfrac{1}{\rho^2} \dfrac{\partial^2 u}{\partial \theta^2} = 0, \quad 0 < \rho \leqslant \rho_0, -\pi \leqslant \theta \leqslant \pi \\ u(\rho_0, \theta) = A + B \sin \theta \end{cases}$

$$(2) \begin{cases} \dfrac{\partial^2 u}{\partial \rho^2} + \dfrac{1}{\rho}\dfrac{\partial u}{\partial \rho} + \dfrac{1}{\rho^2}\dfrac{\partial^2 u}{\partial \theta^2} = 0, \quad 1 < \rho < 2, 0 < \theta < \pi \\ u(\rho, 0) = 0, u(\rho, \pi) = A \\ u(1, \theta) = A\dfrac{\theta}{\pi}, u(2, \theta) = 0 \end{cases}$$

$$(3) \begin{cases} \dfrac{\partial^2 u}{\partial \rho^2} + \dfrac{1}{\rho}\dfrac{\partial u}{\partial \rho} + \dfrac{1}{\rho^2}\dfrac{\partial^2 u}{\partial \theta^2} = 0, \quad 0 < \rho \leqslant 1, -\pi \leqslant \theta \leqslant \pi \\ u(1, \theta) = \begin{cases} 3, & 0 \leqslant |\theta| \leqslant \pi/3 \\ 0, & \pi/3 \leqslant |\theta| \leqslant \pi \end{cases} \end{cases}$$

习题解答
详解

习题答案

15. 求下列定解问题的解

$$(1) \begin{cases} \Delta_2 u = -xy, \quad 0 < \rho < \rho_0, -\pi < \theta < \pi \\ u(\rho_0, \theta) = 0 \end{cases}$$

$$(2) \begin{cases} \Delta_2 u = 12(x^2 - y^2), \quad a < \rho < b, -\pi < \theta < \pi \\ u(a, \theta) = u_\rho(b, \theta) = 0 \end{cases}$$

第八章 球坐标系下求解拉普拉斯方程

本章讨论球坐标系下用分离变量法解三维拉普拉斯方程, 求解过程得到的勒让德多项式、连带勒让德函数及球函数的用法与性质是本章的难点, 而球坐标系下求解波动方程与热传导方程因涉及球贝塞尔函数将在第十章介绍.

8.1 拉普拉斯方程分离变量

三维拉普拉斯方程有三个变量, 需要两次分离才能得到关于三个独立变量的方程, 分离过程会引入两个常数, 构成两个本征值问题.

拉普拉斯方程 $\Delta_3 u = 0$ 在球坐标系 (r, θ, φ) 下的表达式为

$$\frac{1}{r^2}\frac{\partial}{\partial r}\left(r^2\frac{\partial u}{\partial r}\right) + \frac{1}{r^2\sin\theta}\frac{\partial}{\partial\theta}\left(\sin\theta\frac{\partial u}{\partial\theta}\right) + \frac{1}{r^2\sin^2\theta}\frac{\partial^2 u}{\partial\varphi^2} = 0 \tag{8.1}$$

取 $u(r,\theta,\varphi) = R(r)Y(\theta,\varphi) = R(r)\Theta(\theta)\Phi(\varphi)$, 方程 (8.1) 经变量分离后将得如下三个方程:

$$\begin{cases} \dfrac{\mathrm{d}}{\mathrm{d}r}\left(r^2\dfrac{\mathrm{d}R}{\mathrm{d}r}\right) - l(l+1)R = 0 \\[2mm] \sin\theta\dfrac{\mathrm{d}}{\mathrm{d}\theta}\left[\sin\theta\dfrac{\mathrm{d}\Theta(\theta)}{\mathrm{d}\theta}\right] + \left[l(l+1)\sin^2\theta - m^2\right]\Theta(\theta) = 0 \\[2mm] \Phi''(\varphi) + m^2\Phi(\varphi) = 0 \end{cases} \tag{8.2}$$

其中 m^2, $l(l+1)$ 在求解过程中将成为本征值, 依照分离变量的顺序, 后引入的常数应该先求解, 所以它们的求解顺序为 m, l.

分离变量具体过程如下: 令 $u(r,\theta,\varphi) = R(r)Y(\theta,\varphi)$, 代入式 (8.1)

$$\frac{Y}{r^2}\frac{\mathrm{d}}{\mathrm{d}r}\left(r^2\frac{\mathrm{d}R}{\mathrm{d}r}\right) + \frac{R}{r^2\sin\theta}\frac{\partial}{\partial\theta}\left(\sin\theta\frac{\partial Y}{\partial\theta}\right) + \frac{R}{r^2\sin^2\theta}\frac{\partial^2 Y}{\partial\varphi^2} = 0$$

两边乘以 r^2/RY 并移项整理得

$$\frac{1}{R}\frac{\mathrm{d}}{\mathrm{d}r}\left(r^2\frac{\mathrm{d}R}{\mathrm{d}r}\right) = \frac{-1}{Y\sin\theta}\frac{\partial}{\partial\theta}\left(\sin\theta\frac{\partial Y}{\partial\theta}\right) - \frac{1}{Y\sin^2\theta}\frac{\partial^2 Y}{\partial\varphi^2}$$

等式左边仅含 r, 与 θ、φ 无关, 右边仅含 θ、φ, 与 r 无关, 因此等式两边必等于同一常数, 通常将其记为 $l(l+1)$. 由此

$$\frac{1}{R}\frac{\mathrm{d}}{\mathrm{d}r}\left(r^2\frac{\mathrm{d}R}{\mathrm{d}r}\right) = \frac{-1}{Y\sin\theta}\frac{\partial}{\partial\theta}\left(\sin\theta\frac{\partial Y}{\partial\theta}\right) - \frac{1}{Y\sin^2\theta}\frac{\partial^2 Y}{\partial\varphi^2} = l(l+1) \tag{8.3}$$

式 (8.3) 可以分成两个方程

$$\frac{\mathrm{d}}{\mathrm{d}r}\left(r^2\frac{\mathrm{d}R}{\mathrm{d}r}\right) - l(l+1)R = 0 \tag{8.4}$$

$$\frac{1}{\sin\theta}\frac{\partial}{\partial\theta}\left(\sin\theta\frac{\partial Y}{\partial\theta}\right)+\frac{1}{\sin^2\theta}\frac{\partial^2 Y}{\partial\varphi^2}+l(l+1)Y=0 \tag{8.5}$$

式 (8.4) 为欧拉型方程, 式 (8.5) 称为**球函数方程**.

对式 (8.5) 继续分离变量. 再令 $Y(\theta,\varphi)=\Theta(\theta)\Phi(\varphi)$, 代入式 (8.5) 得

$$\frac{\Phi}{\sin\theta}\frac{\mathrm{d}}{\mathrm{d}\theta}\left(\sin\theta\frac{\mathrm{d}\Theta}{\mathrm{d}\theta}\right)+\frac{\Theta}{\sin^2\theta}\frac{\mathrm{d}^2\Phi}{\mathrm{d}\varphi^2}+l(l+1)\Theta\Phi=0$$

两边乘以 $\sin^2\theta/\Theta\Phi$, 根据同样道理, 整理后得

$$\frac{\sin\theta}{\Theta}\frac{\mathrm{d}}{\mathrm{d}\theta}\left(\sin\theta\frac{\mathrm{d}\Theta}{\mathrm{d}\theta}\right)+l(l+1)\sin^2\theta=-\frac{1}{\Phi}\frac{\mathrm{d}^2\Phi}{\mathrm{d}\varphi^2}=\lambda$$

λ 为待定常数. 这样, 上式又能分离成两个方程

$$\sin\theta\frac{\mathrm{d}}{\mathrm{d}\theta}\left[\sin\theta\frac{\mathrm{d}\Theta(\theta)}{\mathrm{d}\theta}\right]+\left[l(l+1)\sin^2\theta-\lambda\right]\Theta(\theta)=0 \tag{8.6}$$

$$\Phi''(\varphi)+\lambda\Phi(\varphi)=0 \tag{8.7}$$

至此, 方程 (8.1) 分离变量后得到的式 (8.2) 三个方程依次是式 (8.4)、式 (8.6) 和式 (8.7). 下面分别求出常微分方程 (8.4) 和 (8.7) 的解

1. 对欧拉型方程 (8.4), 其解为

$$R_l(r)=A_l r^l+B_l r^{-(l+1)} \tag{8.8}$$

2. 球坐标系下有 $u(r,\theta,\varphi+2\pi)=u(r,\theta,\varphi)$, 即 $\Phi(\varphi+2\pi)=\Phi(\varphi)$, 因此

$$\begin{cases} \Phi''(\varphi)+\lambda\Phi(\varphi)=0 \\ \Phi(\varphi+2\pi)=\Phi(\varphi) \end{cases}$$

这是在极坐标系下解拉普拉斯方程时讨论过的本征值问题 [见 7.4 节式 (7.65)、式 (7.66)], 其结果为

$$\lambda=m^2 \quad (m=0,1,2,\cdots)$$

$$\Phi_m(\varphi)=C_m\cos m\varphi+D_m\sin m\varphi \tag{8.9}$$

特别地, 若 $m=0$, 则 $\Phi(\varphi)$ 为常数 (为了简单可取为 1), 这时 $u(r,\theta,\varphi)$ 与 φ 无关, 说明问题具有轴对称性, 且对称轴为极轴 $(\theta=0)$.

再讨论第三个方程 (8.6), 将 $\lambda=m^2$ 代入式 (8.6) 得

$$\frac{1}{\sin\theta}\frac{\mathrm{d}}{\mathrm{d}\theta}\left(\sin\theta\frac{\mathrm{d}\Theta}{\mathrm{d}\theta}\right)+\left[l(l+1)-\frac{m^2}{\sin^2\theta}\right]\Theta(\theta)=0 \tag{8.10}$$

令 $x=\cos\theta$(故有 $-1\leqslant x\leqslant 1$), 因

$$\frac{\mathrm{d}\Theta}{\mathrm{d}\theta}=\frac{\mathrm{d}\Theta}{\mathrm{d}x}\frac{\mathrm{d}x}{\mathrm{d}\theta}=-\sin\theta\frac{\mathrm{d}\Theta}{\mathrm{d}x}$$

所以

$$\frac{1}{\sin\theta}\frac{\mathrm{d}}{\mathrm{d}\theta}\left(\sin\theta\frac{\mathrm{d}\Theta}{\mathrm{d}\theta}\right) = \frac{1}{\sin\theta}\frac{\mathrm{d}x}{\mathrm{d}\theta}\frac{\mathrm{d}}{\mathrm{d}x}\left(-\sin^2\theta\frac{\mathrm{d}\Theta}{\mathrm{d}x}\right) = \frac{\mathrm{d}}{\mathrm{d}x}\left[(1-x^2)\frac{\mathrm{d}\Theta}{\mathrm{d}x}\right]$$

上式代入式 (8.10) 中并展开得

$$(1-x^2)\frac{\mathrm{d}^2\Theta}{\mathrm{d}x^2} - 2x\frac{\mathrm{d}\Theta}{\mathrm{d}x} + \left[l(l+1) - \frac{m^2}{(1-x^2)}\right]\Theta = 0 \tag{8.11}$$

$m = 0$ 时则为

$$(1-x^2)\frac{\mathrm{d}^2\Theta}{\mathrm{d}x^2} - 2x\frac{\mathrm{d}\Theta}{\mathrm{d}x} + l(l+1)\Theta = 0 \tag{8.12}$$

方程 (8.11) 称为 l **阶连带勒让德方程**, 式 (8.12) 称为 l **阶勒让德方程**.

这样, 若将式 (8.11) 和式 (8.12) 满足一定条件的解暂且记为 $\Theta_l^m(x)$ 和 $\Theta_l(x)$, 则 **球坐标系下拉普拉斯方程解的一般形式**可写为

$$u(r,\theta) = \sum_l \sum_m \left(A_l r^l + \frac{B_l}{r^{l+1}}\right)(C_m\cos m\varphi + D_m\sin m\varphi)\Theta_l^m(\cos\theta) \tag{8.13}$$

$m = 0$ 时则为

$$u(r,\theta) = \sum_l \left(A_l r^l + \frac{B_l}{r^{l+1}}\right)\Theta_l(\cos\theta) \tag{8.14}$$

8.2 勒让德多项式 P_l

◎ **勒让德方程的本征值问题**

1. **勒让德方程的幂级数解** 利用 $\Theta(\theta) = y(x)(|x| \leqslant 1)$ 将勒让德方程 (8.12) 改写为

$$(1-x^2)\frac{\mathrm{d}^2y}{\mathrm{d}x^2} - 2x\frac{\mathrm{d}y}{\mathrm{d}x} + l(l+1)y = 0$$

勒让德简介

式 (8.12) 有如下级数形式解 (求解过程见下面推导):

$$y(x) = c_0 y_0(x) + c_1 y_1(x) \tag{8.15}$$

式中无穷级数 $y_0(x)$ 和 $y_1(x)$ 是方程 (8.12) 的两个线性无关特解, 其表达式为

$$y_0(x) = 1 + \frac{(-l)(l+1)}{2!}x^2 + \frac{(2-l)(-l)(l+1)(l+3)}{4!}x^4 + \cdots +$$

$$\frac{(2k-2-l)(2k-4-l)\cdots(-l)(l+1)\cdots(l+2k-1)}{(2k)!}x^{2k} + \cdots \tag{8.16}$$

$$y_1(x) = x + \frac{(1-l)(l+2)}{3!}x^3 + \frac{(3-l)(1-l)(l+2)(l+4)}{5!}x^5 + \cdots +$$

$$\frac{(2k-1-l)(2k-3-l)\cdots(1-l)(l+2)\cdots(l+2k)}{(2k+1)!}x^{2k+1} + \cdots \tag{8.17}$$

其中 $y_0(x)$ 仅含 x 偶次幂, $y_1(x)$ 仅含 x 奇次幂.

求解过程　根据复变函数理论, 式 (8.12) 具有如下级数形式的解:

$$y(x) = \sum_{k=0}^{\infty} c_k x^k \tag{8.18}$$

代入式 (8.12) 并整理得

$$(1-x^2)\sum_{k=0}^{\infty} c_k k(k-1)x^{k-2} - 2x\sum_{k=0}^{\infty} c_k k x^{k-1} + l(l+1)\sum_{k=0}^{\infty} c_k x^k = 0$$

相同项合并得

$$\sum_{k=0}^{\infty} [c_{k+2}(k+2)(k+1) - c_k(k-l)(k+l+1)] x^k = 0 \tag{8.19}$$

式 (8.19) 对 x 是一个恒等式, 成立条件是系数为零, 因此得系数递推公式

$$c_{k+2} = c_k \cdot \frac{(k-l)(k+l+1)}{(k+2)(k+1)} \tag{8.20}$$

由式 (8.20), 偶数项系数 c_{2k} 可由 c_0 表示, 奇数项系数 c_{2k+1} 可由 c_1 表示. 例如下面对偶数项系数的推导

$$c_2 = \frac{(-l)(l+1)}{2!}c_0$$

$$c_4 = \frac{(2-l)(l+3)}{4\cdot 3}c_2 = \frac{(2-l)(-l)(l+1)(l+3)}{4!}c_0$$

$$\cdots\cdots\cdots$$

$$c_{2k} = \frac{(2k-2-l)(2k-4-l)\cdots(-l)(l+1)\cdots(l+2k-1)}{(2k)!}c_0 \tag{8.21}$$

对奇数项系数同样可得

$$c_{2k+1} = \frac{(2k-1-l)(2k-3-l)\cdots(1-l)(l+2)\cdots(l+2k)}{(2k+1)!}c_1 \tag{8.22}$$

这样, 得到的解分别只有偶次幂级数和奇次幂级数, 所以彼此线性无关, 由此即得式 (8.15):

$$y(x) = \sum_{k=0}^{\infty} c_{2k}x^{2k} + \sum_{k=0}^{\infty} c_{2k+1}x^{2k+1} = c_0 y_0(x) + c_1 y_1(x)$$

对幂级数 $y_0(x)$ 和 $y_1(x)$, 利用递推公式式 (8.20) 和达朗贝尔判别法可得收敛半径

$$R\cdot R = \lim_{k\to\infty}\left|\frac{c_k}{c_{k+1}}\right|\left|\frac{c_{k+1}}{c_{k+2}}\right| = \lim_{k\to\infty}\left|\frac{(k+1)(k+2)}{(k-l)(k+l+1)}\right| = 1$$

这表明收敛圆半径为 $R=1$, 即 $y_0(x)$、$y_1(x)$ 及 $y(x)=c_0y_0(x)+c_1y_1(x)$ 只在 $-1<x<1$ 内收敛, 但可以证明在边界 $x=\pm1$ 处 $y(x)$ 发散.

2. 勒让德方程的本征值和本征函数 根据物理问题的性质, 解在边界处也要为有限值才有意义, 这称为**自然边界条件**. 所以, 根据自然边界条件的要求, 在边界 $x=\pm1$ 即 $\theta=0$、$\theta=\pi$ 处, 方程的解应为有限值.

这样, 勒让德方程式 (8.12) 和自然边界条件就构成如下本征值问题:

$$
\begin{cases}
(1-x^2)\dfrac{\mathrm{d}^2y}{\mathrm{d}x^2}-2x\dfrac{\mathrm{d}y}{\mathrm{d}x}+l(l+1)y=0 \\
y(1)=有限值, \quad y(-1)=有限值
\end{cases}
\tag{8.23}
$$

因为式 (8.15) $y(x)$ 在 $x=\pm1$ 时发散, 所以它们并不是本征函数. 但是本征解是包含在通解之中的, 考虑到任何含 x 的多项式在 $x=\pm1$ 时必然取有限值, 因此无穷级数 $y_0(x)$ 和 $y_1(x)$ 若能截断成为多项式, 那么 $y_0(\pm1)$ 和 $y_1(\pm1)$ 就一定收敛, 发散问题就解决了.

由系数递推公式式 (8.20) 可知: 当 $l=2n(n=0,1,2,\cdots)$ 时, 级数 $y_0(x)$ 将到 x^{2n} 项截止. 当 $k=l=2n$ 时, 由式 (8.20) 得

$$
c_{2n+2}=c_{2n}\cdot\frac{(2n-2n)(2n+2n+1)}{(2n+2)(2n+1)}=0
$$

因此 $c_{2n+4},c_{2n+6},\cdots$ 均为零, 即 $y_0(x)$ 退化为 x 的多项式, 为区别将其记作 $y_0(x)|_{2n}$. 由于 $y_1(x)$ 仍是发散的无穷级数, 在通解式 (8.15) 中应令 $c_1=0$, 这样 $y_0(x)|_{2n}$ 就成为本征函数.

同样, 当 $l=2n+1(n=0,1,2,\cdots)$ 时, $y_1(x)$ 成为关于 x 的最高次幂为 $2n+1$ 次的多项式, 记作 $y_1(x)|_{2n+1}$. 因 $y_0(x)$ 发散, 在通解式 (8.15) 中取 $c_0=0$, $y_1(x)|_{2n+1}$ 也就成为本征函数.

综上, l 只能取 $l=0,1,2,3,\cdots$. 本征值问题式 (8.23) 就对应

本征值:$\lambda_l=l(l+1)$, $l=0,1,2,3,\cdots$

本征函数:$y_0(x)|_{2n}$ 或 $y_1(x)|_{2n+1}$, $n=0,1,2,3,\cdots$

◎ **勒让德多项式**

1. 勒让德多项式的定义 勒让德方程本征函数 $y_0(x)|_{2n}$ 和 $y_1(x)|_{2n+1}$ 的各项系数按如下方式改造后可合写为一个多项式, 称为 l 阶勒让德多项式, 记为 $P_l(x)$.

(1) 在最高次项 x^l 的系数前乘以某常数, 使其成为 $a_l=\dfrac{(2l)!}{2^l(l!)^2}$.

(2) 其余各项系数则由系数递推公式 (8.20) 倒推得到, 例如

$$\begin{cases} a_{l-2} = \dfrac{l(l-1)}{(-2)(2l-1)}a_l = \dfrac{l(l-1)}{(-2)(2l-1)}\dfrac{(2l)!}{2^l l! l!} = (-1)\dfrac{(2l-2)!}{2^l(l-1)!(l-2)!} \\[4mm] a_{l-4} = \dfrac{(l-2)(l-3)}{(-4)(2l-3)}a_{l-2} = (-1)^2\dfrac{1}{2\cdot2!(2l-3)}\dfrac{(2l-2)!}{2^l(l-1)(l-2)!(l-4)!} \\[4mm] \cdots\cdots\cdots \\[4mm] a_{l-2n} = (-1)^n\dfrac{(2l-2n)!}{n!2^l(l-n)!(l-2n)!} \end{cases}$$

这样, l 为正偶数时, 由式 (8.16) 可得

$$y_0(x)|_{2n} = \sum_{k=0}^{\frac{l}{2}}(-1)^k\frac{(2l-2k)!}{k!2^l(l-k)!(l-2k)!}x^{l-2k}$$

l 为正奇数时, 由式 (8.17) 可得

$$y_1(x)|_{2n+1} = \sum_{k=0}^{\frac{l-1}{2}}(-1)^k\frac{(2l-2k)!}{k!2^l(l-k)!(l-2k)!}x^{l-2k}$$

这两个多项式可统一写成如下的 l 阶勒让德多项式:

$$P_l(x) = \sum_{k=0}^{[l/2]}(-1)^k\frac{(2l-2k)!}{k!2^l(l-k)!(l-2k)!}x^{l-2k} \tag{8.24}$$

其中, l 为偶数时 $[l/2] = l/2$, l 为奇数时 $[l/2] = (l-1)/2$.

下面是前几阶勒让德多项式

$$P_0(x) = 1, \qquad P_2(x) = \frac{1}{2}(3x^2-1) = \frac{1}{4}(3\cos 2\theta + 1)$$

$$P_1(x) = x = \cos\theta, \quad P_3(x) = \frac{1}{2}(5x^3-3x) = \frac{1}{8}(5\cos 3\theta + 3\cos\theta)$$

且可证明 $P_l(1) = 1$(见勒让德多项式性质 6).

由叠加原理知, 由多项式 $y_0(x)|_{2n}$ 或 $y_1(x)|_{2n+1}$ 乘以常数得到的勒让德多项式 $P_l(x)$ 仍然是勒让德方程本征问题式 (8.23) 的本征函数. 这样, 方程 (8.14) 中的 $\Theta_l(x)$ 就是 $P_l(\cos\theta)$. 由此, **球坐标系下具有轴对称的拉普拉斯方程的形式解为**

$$u(r,\theta) = \sum_{l=0}^{\infty}\left(A_l r^l + \frac{B_l}{r^{l+1}}\right)P_l(\cos\theta) \tag{8.25}$$

2. 勒让德多项式的生成函数 考虑如下问题: 在球坐标的极轴 ($\theta = 0, r = 1$) 处放置一个电荷量 $q = 4\pi\varepsilon_0$ 单位的点电荷, 计算空间电势分布.

空间电势分布具有轴对称性, 与 φ 无关, 故可设为 $u(r,\theta)$, 如图 8.1 所示, 有两种求解方法.

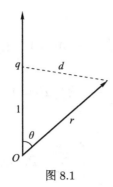

图 8.1

法 1：直接用点电荷电势公式. 点电荷 $4\pi\varepsilon_0$ 在 (r,θ) 处产生的电势

$$u(r,\theta) = \frac{1}{4\pi\varepsilon_0}\frac{q}{d} = \frac{1}{\sqrt{1 - 2r\cos\theta + r^2}}$$

法 2：因电势 $u(r,\theta)$ 满足拉普拉斯方程, 且又具有轴对称性, 所以解由式 (8.25) 表示. 考虑到 $r \to 0$ 和 ∞ 时电势 $u(r,\theta)$ 应有限, 所以

$$u(r,\theta) = \sum_{l=0}^{\infty}\left(A_l r^l + \frac{B_l}{r^{l+1}}\right)\text{P}_l(\cos\theta) = \begin{cases} \displaystyle\sum_{l=0}^{\infty}A_l r^l \text{P}_l(\cos\theta) & (r < 1) \\ \displaystyle\sum_{l=0}^{\infty}\frac{B_l}{r^{l+1}}\text{P}_l(\cos\theta) & (r > 1) \end{cases}$$

两种方法计算的电势应该相等

$$\frac{1}{\sqrt{1 - 2r\cos\theta + r^2}} = \begin{cases} \displaystyle\sum_{l=0}^{\infty}A_l r^l \text{P}_l(\cos\theta) & (r < 1) \\ \displaystyle\sum_{l=0}^{\infty}\frac{B_l}{r^{l+1}}\text{P}_l(\cos\theta) & (r > 1) \end{cases}$$

为确定系数 A_l 和 B_l, 在上式中令 $\theta = 0$ 得 [注意 $P_l(1) = 1$]

$$\frac{1}{|1-r|} = \begin{cases} \displaystyle\sum_{l=0}^{\infty}A_l r^l & (r < 1) \\ \displaystyle\sum_{l=0}^{\infty}\frac{B_l}{r^{l+1}} & (r > 1) \end{cases}$$

左边进行级数展开得

$$\frac{1}{|1-r|} = \begin{cases} \displaystyle\frac{1}{1-r} = \sum_{l=0}^{\infty}r^l & (r < 1) \\ \displaystyle\frac{1}{r-1} = \sum_{l=0}^{\infty}\frac{1}{r^{l+1}} & (r > 1) \end{cases}$$

因此

$$\begin{cases} \displaystyle\sum_{l=0}^{\infty} A_l r^l = \sum_{l=0}^{\infty} r^l, & \text{得} \quad A_l = 1 \quad (l=0,1,2,\cdots) \\ \displaystyle\sum_{l=0}^{\infty} \frac{B_l}{r^{l+1}} = \sum_{l=0}^{\infty} \frac{1}{r^{l+1}}, & \text{得} \quad B_l = 1 \quad (l=0,1,2,\cdots) \end{cases}$$

所以有

$$\frac{1}{\sqrt{1-2r\cos\theta+r^2}} = \begin{cases} \displaystyle\sum_{l=0}^{\infty} r^l \mathrm{P}_l(\cos\theta) & (r<1) \\ \displaystyle\sum_{l=0}^{\infty} \frac{1}{r^{l+1}} \mathrm{P}_l(\cos\theta) & (r>1) \end{cases} \tag{8.26}$$

勒让德函数的
母函数及图形

函数 $1/\sqrt{1-2r\cos\theta+r^2}$ 因此叫作勒让德多项式的 **生成函数**.

如果点电荷放在极轴上 $r=R$ 处, 则有

$$\frac{1}{\sqrt{R^2-2rR\cos\theta+r^2}} = \begin{cases} \displaystyle\sum_{l=0}^{\infty} \frac{1}{R^{l+1}} r^l \mathrm{P}_l(\cos\theta) & (r<R) \\ \displaystyle\sum_{l=0}^{\infty} \frac{R^l}{r^{l+1}} \mathrm{P}_l(\cos\theta) & (r>R) \end{cases}$$

3. 勒让德多项式的递推公式 利用生成函数可以导出勒让德多项式的递推公式:

(1) $(k+1)\mathrm{P}_{k+1} - (2k+1)x\mathrm{P}_k + k\mathrm{P}_{k-1} = 0 \quad (k \geqslant 1)$ (8.27)

(2) $\mathrm{P}_k = \mathrm{P}'_{k+1} - 2x\mathrm{P}'_k + \mathrm{P}'_{k-1} \quad (k \geqslant 1)$ (8.28)

(3) $(2k+1)\mathrm{P}_k = \mathrm{P}'_{k+1} - \mathrm{P}'_{k-1} \quad (k \geqslant 1)$ (8.29)

(4) $\mathrm{P}'_{k+1} = (k+1)\mathrm{P}_k + x\mathrm{P}'_k$ (8.30)

(5) $k\mathrm{P}_k = x\mathrm{P}'_k - \mathrm{P}'_{k-1} \quad (k \geqslant 1)$ (8.31)

(6) $(x^2-1)\mathrm{P}'_k = kx\mathrm{P}_k - k\mathrm{P}_{k-1} \quad (k \geqslant 1)$ (8.32)

递推公式常常用于计算含 $\mathrm{P}_l(x)$ 的积分. 下面给出公式 (8.27) 的证明, 其他的可类似得到.

证明 由生成函数式 (8.26) 得

$$\frac{1}{\sqrt{1-2rx+r^2}} = \sum_{l=0}^{\infty} r^l \mathrm{P}_l(x)$$

两边对 r 求导

$$\frac{x-r}{(1-2rx+r^2)^{3/2}} = \sum_{l=0}^{\infty} lr^{l-1} \mathrm{P}_l(x)$$

改写成

$$\frac{x-r}{\sqrt{1-2rx+r^2}} = (1-2rx+r^2)\sum_{l=0}^{\infty} lr^{l-1} \mathrm{P}_l(x)$$

再利用生成函数, 有

$$(x - r) \sum_{l=0}^{\infty} r^l P_l(x) = (1 - 2rx + r^2) \sum_{l=0}^{\infty} l r^{l-1} P_l(x)$$

比较 r^k 项的系数得

$$x P_k - P_{k-1} = (k+1) P_{k+1} - 2xk P_k + (k-1) P_{k-1}$$

整理后即得证式 (8.27)

$$(k+1) P_{k+1} - (2k+1) x P_k + k P_{k-1} = 0$$

4. 勒让德多项式的性质

(1) 勒让德多项式的图形, 如图 8.2 所示.

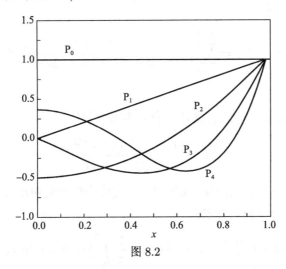

图 8.2

(2) 奇偶性: $P_l(-x) = (-1)^l P_l(x)$

证明 由勒让德多项式 (8.24) 得

$$P_l(-x) = \sum_{k=0}^{[l/2]} (-1)^k \frac{(2l-2k)!}{k! 2^l (l-k)! (l-2k)!} (-1)^{l-2k} x^{l-2k} = (-1)^l P_l(x)$$

(3) 原点值: l 为奇数时为零, l 为偶数时为最高幂项系数. 即

$$P_{2n+1}(0) = 0, \quad P_{2n}(0) = (-1)^n \frac{(2n)!}{2^n n! 2^n n!}$$

证明 由勒让德多项式 (8.24) 可得

$$P_{2n+1}(x) = x \cdot \sum_{k=0}^{n} (-1)^k \frac{(4n+2-2k)!}{k! 2^{2n+1} (2n+1-k)! (2n+1-2k)!} x^{2n-2k}$$

所以

$$P_{2n+1}(0) = 0$$

同理

$$P_{2n}(x) = \sum_{k=0}^{n} (-1)^k \frac{(4n-2k)!}{k! 2^{2n} (2n-k)! (2n-2k)!} x^{2n-2k}$$

因为右边级数各项除最高幂 $k = n$ 外都为零, 所以

$$\mathrm{P}_{2n}(0) = (-1)^n \frac{(2n)!}{2^n n! 2^n n!}$$

(4) 微分表示式 (罗德里格斯公式)

$$\mathrm{P}_l(x) = \frac{1}{2^l l!} \frac{d^l}{dx^l} (x^2 - 1)^l \tag{8.33}$$

证明 由二项式定理得

$$\frac{1}{2^l l!} \left(x^2 - 1\right)^l = \frac{1}{2^l l!} \sum_{k=0}^{l} (-1)^k \frac{l! x^{2l-2k}}{k! \, (l-k)!} = \sum_{k=0}^{l} (-1)^k \frac{x^{2l-2k}}{2^l k! \, (l-k)!}$$

求导 l 次后, 幂次 $(2l - 2k)$ 低于 l 的项均为零, 所以只需保留幂次 $(2l - 2k) \geqslant l$ 即 $k \leqslant l/2$ 的项, 这样

$$\frac{1}{2^l l!} \frac{\mathrm{d}^l}{\mathrm{d}x^l} \left(x^2 - 1\right)^l = \sum_{k=0}^{[l/2]} (-1)^k \frac{(2l-2k)!}{k! 2^l \, (l-k)! \, (l-2k)!} x^{l-2k} = \mathrm{P}_l(x)$$

(5) 积分表示式

由柯西公式, 微分表示式 (8.33) 可表示为围线积分

$$\mathrm{P}_l(x) = \frac{1}{2\pi \mathrm{i}} \frac{1}{2^l} \oint_C \frac{(z^2-1)^l}{(z-x)^{l+1}} \mathrm{d}z \tag{8.34}$$

C 为 z 平面上围绕 $z = x$ 点的任一闭合围线, 这称为**施列夫利积分**.

上式还可以进一步表示为定积分

$$\mathrm{P}_l(x) = \frac{1}{\pi} \int_0^\pi [x + \mathrm{i}\sqrt{1-x^2} \cos \psi]^l \mathrm{d}\psi = \frac{1}{\pi} \int_0^\pi [\cos \theta + \mathrm{i} \sin \theta \cos \psi]^l \mathrm{d}\psi \tag{8.35}$$

称为**拉普拉斯积分**.

(6) 边界值: $\mathrm{P}_l(1) = 1, \quad \mathrm{P}_l(-1) = (-1)^l$

证明 由勒让德多项式积分表达式 (8.35) 得

$$\mathrm{P}_l(1) = \frac{1}{\pi} \int_0^\pi [1 + \mathrm{i}\sqrt{1-1} \cos \psi]^l \mathrm{d}\psi = \frac{1}{\pi} \int_0^\pi \mathrm{d}\psi = 1$$

$$\mathrm{P}_l(-1) = \frac{1}{\pi} \int_0^\pi [-1 + \mathrm{i}\sqrt{1-1} \cos \psi]^l \mathrm{d}\psi = (-1)^l \frac{1}{\pi} \int_0^\pi \mathrm{d}\psi = (-1)^l$$

(7) 正交归一化:

$$\int_{-1}^{1} \mathrm{P}_k(x) \mathrm{P}_l(x) \mathrm{d}x = N_l^2 \delta_{kl}, \quad 式中 \delta_{kl} = \begin{cases} 1, k = l \\ 0, k \neq l \end{cases} \tag{8.36}$$

其中 N_l 称为**勒让德多项式的模**, 表达式为

$$N_l = \sqrt{\int_{-1}^{1} \mathrm{P}_l^2(x) \mathrm{d}x} = \sqrt{\frac{2}{2l+1}}$$

证明　先证明正交性. $k \neq l$ 时, 由勒让德方程 (8.12) 有

$$\left(1 - x^2\right) \frac{\mathrm{d}^2 \mathrm{P}_k}{\mathrm{d}x^2} - 2x \frac{\mathrm{d}\mathrm{P}_k}{\mathrm{d}x} + k\left(k+1\right) \mathrm{P}_k = 0$$

$$\left(1 - x^2\right) \frac{\mathrm{d}^2 \mathrm{P}_l}{\mathrm{d}x^2} - 2x \frac{\mathrm{d}\mathrm{P}_l}{\mathrm{d}x} + l\left(l+1\right) \mathrm{P}_l = 0$$

第一式乘以 $\mathrm{P}_l\left(x\right)$、第二式乘以 $\mathrm{P}_k\left(x\right)$ 后相减得

$$\left(1 - x^2\right) \left(\mathrm{P}_l \mathrm{P}_k'' - \mathrm{P}_l'' \mathrm{P}_k\right) - 2x \left(\mathrm{P}_l \mathrm{P}_k' - \mathrm{P}_l' \mathrm{P}_k\right) +$$

$$\left[k\left(k+1\right) - l\left(l+1\right)\right] \mathrm{P}_l \mathrm{P}_k = 0$$

上式可改写为

$$\left[\left(1 - x^2\right) \left(\mathrm{P}_l \mathrm{P}_k' - \mathrm{P}_l' \mathrm{P}_k\right)\right]' + \left[k\left(k+1\right) - l\left(l+1\right)\right] \mathrm{P}_k \mathrm{P}_l = 0$$

两边积分并注意到第一项积分值为零, 得

$$\left[k\left(k+1\right) - l\left(l+1\right)\right] \int_{-1}^{1} \mathrm{P}_k\left(x\right) \mathrm{P}_l\left(x\right) \mathrm{d}x = 0$$

所以

$$\int_{-1}^{1} \mathrm{P}_k(x) \mathrm{P}_l(x) \mathrm{d}x = 0$$

再计算模. $k = l$ 时, 将生成函数式 (8.26) 自乘后在区间 $[-1,1]$ 上对 x 积分, 并利用勒让德多项式的正交性得

$$\int_{-1}^{1} \frac{\mathrm{d}x}{\left(1 - 2rx + r^2\right)} = \sum_{k=0}^{\infty} \sum_{l=0}^{\infty} \int_{-1}^{1} \mathrm{P}_l\left(x\right) \mathrm{P}_k\left(x\right) r^{l+n} \mathrm{d}x = \sum_{l=0}^{\infty} r^{2l} N_l^2$$

利用函数 $\ln(1 + z)$ 的泰勒展开式, 直接计算上式左边积分得

$$\int_{-1}^{1} \frac{\mathrm{d}x}{\left(1 - 2rx + r^2\right)} = -\frac{1}{2r} \ln\left(1 - 2rx + r^2\right) \bigg|_{-1}^{1} = \frac{1}{r} \left[\ln(1+r) - \ln(1-r)\right]$$

$$= \frac{1}{r} \left[\sum_{k=1}^{\infty} \frac{(-1)^{k-1}}{k} r^k - \sum_{k=1}^{\infty} \frac{(-1)^{k-1}}{k} (-r)^k\right] = \frac{2}{r} \sum_{l=0}^{\infty} \frac{r^{2l+1}}{2l+1} = \sum_{l=0}^{\infty} \frac{2r^{2l}}{2l+1}$$

两式相等得

$$N_l^2 = \int_{-1}^{1} \left[\mathrm{P}_l\left(x\right)\right]^2 \mathrm{d}x = \frac{2}{2l+2}$$

(8) 广义级数

在区间 $[-1,1]$ 上, 以勒让德多项式为正交函数系, 可把函数 $f(x)$ 展成广义傅里叶级数

$$\begin{cases} f(x) = \sum_{l=0}^{\infty} f_l \mathrm{P}_l(x) \\ f_l = \frac{2l+1}{2} \int_{-1}^{1} f(x) \mathrm{P}_l(x) \mathrm{d}x \end{cases} \tag{8.37}$$

例 1 以勒让德多项式为基, 在区间 $[-1,1]$ 展开函数 $f(x) = 5x^3 + 6x^2 + 3x + 4$.

解 因为函数为多项式, 且最高次幂为 3, 所以可设

$$f(x) = f_0 P_0(x) + f_1 P_1(x) + f_2 P_2(x) + f_3 P_3(x)$$

在此不采用正交的方法求解系数, 只需将 $P_l(x)$ 的多项式代入, 比较 x 的同次幂系数即可.

$$
\begin{aligned}
f(x) &= f_0 + f_1 x + f_2 \cdot \frac{1}{2}(3x^2 - 1) + f_3 \cdot \frac{1}{2}(5x^3 - 3x) \\
&= \left(f_0 - \frac{1}{2}f_2\right) + \left(f_1 - \frac{3}{2}f_3\right)x + f_2 \cdot \frac{3}{2}x^2 + f_3 \cdot \frac{5}{2}x^3
\end{aligned}
$$

由此得出

$$f_2 = 4, \quad f_0 = 6, \quad f_3 = 2, \quad f_1 = 6$$

因此

$$5x^3 + 6x^2 + 3x + 4 = 6P_0(x) + 6P_1(x) + 4P_2(x) + 2P_3(x)$$

例 2 计算积分 $I_1 = \int_0^1 x P_l(x)\,\mathrm{d}x (l \neq 0, 1), I_2 = \int_{-1}^1 x^2 P_l(x)\,\mathrm{d}x$.

解 可利用相关递推公式求得结果, 先计算 I_1. 由递推公式 (8.29) 得

$$x P_l(x) = \frac{x}{2l+1}[P'_{l+1}(x) - P'_{l-1}(x)]$$

所以

$$
\begin{aligned}
I_1 &= \int_0^1 x P_l(x)\,\mathrm{d}x = \int_0^1 \frac{x}{2l+1}\left[P'_{l+1}(x) - P'_{l-1}(x)\right]\mathrm{d}x \\
&= \frac{x}{2l+1}\left[P_{l+1}(x) - P_{l-1}(x)\right]\Big|_0^1 - \frac{1}{2l+1}\int_0^1 \left[P_{l+1}(x) - P_{l-1}(x)\right]\mathrm{d}x \\
&= -\frac{1}{2l+1}\left[\int_0^1 P_{l+1}(x)\,\mathrm{d}x - \int_0^1 P_{l-1}(x)\,\mathrm{d}x\right]
\end{aligned}
$$

再利用递推公式 (8.29) 得

$$I_1 = -\frac{1}{2l+1}\left\{\frac{1}{2l+3}\left[P_{l+2}(x) - P_l(x)\right]\Big|_0^1 - \frac{1}{2l-1}\left[P_l(x) - P_{l-2}(x)\right]\Big|_0^1\right\}$$

$$= -\frac{1}{2l+1}\left\{\frac{1}{2l-1}\left[P_l(0) - P_{l-2}(0)\right] - \frac{1}{2l+3}\left[P_{l+2}(0) - P_l(0)\right]\right\}$$

$$= \begin{cases} 0, & l = 2k+1 \\ \dfrac{(-1)^{k+1}(2k-2)!}{2^{2k}(k-1)!(k+1)!}, & l = 2k \end{cases} \quad (k \geqslant 1) \tag{8.38}$$

再计算 I_2. 由递推公式 (8.27) 及 $P_1(x) = x$ 得

$$x^2 = xP_1(x) = \frac{2}{3}P_2(x) + \frac{1}{3}P_0(x)$$

所以

$$I_2 = \int_{-1}^{1} x^2 P_l(x)\,dx = \int_{-1}^{1} \left[\frac{2}{3}P_2(x) + \frac{1}{3}P_0(x)\right] P_l(x)\,dx$$

利用正交归一性得

$$I_2 = \begin{cases} 0, & l \neq 0, 2 \\ 2/3, & l = 0 \\ 4/15, & l = 2 \end{cases}$$

◎ **拉普拉斯方程的轴对称定解问题**

前面说过, 拉普拉斯方程和自然边界条件构成的定解问题在轴对称的条件下, 解的形式为式 (8.25)

$$u(r,\theta) = \sum_{l=0}^{\infty} \left(A_l r^l + \frac{B_l}{r^{l+1}}\right) P_l \cos(\theta)$$

例 3 求解半径为 r_0 的球体中稳恒温度场定解问题

$$\begin{cases} \Delta u = 0 \\ u|_{r=r_0} = r_0 \cos\theta + r_0^2 \cos^2\theta \end{cases}$$

解 方程是齐次的, 边界条件与 φ 无关, 问题有轴对称性. 解为式 (8.25)

$$u(r,\theta) = \sum_{l=0}^{\infty} \left(A_l r^l + \frac{B_l}{r^{l+1}}\right) P_l(\cos\theta)$$

因为 $r \to 0$ 时 u 应有限, 这也是自然边界条件要求的, 故 $B_l = 0$, 所以有

$$u(r,\theta) = \sum_{l=0}^{\infty} A_l r^l P_l(\cos\theta)$$

代入边界条件并利用递推公式将 $\cos\theta$、$\cos^2\theta$ 用勒让德多项式表示

$$\sum_{l=0}^{\infty} A_l r_0^l P_l(\cos\theta) = r_0 x + r_0^2 x^2 = r_0 P_1(x) + r_0^2 x P_1(x)$$

$$= r_0 P_1(x) + \frac{r_0^2}{3} P_0(x) + \frac{2r_0^2}{3} P_2(x)$$

比较系数得

$$A_0 = \frac{1}{3}r_0^2, A_1 = 1, A_2 = \frac{2}{3}, A_l = 0(l \geqslant 3)$$

最后得

$$u(r,\theta) = \frac{1}{3}r_0^2 + rP_1(\cos\theta) + \frac{2}{3}r^2 P_2(\cos\theta)$$

例 4 半径为 r_0 的半球, 底面绝热, 若球心为球坐标系原点, 垂直于底面方向为极轴方向, 则球面上温度保持为 $u_0 \cos \theta (u_0$ 为已知常数), 求半球内稳恒温度场.

解 定解问题为

$$
\begin{cases}
\Delta u = 0 \\
u|_{r=r_0} = u_0 \cos \theta \quad \left(0 \leqslant \theta < \dfrac{\pi}{2}\right) \\
\dfrac{\partial u}{\partial \theta}\Big|_{\theta=\pi/2} = 0
\end{cases}
$$

问题有轴对称性, 但特殊之处在于只求在半个球体的温度场. 因为勒让德多项式的定义区间是 $0 \leqslant \theta \leqslant \pi$, 为能运用勒让德多项式求解问题, 需要把定解问题拓展到整个球形区域. 考虑到对 θ 而言为第二类齐次边界条件, 所以拓展后应为偶函数 (对 $x = \cos \theta$ 而言), 即

$$
u|_{r=r_0} =
\begin{cases}
u_0 \cos \theta & \left(0 \leqslant \theta < \dfrac{\pi}{2}\right) \\
-u_0 \cos \theta & \left(\dfrac{\pi}{2} \leqslant \theta \leqslant \pi\right)
\end{cases}
$$

因在球内, $r \to 0$ 时 u 有限, 轴对称的解为

$$
u(r,\theta) = \sum_{l=0}^{\infty} A_l r^l \mathrm{P}_l(\cos \theta)
$$

代入边界条件

$$
\sum_{l=0}^{\infty} A_l r_0^l \mathrm{P}_l(\cos \theta) =
\begin{cases}
u_0 \cos \theta & \left(0 \leqslant \theta < \dfrac{\pi}{2}\right) \\
-u_0 \cos \theta & \left(\dfrac{\pi}{2} \leqslant \theta \leqslant \pi\right)
\end{cases}
$$

由式 (8.37) 求系数

$$
\begin{aligned}
A_l r_0^l &= \frac{2l+1}{2} u_0 \left[\int_{-1}^{0} -\xi \mathrm{P}_l(\xi) \mathrm{d}\xi + \int_{0}^{1} \xi \mathrm{P}_l(\xi) \mathrm{d}\xi \right] \\
&= \frac{2l+1}{2} u_0 \int_{0}^{1} [1 + (-1)^l] \xi \mathrm{P}_l(\xi) \mathrm{d}\xi
\end{aligned}
$$

其中利用了勒让德多项式的奇偶性性质. 利用式 (8.38) 的结果得

$$
\begin{cases}
A_{2k+1} = 0, \\
A_0 = \dfrac{1}{2} u_0, \\
A_{2k} = \dfrac{4k+1}{r_0^{2k}} u_0 \cdot \dfrac{(-1)^{k+1}(2k-2)!}{2^{2k}(k-1)!(k+1)!},
\end{cases}
\qquad k = 1, 2, 3, \cdots
$$

最终结果为 (取 $0 \leqslant \theta < \pi/2$)

$$
u(r,\theta) = \frac{1}{2} u_0 + \sum_{k=1}^{\infty} \frac{(-1)^{k+1} \cdot 2(4k+1)(2k-2)!}{2^{2k}(k-1)!(k+1)!} \cdot \frac{u_0}{r_0^{2k}} \cdot r^{2k} \mathrm{P}_{2k}(\cos \theta)
$$

例5 接地导体球内放一点电荷 q, 求球内各点的静电势.

解 设导体球半径为 a, 点电荷 q 距球心 b, 取球坐标系, 球心为原点, 球心与点电荷连线为极轴 $(\theta = 0)$, 如图 8.3 所示, 因为点电荷 q 在导体球面上产生的感应电荷分布对极轴对称, 所以球内静电势 u(点电荷 q 产生的静电势 u_1 和球面上感应电荷所产生的静电势 u_2 之和) 与 φ 无关, 是轴对称问题.

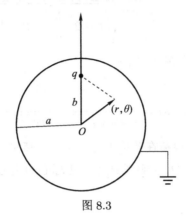

图 8.3

点电荷 q 在 (r,θ) 处产生的静电势 $u_1(r,\theta)$ 为

$$u_1\left(r,\theta\right) = \frac{1}{4\pi\varepsilon_0} \frac{q}{\sqrt{r^2 + b^2 - 2rb\cos\theta}}$$

球面上感应电荷在 (r,θ) 处所产生的静电势 $u_2(r,\theta)$ 满足的定解问题为

$$\begin{cases} \Delta u_2 = 0 \\ (u_2 + u_1)|_{r=a} = 0 \end{cases}$$

球内的形式解为

$$u_2(r,\theta) = \sum_{l=0}^{\infty} A_l r^l \mathrm{P}_l(\cos\theta)$$

代入边界条件并利用生成函数式 (8.26) 得

$$\sum_{l=0}^{\infty} A_l a^l \mathrm{P}_l(\cos\theta) = -u_1(a,\theta) = -\frac{1}{4\pi\varepsilon_0} \frac{q}{\sqrt{a^2 + b^2 - 2ab\cos\theta}}$$

$$= -\frac{1}{4\pi\varepsilon_0} \frac{q}{a} \sum_{l=0}^{\infty} \left(\frac{b}{a}\right)^l \mathrm{P}_l\left(\cos\theta\right)$$

比较系数即求得

$$A_l = -\frac{1}{4\pi\varepsilon_0} \frac{q}{a^{l+1}} \left(\frac{b}{a}\right)^l$$

因此

$$u_2\left(r,\theta\right) = -\frac{1}{4\pi\varepsilon_0} \frac{q}{a} \sum_{l=0}^{\infty} \left(\frac{b}{a}\right)^l \left(\frac{r}{a}\right)^l \mathrm{P}_l\left(\cos\theta\right)$$

这样, 球内任一点 (r,θ) 处的静电势为

$$u(r,\theta) = \frac{q}{4\pi\varepsilon_0} \left[\frac{1}{\sqrt{r^2+b^2-2rb\cos\theta}} - \frac{1}{a}\sum_{l=0}^{\infty}\left(\frac{b}{a}\right)^l\left(\frac{r}{a}\right)^l P_l(\cos\theta) \right]$$

在这里, 利用勒让德多项式的生成函数展开式 (8.26), 还可以将 $u_2(r,\theta)$ 的级数改写为函数

$$u_2(r,\theta) = -\frac{q}{4\pi\varepsilon_0 a}\frac{1}{\sqrt{1-2\dfrac{r}{a}\dfrac{b}{a}\cos\theta+\left(\dfrac{b}{a}\dfrac{r}{a}\right)^2}}$$

令 $c = a^2/b (c > a,$ 说明 c 点在球外), 则

$$u_2(r,\theta) = \frac{1}{4\pi\varepsilon_0}\frac{\dfrac{-qa}{b}}{\sqrt{r^2-2rc\cos\theta+c^2}}$$

这说明, 球面上的感生电荷在效果上等价于一电荷量为 $-qa/b$ 的点电荷, 该等效点电荷位于球外, 并在极轴 Oq 的延长线上且距球心距离为 $c = a^2/b$.

8.3 连带勒让德函数 P_l^m

◎ **连带勒让德函数**

连带勒让德方程 (8.11)

$$(1-x^2)\frac{\mathrm{d}^2\Theta}{\mathrm{d}x^2} - 2x\frac{\mathrm{d}\Theta}{\mathrm{d}x} + \left[l(l+1) - \frac{m^2}{1-x^2}\right]\Theta = 0$$

取变换 $\Theta(x) = (1-x^2)^{\frac{m}{2}}y(x)$ 代入可化成

$$(1-x^2)y'' - 2(m+1)xy' + [l(l+1) - m(m+1)]y = 0 \tag{8.39}$$

利用求导公式 (上标 $[m]$ 表示函数对 x 求导 m 次)

$$(uv)^{[m]} = uv^{[m]} + \frac{m}{1!}u'v^{[m-1]} + \frac{m(m-1)}{2!}u''v^{[m-2]} + \cdots +$$

$$\frac{m(m-1)\cdots(m-k+1)}{k!}u^{[k]}v^{[m-k]} + \cdots + u^{[m]}v$$

对勒让德方程

$$(1-x^2)P'' - 2xP' + l(l+1)P = 0$$

求导 m 次得

$$\left\{(1-x^2)P^{[m]''} - m2xP^{[m]'} - \frac{m(m-1)}{2}2P^{[m]}\right\} -$$

$$2\left\{xP^{[m]'} + mP^{[m]}\right\} + l(l+1)P^{[m]} = 0$$

即

$$(1-x^2)P^{[m]''} - 2(m+1)xP^{[m]'} + [l(l+1) - m(m+1)]P^{[m]} = 0 \tag{8.40}$$

比较式 (8.39)、式 (8.40), 知方程 (8.39) 的解为

$$y(x) = \mathrm{P}^{[m]}(x)$$

与勒让德方程本征值问题类似, 连带勒让德方程与自然边界条件也构成本征值问题, 本征值也是 $l(l+1)(l = 0, 1, 2, \cdots)$, 本征函数则是 $\varTheta(x) = (1-x^2)^{\frac{m}{2}} \mathrm{P}_l^{[m]}(x)$, 称为 **$m$ 阶 l 次连带勒让德函数**, 通常记作 $\mathrm{P}_l^m(x)$, 所以

$$\mathrm{P}_l^m(x) = (1-x^2)^{\frac{m}{2}} \mathrm{P}_l^{[m]}(x)$$

因为 $\mathrm{P}_l(x)$ 是 l 次多项式, 所以最多能求导 l 次, 超过 l 次就为零, 因此有 $m = 0, 1, 2, \cdots, l$.

前几个连带勒让德函数的形式为

$$\mathrm{P}_1^1(x) = (1-x^2)^{\frac{1}{2}} = \sin\theta$$

$$\mathrm{P}_2^1(x) = (1-x^2)^{\frac{1}{2}}(3x) = \frac{3}{2}\sin 2\theta$$

$$\mathrm{P}_2^2(x) = 3(1-x^2) = 3\sin^2\theta = \frac{3}{2}(1-\cos 2\theta)$$

◎ **连带勒让德函数性质**

1. **微分表示**   由勒让德多项式的微分表示式 (8.33) 立刻得到连带勒让德函数的微分表示

$$\mathrm{P}_l^m(x) = \frac{(1-x^2)^{\frac{m}{2}}}{2^l l!} \frac{\mathrm{d}^{l+m}}{\mathrm{d}x^{l+m}}(x^2-1)^l \tag{8.41}$$

并且有

$$\mathrm{P}_l^{-m}(x) = (-1)^m \frac{(l-m)!}{(l+m)!} \mathrm{P}_l^m(x)$$

2. **积分表示**   微分表示式 (8.41) 也可通过柯西公式表示为围线积分

$$\mathrm{P}_l^m(x) = \frac{(1-x^2)^{\frac{m}{2}}}{2^l} \frac{1}{2\pi\mathrm{i}} \frac{(l+m)!}{l!} \oint_c \frac{(z^2-1)^l}{(z-x)^{l+m+1}} \mathrm{d}z$$

$$\mathrm{P}_l^m(x) = \frac{\mathrm{i}^m}{2\pi} \frac{(l+m)!}{l!} \int_{-\pi}^{\pi} \mathrm{e}^{-\mathrm{i}m\psi} \left[x + \sqrt{x^2-1}\cos\psi\right]^l \mathrm{d}\psi$$

$$= \frac{\mathrm{i}^m}{2\pi} \frac{(l+m)!}{l!} \int_{-\pi}^{\pi} \mathrm{e}^{-\mathrm{i}m\psi} [\cos\theta + \mathrm{i}\sin\theta\cos\psi]^l \mathrm{d}\psi$$

3. **正交归一性**

$$\int_{-1}^{1} \mathrm{P}_k^m(x) \mathrm{P}_l^m(x) \mathrm{d}x = \int_0^{\pi} \mathrm{P}_k^m(\cos\theta) \mathrm{P}_l^m(\cos\theta) \sin\theta \mathrm{d}\theta = (N_l^m)^2 \delta_{kl}$$

式中连带勒让德函数的模 N_l^m 为

$$N_l^m = \sqrt{\int_{-1}^{1} [\mathrm{P}_l^m(x)]^2 \mathrm{d}x} = \sqrt{\frac{(l+m)!}{(l-m)!} \frac{2}{2l+1}}$$

4. 广义展开 在区间 $[-1, 1]$ 上, 以连带勒让德函数为正交函数系, 可把函数 $f(x)$ 展成广义傅里叶级数

$$f(x) = \sum_{k=0}^{\infty} f_l \mathrm{P}_l^m(x), \quad f_l = \frac{2l+1}{2} \frac{(l-m)!}{(l+m)!} \int_{-1}^{1} f(x) \mathrm{P}_l^m(x) \mathrm{d}x$$

5. 递推关系 利用勒让德多项式的递推公式和连带勒让德函数的定义, 可以导出连带勒让德函数的递推公式 (式中 $k \geqslant 1$)

$$(2k+1)x\mathrm{P}_k^m(x) = (k+m)\mathrm{P}_{k-1}^m(x) + (k-m+1)\mathrm{P}_{k+1}^m(x)$$

$$(2k+1)(1-x^2)^{\frac{1}{2}}\mathrm{P}_k^{[m]}(x) = \mathrm{P}_{k+1}^{[m+1]}(x) - \mathrm{P}_{k-1}^{[m+1]}(x)$$

$$(2k+1)(1-x^2)^{\frac{1}{2}}\mathrm{P}_k^m(x) = (k+m)(k+m-1)\mathrm{P}_{k-1}^{m-1}(x) -$$
$$(k-m+2)(k-m+1)\mathrm{P}_{k+1}^{m-1}(x)$$

$$(2k+1)(1-x^2)\frac{\mathrm{d}\mathrm{P}_k^m(x)}{\mathrm{d}x} = (k+1)(k+m)\mathrm{P}_{k-1}^m(x) -$$
$$k(k-m+1)\mathrm{P}_{k+1}^m(x)$$

连带勒让德
函数图形

8.4 球函数 Y_l^m

◎ **球函数表达式**

球函数方程 (8.5) 为

$$\frac{1}{\sin\theta}\frac{\partial}{\partial\theta}\left(\sin\theta\frac{\partial \mathrm{Y}}{\partial\theta}\right) + \frac{1}{\sin^2\theta}\frac{\partial^2 \mathrm{Y}}{\partial\varphi^2} + l(l+1)\mathrm{Y} = 0$$

在自然边界条件下, 其分离变量形式的线性独立解为式 (8.7) 和式 (8.11) 两方程解的组合

$$\mathrm{P}_l^m(\cos\theta)\cos m\varphi \quad (m = 0, 1, 2, \cdots, l, \ \text{共} \ l+1 \ \text{个})$$

或 $\qquad \mathrm{P}_l^m(\cos\theta)\sin m\varphi \quad (m = 1, 2, \cdots, l, \ \text{共} \ l \ \text{个})$

因此, 对球函数方程而言, 对应于一个 l 值, 共有 $2l+1$ 个线性独立解. 若用记号 $\{\}$ 表示列举的函数是线性独立且可任取其一, 则球函数方程解为

$$\mathrm{Y}_l^m(\theta, \varphi) = \mathrm{P}_l^m(\cos\theta) \left\{ \begin{array}{c} \sin m\varphi \\ \cos m\varphi \end{array} \right\} \quad \left(\begin{array}{l} m = 0, 1, 2, \cdots, l \\ l = 0, 1, 2, \cdots \end{array} \right) \tag{8.42}$$

$\mathrm{Y}_l^m(\theta, \varphi)$ 称为**球函数**, l 叫作球函数的**阶**.

在量子力学中常将其中的三角函数写成复数形式, 为

$$\mathrm{Y}_l^m(\theta, \varphi) = \mathrm{P}_l^{|m|}(\cos\theta)\mathrm{e}^{\mathrm{i}m\varphi} \quad \left(\begin{array}{l} m = -l, -l+1, \cdots, 0, 1, \cdots l \\ l = 0, 1, 2, \cdots \end{array} \right)$$

◎ **球函数的正交关系**

不同的球函数 Y_l^m 和 Y_k^n 在球面 $S(0 \leqslant \theta \leqslant \pi, 0 \leqslant \varphi \leqslant 2\pi)$ 上正交

$$\int\int_S Y_l^m(\theta,\varphi)Y_k^n(\theta,\varphi)\sin\theta\mathrm{d}\theta\mathrm{d}\varphi = 0$$

证明 因为

$$\int\int_S Y_l^m(\theta,\varphi)Y_k^n(\theta,\varphi)\sin\theta\mathrm{d}\theta\mathrm{d}\varphi$$

$$= \int_0^\pi P_l^m(\cos\theta)P_k^n(\cos\theta)\sin\theta\mathrm{d}\theta \int_0^{2\pi}\left\{\begin{array}{c}\sin m\varphi\\\cos m\varphi\end{array}\right\}\left\{\begin{array}{c}\sin n\varphi\\\cos n\varphi\end{array}\right\}\mathrm{d}\varphi$$

$$= \int_{-1}^1 P_l^m(x)P_k^n(x)\mathrm{d}x \int_0^{2\pi}\left\{\begin{array}{c}\sin m\varphi\\\cos m\varphi\end{array}\right\}\left\{\begin{array}{c}\sin n\varphi\\\cos n\varphi\end{array}\right\}\mathrm{d}\varphi$$

当 $m = n$ 时, 由连带勒让德函数的正交性质, 上述积分为零; $m \neq n$ 时, 上式对 φ 的积分为零, 结论得证.

通过一些稍复杂的计算过程, 可以得到**球函数的模**

$$(N_l^m)^2 = \int\int_S [Y_l^m(\theta,\varphi)]^2\sin\theta\mathrm{d}\theta\mathrm{d}\varphi = \sqrt{\frac{2\pi\delta_m}{2l+1}\frac{(l+m)!}{(l-m)!}}$$

其中 $$\delta_m = \left\{\begin{array}{l}2, \ m = 0\\1, \ m \neq 0\end{array}\right.$$

◎ **球面上的函数的广义傅里叶展开**

定义在球面 S 上的函数 $f(\theta,\varphi)(0 \leqslant \theta \leqslant \pi, 0 \leqslant \varphi \leqslant 2\pi)$, 可以展成二重广义傅里叶级数. 展开时应分两步:

1. **先将 $f(\theta,\varphi)$ 对 φ 展开成傅里叶级数**

$$f(\theta,\varphi) = \sum_{m=0}^\infty [A_m(\theta)\cos m\varphi + B_m(\theta)\sin m\varphi]$$

系数

$$\left\{\begin{array}{l}A_m(\theta) = \dfrac{1}{\pi\delta_m}\int_0^{2\pi}f(\theta,\varphi)\cos m\varphi\mathrm{d}\varphi\\B_m(\theta) = \dfrac{1}{\pi}\int_0^{2\pi}f(\theta,\varphi)\sin m\varphi\mathrm{d}\varphi\end{array}\right.$$

2. **再以 $P_l^m(\cos\theta)$ 为基, 将系数展开成广义傅里叶级数**

$$\left\{\begin{array}{l}A_m(\theta) = \sum_{l=m}^\infty A_l^m P_l^m(\cos\theta)\\B_m(\theta) = \sum_{l=m}^\infty B_l^m P_l^m(\cos\theta)\end{array}\right.$$

其中

$$A_l^m = \frac{2l+1}{2} \frac{(l-m)!}{(l+m)!} \int_0^\pi A_m(\theta) \mathrm{P}_l^m(\cos\theta) \sin\theta \mathrm{d}\theta$$

$$= \frac{2l+1}{2\pi\delta_m} \frac{(l-m)!}{(l+m)!} \int_0^\pi \int_0^{2\pi} f(\theta,\varphi) \mathrm{P}_l^m(\cos\theta) \cos m\varphi \sin\theta \mathrm{d}\theta \mathrm{d}\varphi$$

$$B_l^m = \frac{2l+1}{2} \frac{(l-m)!}{(l+m)!} \int_0^\pi B_m(\theta) \mathrm{P}_l^m(\cos\theta) \sin\theta \mathrm{d}\theta$$

$$= \frac{2l+1}{2\pi} \frac{(l-m)!}{(l+m)!} \int_0^\pi \int_0^{2\pi} f(\theta,\varphi) \mathrm{P}_l^m(\cos\theta) \cos m\varphi \sin\theta \mathrm{d}\theta \mathrm{d}\varphi$$

最终展开式为

$$f(\theta,\varphi) = \sum_{m=0}^\infty \sum_{l=m}^\infty [A_l^m \cos m\varphi + B_l^m \sin m\varphi] \mathrm{P}_l^m(\cos\theta) \tag{8.43}$$

式中的求和次序可交换.

例 6　将 $f(\theta,\varphi) = 3\sin^2\theta\cos^2\varphi - 2$ 展开.

解　先把 $f(\theta,\varphi)$ 对 φ 展开成傅里叶级数

$$f(\theta,\varphi) = 3\sin^2\theta\cos^2\varphi - 2 = \frac{3}{2}\sin^2\theta(1+\cos 2\varphi) - 2$$

$$= \left(\frac{3}{2}\sin^2\theta - 2\right) + \frac{3}{2}\sin^2\theta\cos 2\varphi$$

可见, 一项是 $m=2$ 对应的 $\cos 2\varphi$, 系数为 $A_2(\theta) = \frac{3}{2}\sin^2\theta$; 另一项是 $m=0$ 对

应的 1, 系数为 $A_0(\theta) = \frac{3}{2}\sin^2\theta - 2$, 此外 $B_m(\theta) = 0$.

再将 $A_0(\theta), A_2(\theta)$ 展开成广义傅里叶级数. 因为

$$A_0(\theta) = \frac{3}{2}\sin^2\theta - 2 = \frac{3}{2}\sin^2\theta - 1 - 1 = -\mathrm{P}_2(\cos\theta) - \mathrm{P}_0(\cos\theta)$$

$$A_2(\theta) = \frac{3}{2}\sin^2\theta = \frac{1}{2}\mathrm{P}_2^2(\cos\theta)$$

所以得

$$f(\theta,\varphi) = \frac{1}{2}\mathrm{P}_2^2(\cos\theta)\cos 2\varphi - \mathrm{P}_2(\cos\theta) - \mathrm{P}_0(\cos\theta)$$

◎ **拉普拉斯方程的非轴对称问题**

由式 (8.13), 其中的 $\Theta_l^m(x)$ 就是连带勒让德函数 $\mathrm{P}_l^m(x)$, 这样, 拉普拉斯方程在球坐标系下的非轴对称定解问题的分离变量解的形式为

$$u(r,\theta,\varphi) = \sum_{m=0}^\infty \sum_{l=m}^\infty r^l (A_l^m \cos m\varphi + B_l^m \sin m\varphi) \mathrm{P}_l^m(\cos\theta) +$$

$$\sum_{m=0}^\infty \sum_{l=m}^\infty r^{-(l+1)} (C_l^m \cos m\varphi + D_l^m \sin m\varphi) \mathrm{P}_l^m(\cos\theta) \tag{8.44}$$

例 7 求解半径为 r_0 的球内电势定解问题 (式中 r_0, u_0 为已知常数).

$$\begin{cases} \Delta u = 0 \quad (r < r_0) \\ u|_{r=r_0} = 3r_0^2 \sin^2\theta\cos\varphi\sin\varphi + r_0\sin\theta\cos\varphi \end{cases}$$

解 边界条件与 θ, φ 均有关, 问题不具有对称性. $\Delta u = 0$ 在球坐标系下解的形式为式 (8.44), 在球内 $u|_{r=0}$ 应有限, 所以有 $C_l^m = D_l^m = 0$, 故

$$u(r,\theta,\varphi) = \sum_{m=0}^{\infty}\sum_{l=m}^{\infty} r^l(A_l^m\cos m\varphi + B_l^m\sin m\varphi)\mathrm{P}_l^m(\cos\theta)$$

代入边界条件并展开

$$\sum_{m=0}^{\infty}\sum_{l=m}^{\infty} r_0^l(A_l^m\cos m\varphi + B_l^m\sin m\varphi)\mathrm{P}_l^m(\cos\theta)$$

$$= 3r_0^2\sin^2\theta\cos\varphi\sin\varphi + r_0\sin\theta\cos\varphi$$

$$= \frac{1}{2}r_0^2(3\sin^2\theta)\sin 2\varphi + r_0\mathrm{P}_1^1(\cos\theta)\cos\varphi$$

$$= \frac{1}{2}r_0^2\mathrm{P}_2^2(\cos\theta)\sin 2\varphi + r_0\mathrm{P}_1^1(\cos\theta)\cos\varphi$$

比较系数得 $A_l^m = 0(l \neq 1, m \neq 1)$, $B_l^m = 0(l \neq 2, m \neq 2)$ 及

$$A_1^1 = 1, \quad B_2^2 = \frac{1}{2}$$

所以

$$u(r,\theta,\varphi) = \frac{1}{2}r^2\mathrm{P}_2^2(\cos\theta)\sin 2\varphi + r\mathrm{P}_1^1(\cos\theta)\cos\varphi$$

例 8 求解半径为 r_0 的球外电势定解问题 (r_0, u_0 为已知常数).

$$\begin{cases} \Delta u = 0 \quad (r > r_0) \\ \dfrac{\partial u}{\partial r}\Big|_{r=r_0} = u_0\sin^2\theta\sin^2\varphi - 2\sin\theta\sin\varphi - \dfrac{1}{3}u_0 \end{cases}$$

解 定解问题为非轴对称. 球外 $u|_{r\to\infty}$ 应有限, 所以解的形式为

$$u(r,\theta,\varphi) = \sum_{m=0}^{\infty}\sum_{l=m}^{\infty} r^{-(l+1)}\left(C_l^m\cos m\varphi + D_l^m\sin m\varphi\right)\mathrm{P}_l^m(\cos\theta)$$

在边界上有

$$\sum_{m=0}^{\infty}\sum_{l=m}^{\infty}-(l+1)r_0^{-(l+2)}(C_l^m\cos m\varphi+D_l^m\sin m\varphi)\mathrm{P}_l^m(\cos\theta)$$

$$=u_0\sin^2\theta\sin^2\varphi-\frac{1}{3}u_0-2\sin\theta\sin\varphi$$

$$=\frac{u_0}{3}\left[\frac{3}{2}\sin^2\theta(1-\cos 2\varphi)-1\right]-2\sin\theta\sin\varphi$$

$$=\frac{u_0}{3}\left(-\frac{3}{2}\sin^2\theta\cos 2\varphi+\frac{3}{2}\sin^2\theta-1\right)-2\mathrm{P}_1^1(\cos\theta)\sin\varphi$$

$$=\frac{u_0}{3}\left[-\frac{1}{2}\mathrm{P}_2^2(\cos\theta)\cos 2\varphi-\mathrm{P}_2(\cos\theta)\right]-2\mathrm{P}_1^1(\cos\theta)\sin\varphi$$

比较系数得 $C_l^m=0(l\neq 2,m\neq 0,2),D_l^m=0(l\neq 1,m\neq 1)$，而

$$C_2^0=\frac{1}{9}u_0r_0^4,\quad C_2^2=\frac{1}{18}u_0r_0^4,\quad D_1^1=r_0^3$$

所以

$$u(r,\theta,\varphi)=\frac{u_0r_0^4}{9r^3}\left[\mathrm{P}_2(\cos\theta)+\frac{1}{2}\mathrm{P}_2^2(\cos\theta)\cos 2\varphi\right]+\frac{r_0^3}{r^2}\mathrm{P}_1^1(\cos\theta)\sin\varphi$$

习　题

知识小结

1. 计算如下积分

(1) $\displaystyle\int_{-\frac{1}{2}}^{1}(1+x)\,\mathrm{P}_2(x)\,\mathrm{d}x$　　　(2) $\displaystyle\int_{-1}^{1}(1-x^2)\left[\mathrm{P}_l'(x)\right]^2\mathrm{d}x$

2. 在区间 $[-1,1]$ 上将如下函数按勒让德多项式展开成广义级数

(1) $f(x)=x^3$　　　(2) $f(x)=3x^2+x$

3. 导出下列递推公式

(1) $\mathrm{P}_k(x)=\mathrm{P}_{k+1}'(x)-2x\mathrm{P}_k'(x)+\mathrm{P}_{k-1}'(x)\quad(k\geqslant 1)$

(2) $\mathrm{P}_{k+1}'(x)=(k+1)\mathrm{P}_k(x)+x\mathrm{P}_k'(x)$

4. 利用勒让得多项式的生成函数求出 $\mathrm{P}_l(0)$ 和 $\mathrm{P}_l(-1)$ 的值.

5. 一半径为 1 的空心球, 以球心为坐标原点, 当表面充电电势为 $u_0(1+2\cos\theta+3\cos^2\theta)(u_0$ 为常数) 时, 求球内各点的电势分布.

6. 半径为 $r=2$ 的球体, 在球坐标系中表面温度分布为 $u(2,\theta)=3(1-\cos\theta)$, 确定球内空间的稳定温度分布.

7. 半径为 a 的球体, 在球坐标系中表面电势分布为 $u(a,\theta)=1-\cos 2\theta$, 确定球外空间的电势分布.

8. 两同心球面, 球心位于原点, 内外球半径依次为 b、a. 已知内球面电势为 u_1, 外球面电势为 $u_2(u_2\neq u_1)$, 求两同心球面间的电势.

9. 分别在半径为 a 的球形区域内部和外部求解定解问题

$$\begin{cases} \Delta u = 0 \\ \dfrac{\partial u}{\partial \rho}\bigg|_{\rho=a} = \cos^2\theta\cos^2\varphi - \cos^2\varphi + \dfrac{1}{3} \end{cases}$$

习题解答
详解

10. 一半径为 a 的球, 在球坐标系中球面上电势分布为 $3\sin^2\theta\cos\varphi\sin\varphi$, 球内没有电荷, 求球内空间电势分布 $u(\rho, \theta, \varphi)$.

11. 在内外半径为 a、b 的空心球区域 $(a < \rho < b)$ 求解定解问题

$$\begin{cases} \Delta u = 0 \\ u|_{\rho=a} = 2\cos\theta \\ u|_{\rho=b} = 3\sin\theta\cos\theta\sin\varphi \end{cases}$$

习题答案

12. 半径为 a 的半球, 球面保持恒定温度 T, 半球底面绝热, 求半球内部各点温度分布.

第九章　柱坐标系下求解拉普拉斯方程

本章讨论在柱坐标系下解拉普拉斯方程, 通常有两种边界条件. 对柱体区域侧边的齐次边界条件, 其解将涉及实变量整数阶的贝塞尔函数、诺伊曼函数和汉克尔函数; 对柱体上下底齐次的边界条件, 其解涉及虚变量整数阶贝塞尔函数、诺伊曼函数和汉克尔函数.

9.1　拉普拉斯方程分离变量

拉普拉斯方程 $\Delta_3 u = 0$ 在柱坐标系 (ρ, φ, z) 下的形式为

$$\frac{1}{\rho}\frac{\partial}{\partial \rho}\left(\rho\frac{\partial u}{\partial \rho}\right) + \frac{1}{\rho^2}\frac{\partial^2 u}{\partial \varphi^2} + \frac{\partial^2 u}{\partial z^2} = 0 \tag{9.1}$$

令 $u(\rho, \varphi, z) = R(\rho)\Phi(\varphi)Z(z)$, 方程 (9.1) 经变量分离过程后可得如下三个常微分方程:

$$\begin{cases} \rho^2\dfrac{\mathrm{d}^2 R}{\mathrm{d}\rho^2} + \rho\dfrac{\mathrm{d}R}{\mathrm{d}\rho} + \left(\mu\rho^2 - m^2\right)R = 0 \\[2mm] \Phi'' + m^2\Phi = 0 \\[2mm] Z'' - \mu Z = 0 \end{cases} \tag{9.2}$$

分离变量的过程如下: 将 $u(\rho, \varphi, z) = R(\rho)\Phi(\varphi)Z(z)$ 代入方程 (9.1) 得

$$\frac{\Phi Z}{\rho}\frac{\mathrm{d}}{\mathrm{d}\rho}\left(\rho\frac{\mathrm{d}R}{\mathrm{d}\rho}\right) + \frac{RZ}{\rho^2}\frac{\mathrm{d}^2\Phi}{\mathrm{d}\varphi^2} + R\Phi\frac{\mathrm{d}^2 Z}{\mathrm{d}z^2} = 0$$

两边乘以 $\rho^2/R\Phi Z$ 后通过移项先将 $\Phi(\varphi)$ 分离

$$\frac{\rho^2}{R}\frac{\mathrm{d}^2 R}{\mathrm{d}\rho^2} + \frac{\rho}{R}\frac{\mathrm{d}R}{\mathrm{d}\rho} + \rho^2\frac{Z''}{Z} = -\frac{\Phi''}{\Phi} = m^2$$

式中 m^2 为常数. 这是因为上式左边为关于 ρ, z 的函数, 右边为 φ 的函数, 而 ρ, z, φ 为独立变量, 因此等式两边应等于一个公共常数 m^2. 由此

$$\Phi'' + m^2\Phi = 0 \tag{9.3}$$

$$\frac{\rho^2}{R}\frac{\mathrm{d}^2 R}{\mathrm{d}\rho^2} + \frac{\rho}{R}\frac{\mathrm{d}R}{\mathrm{d}\rho} + \rho^2\frac{Z''}{Z} = m^2 \tag{9.4}$$

将方程 (9.4) 两边乘以 $1/\rho^2$ 后移项, 根据同样道理, 引入待定常数 μ 后有

$$\frac{1}{R}\frac{\mathrm{d}^2 R}{\mathrm{d}\rho^2} + \frac{1}{\rho}\frac{1}{R}\frac{\mathrm{d}R}{\mathrm{d}\rho} - \frac{m^2}{\rho^2} = -\frac{Z''}{Z} = -\mu$$

这样, 上式又可分成两个方程

$$\rho^2 \frac{\mathrm{d}^2 R}{\mathrm{d}\rho^2} + \rho \frac{\mathrm{d}R}{\mathrm{d}\rho} + \left(\mu\rho^2 - m^2\right) R = 0 \tag{9.5}$$

$$Z'' - \mu Z = 0 \tag{9.6}$$

式 (9.3)、式 (9.5) 和式 (9.6) 就是式 (9.2) 的三个方程, 下面讨论这三个方程的解. 方法与从前的做法相同, 先找到通解, 再对可能构成的本征值问题求解.

首先理清求解问题的思路:

(1) 在分离变量过程中, 先后引入了两个参数 m、μ, 所以在求解中必然会遇到两个本征值问题, 分别用来求解本征值 m、μ 及相应的本征函数。按照引入顺序, 应该先定 μ, 后定 m.

(2) 参数 m 出现在式 (9.3)、式 (9.5) 中, m 的本征值问题可能由这两个方程构成. 实际上, 在本书的圆柱形区域的问题中, φ 变化范围是 $0 \sim 2\pi$, 所以 φ 总是满足周期性边界条件. m 本征方程只能是式 (9.3).

(3) 参数 μ 出现在式 (9.5)、式 (9.6), μ 的本征值问题可能由这两个方程构成. 如果是圆柱侧面的齐次边界条件, 本征方程是式 (9.5), 如果是圆柱上下底的齐次边界条件, 本征方程是式 (9.6).

下面再讨论一下这些方程的解, 以下各式中 A、B、C、D、E、F 为常数.

(1) 方程 (9.3) 与周期条件 $\Phi(\varphi) = \Phi(\varphi + 2\pi)$ 构成的本征值问题解为

$$\Phi(\varphi) = A \cos m\varphi + B \sin m\varphi \quad (m = 0, 1, 2, \cdots) \tag{9.7}$$

可见以后的讨论中总是有 m **只取零或整数**, 一定要记住这点.

(2) 方程 (9.6) 的通解形式如下:

$$Z(z) = \begin{cases} C + Dz, & \mu = 0 \\ Ce^{\sqrt{\mu}z} + De^{-\sqrt{\mu}z}, & \mu > 0 \\ C\cos\sqrt{-\mu}z + D\sin\sqrt{-\mu}z, & \mu < 0 \end{cases} \tag{9.8}$$

(3) 方程 (9.5) 包含有两个参数, 求解时, 先根据 μ 值的不同讨论通解, 所得的解都与 m 有关:

$\mu = 0$ 时, 方程 (9.5) 成为欧拉型方程, 其通解为

$$R(\rho) = \begin{cases} E + F\ln\rho & (m = 0) \\ E\rho^m + F\rho^{-m} & (m \neq 0) \end{cases} \tag{9.9}$$

$\mu > 0$ 时, 令 $x = \sqrt{\mu}\rho$, 再计算各个导数的值

$$\frac{\mathrm{d}R}{\mathrm{d}\rho} = \frac{\mathrm{d}R}{\mathrm{d}x}\frac{\mathrm{d}x}{\mathrm{d}\rho} = \sqrt{\mu}\frac{\mathrm{d}R}{\mathrm{d}x}$$

$$\frac{\mathrm{d}^2 R}{\mathrm{d}\rho^2} = \frac{\mathrm{d}}{\mathrm{d}\rho}\left(\sqrt{\mu}\frac{\mathrm{d}R}{\mathrm{d}x}\right) = \frac{\mathrm{d}}{\mathrm{d}x}\left(\sqrt{\mu}\frac{\mathrm{d}R}{\mathrm{d}x}\right)\frac{\mathrm{d}x}{\mathrm{d}\rho} = \mu\frac{\mathrm{d}^2 R}{\mathrm{d}x^2}$$

以上两式代入方程 (9.5) 得如下**贝塞尔方程:**

$$x^2\frac{\mathrm{d}^2R}{\mathrm{d}x^2} + x\frac{\mathrm{d}R}{\mathrm{d}x} + \left(x^2 - m^2\right)R = 0 \tag{9.10}$$

$\mu < 0$ 时, 令 $x = \sqrt{-\mu}\rho$, 经类似计算过程, 方程 (9.5) 可化成如下**虚变量贝塞尔方程:**

$$x^2\frac{\mathrm{d}^2R}{\mathrm{d}x^2} + x\frac{\mathrm{d}R}{\mathrm{d}x} - \left(x^2 + m^2\right)R = 0 \tag{9.11}$$

贝塞尔简介

将式 (9.10) 中的变量 x 替换成 $\mathrm{i}x$, 得到的也是这个方程, 所以称为虚变量贝塞尔方程, 由此可知, 只要将贝塞尔方程解中的变量 x 替换成 $\mathrm{i}x$ 也就得到了这个方程的解.

贝塞尔方程的通解及本征值问题都比较复杂, 需要分节讨论.

9.2 贝塞尔方程的通解形式

在研究贝塞尔方程的通解时, 并不要考虑其他方程中参数对它影响, 但是两个参数 μ 和 m 的求解次序必须保持不变. 这里先将参数 m 换成 ν 以表明在以下的求解过程中两者相互独立, 而 m 专门用于代表零与整数. 但在讨论中必须要按 μ 的取值分类讨论, 同时又巧妙地用变量变换将参数 μ 整合到新变量 x 中. 这样做的好处是, 在目前的讨论中, μ 成为隐性参数, 所以只要讨论显性参数 ν 的影响. 在以后讨论的本征值问题中, μ 自然成为了本征值. 这种形式与式 (9.7) 中的 $\sin m\varphi, \cos m\varphi$ 相似.

令 $R = y(x)$, 方程 (9.10) 和方程 (9.11) 改写为贝塞尔方程

$$x^2\frac{\mathrm{d}^2y}{\mathrm{d}x^2} + x\frac{\mathrm{d}y}{\mathrm{d}x} + \left(x^2 - \nu^2\right)y = 0 \tag{9.12}$$

虚变量贝塞尔方程

$$x^2\frac{\mathrm{d}^2y}{\mathrm{d}x^2} + x\frac{\mathrm{d}y}{\mathrm{d}x} - \left(x^2 + \nu^2\right)y = 0 \tag{9.13}$$

◎ **实变量情形**

1. ν **为非整数情形的通解** 根据微分方程理论, 贝塞尔方程 (9.12) 在零点邻域内至少有一个如下形式的级数解:

$$y\left(x\right) = x^s\sum_{k=0}^{\infty}a_kx^k$$

其中 s 为待定常数且 $a_0 \neq 0$。把上式代入贝塞尔方程 (9.12) 合并同类项后得

$$\left(s^2 - \nu^2\right)a_0x^s + \left[\left(1+s\right)^2 - \nu^2\right]a_1x^{s+1} +$$
$$\sum_{k=2}^{\infty}\left\{\left[\left(k+s\right)^2 - \nu^2\right]a_k + a_{k-2}\right\}x^{k+s} = 0$$

等式成立须系数为零, 所以有

$$(s^2 - \nu^2) a_0 = 0 \tag{9.14}$$

$$\left[(1+s)^2 - \nu^2\right] a_1 = 0 \tag{9.15}$$

$$\cdots\cdots\cdots$$

$$\left[(k+s)^2 - \nu^2\right] a_k + a_{k-2} = 0 \tag{9.16}$$

$$\cdots\cdots\cdots$$

$a_0 \neq 0$, 由式 (9.14) 得 $s = \pm\nu$. 这里虽然有两个不同的 s 值, 似乎已经有了两个级数解, 但根据微分方程理论, 只有当 ν 不等于零、整数和半奇数时, $s = \nu$ 和 $s = -\nu$ 对应的两个级数解因彼此线性独立才可构成通解; 而当 ν 等于零、整数和半奇数时, 这两级数解线性相关, 因此不能构成通解, 所以需要再寻找一个线性独立解才能构成通解. 不过要强调的是, 在后面对这个级数解性质的讨论, 也适用于 ν 等于零、整数和半奇数的情形.

下面先讨论 $s = \nu$, 将其代入式 (9.15), 有 $(1+2\nu)a_1 = 0$, 所以 $\nu \neq -1/2$ 时就有 $a_1 = 0$, 再由式 (9.16) 得递推公式

$$a_k = -\frac{a_{k-2}}{k(k+2\nu)}$$

于是有

$$a_2 = -\frac{a_0}{2(2+2\nu)} = (-1)^1 \frac{a_0}{2^2 \cdot 1!(1+\nu)}$$

$$a_4 = \frac{-a_2}{4(4+2\nu)} = \frac{-a_2}{2^3 \cdot (2+\nu)} = (-1)^2 \frac{a_0}{2^4 \cdot 2!(1+\nu)(2+\nu)}$$

$$\cdots\cdots\cdots$$

$$a_{2n} = (-1)^n \frac{a_0}{2^{2n} n!(\nu+1)(\nu+2)\cdots(\nu+n)}, \quad n = 1,2,\cdots$$

$$a_{2n+1} = 0$$

这样, 就得到贝塞尔方程的一个特解 $y_\nu(x)$

$$y_\nu(x) = a_0 x^\nu \left[1 - \frac{x^2}{2^2 1!(\nu+1)} + \frac{x^4}{2^4 2!(\nu+1)(\nu+2)} - \cdots\right]$$

取任意非零常数 $a_0 = \dfrac{1}{2^\nu \Gamma(\nu+1)}$, 再用 $J_\nu(x)$ 替换 $y_\nu(x)$ 得特解

$$J_\nu(x) = \sum_{k=0}^{\infty} (-1)^k \frac{1}{k!\Gamma(\nu+k+1)} \left(\frac{x}{2}\right)^{\nu+2k} \tag{9.17}$$

$J_\nu(x)$ 称为 ν **阶贝塞尔函数**, 由达朗贝尔判别法可知, 收敛半径 $R \to \infty$.

当 $s = -\nu$ 时, 经过类似过程, 可得贝塞尔方程 (9.12) 另一特解

$$\mathrm{J}_{-\nu}(x) = \sum_{k=0}^{\infty} (-1)^k \frac{1}{k! \Gamma(-\nu + k + 1)} \left(\frac{x}{2}\right)^{-\nu + 2k} \tag{9.18}$$

$\mathrm{J}_{-\nu}(x)$ 称为 **$-\nu$ 阶贝塞尔函数**, 同样有收敛半径 $R \to \infty$.

这样, $\mathrm{J}_{-\nu}(x)$ 与 $\mathrm{J}_{\nu}(x)$ 的线性组合就构成贝塞尔方程 (9.12) 的**第一种通解形式**

$$y(x) = C_1 \mathrm{J}_{\nu}(x) + C_2 \mathrm{J}_{-\nu}(x)$$

微分方程理论已经证明, 即便 $\mathrm{J}_{-\nu}(x)$、$\mathrm{J}_{\nu}(x)$ 线性相关, 如下构成的**诺依曼函数**也是一个新的线性独立解

$$\mathrm{N}_{\nu}(x) = \frac{\mathrm{J}_{\nu}(x) \cos \nu\pi - \mathrm{J}_{-\nu}(x)}{\sin \nu\pi}$$

这样得到贝塞尔方程**第二种通解形式**为

$$y(x) = C_1 \mathrm{J}_{\nu}(x) + C_2 \mathrm{N}_{\nu}(x)$$

将 $\mathrm{J}_{\nu}(x)$ 和 $\mathrm{N}_{\nu}(x)$ 用共轭复数方式组合的一对函数也是线性独立的, 即 **第一、二类汉克尔函数**, 分别是

$$\mathrm{H}_{\nu}^{(1)}(x) = \mathrm{J}_{\nu}(x) + \mathrm{i}\mathrm{N}_{\nu}(x), \quad \mathrm{H}_{\nu}^{(2)}(x) = \mathrm{J}_{\nu}(x) - \mathrm{i}\mathrm{N}_{\nu}(x)$$

于是有了**第三种通解形式**

$$y(x) = C_1 \mathrm{H}_{\nu}^{(1)}(x) + C_2 \mathrm{H}_{\nu}^{(2)}(x)$$

注意, $\mathrm{J}_{\nu}(x)$、$\mathrm{N}_{\nu}(x)$、$\mathrm{H}_{\nu}^{(1)}(x)$、$\mathrm{H}_{\nu}^{(2)}(x)$ 一定是相互线性独立的, 但在前面求解过程中说过, 对 ν 为零、整数和半奇数时, $\mathrm{J}_{\nu}(x)$、$\mathrm{J}_{-\nu}(x)$ 不是线性独立的, 因此下面先讨论 ν 为零和整数时如何寻找一个新的线性独立解, 这是本章要用到的内容; 对于 ν 为半奇数的情形, 涉及球贝塞尔函数, 这是下一章要讲的内容. 表 9.1 中列出它们是为了以后查找对比方便.

2. ν 为零或整数情形下的通解 当 ν 为零或整数 m 时, 已经说过 $\mathrm{J}_{-m}(x)$、$\mathrm{J}_m(x)$ 线性相关, 其实利用 $\Gamma(m + k + 1) = (m + k)!$ 可证明 $\mathrm{J}_{-m}(x) = (-1)^m \mathrm{J}_m(x)$, 但 $\mathrm{J}_m(x)$、$\mathrm{N}_m(x)$ 线性独立. $\mathrm{N}_m(x)$ 的表达式可用洛必达法则求 $\nu \to m$ 时 $\mathrm{N}_{\nu}(x)$ 的极限得到

$$\begin{aligned}
\mathrm{N}_m(x) &= \lim_{\nu \to m} \mathrm{N}_{\nu}(x) = \lim_{\nu \to m} \frac{\mathrm{J}_{\nu}(x) \cos \nu x - \mathrm{J}_{-\nu}(x)}{\sin \nu\pi} \\
&= \frac{2}{\pi} \left(\ln \frac{x}{2} + C\right) \mathrm{J}_m(x) - \frac{1}{\pi} \sum_{n=0}^{m-1} \frac{(m-n-1)!}{n!} \left(\frac{x}{2}\right)^{-m+2n} - \\
&\quad \frac{1}{\pi} \sum_{n=m}^{\infty} \frac{(-1)^{n-m}}{n!(n-m)!} \left[\sum_{j=1}^{n} \frac{1}{j} + \sum_{j=1}^{n-m} \frac{1}{j}\right] \left(\frac{x}{2}\right)^{-m+2n}
\end{aligned}$$

式中 $C = 0.577\,216\cdots$ 为欧拉常数, 而当 $m = 0$ 时没有 $\sum\limits_{n=0}^{m-1}(\cdots)$ 项.

这样, 通解就可以有两种形式

$$y(x) = C_1 \mathrm{J}_m(x) + C_2 \mathrm{N}_m(x) \quad \text{或者} \quad y(x) = C_1 \mathrm{H}_m^{(1)}(x) + C_2 \mathrm{H}_m^{(2)}(x)$$

◎ **虚变量情形**

讨论虚变量情形直接利用变量替换.

1. ν 阶虚变量贝塞尔方程通解　由前所述, ν 阶虚变量的贝塞尔方程的线性独立的解应该有

$$\mathrm{J}_\nu(\mathrm{i}x) = \sum_{k=0}^{\infty} \frac{(-1)^k}{k!\Gamma(\nu+k+1)} \left(\frac{\mathrm{i}x}{2}\right)^{\nu+2k}$$

$$= \mathrm{i}^\nu \sum_{k=0}^{\infty} \frac{1}{k!\Gamma(\nu+k+1)} \left(\frac{x}{2}\right)^{\nu+2k}$$

$$\mathrm{J}_{-\nu}(\mathrm{i}x) = \sum_{k=0}^{\infty} \frac{(-1)^k}{k!\Gamma(-\nu+k+1)} \left(\frac{\mathrm{i}x}{2}\right)^{-\nu+2k}$$

$$= \mathrm{i}^{-\nu} \sum_{k=0}^{\infty} \frac{1}{k!\Gamma(-\nu+k+1)} \left(\frac{x}{2}\right)^{-\nu+2k}$$

及

$$\mathrm{H}_\nu^{(1)}(\mathrm{i}x) = \mathrm{J}_\nu(\mathrm{i}x) + \mathrm{i}\mathrm{N}_\nu(\mathrm{i}x)$$

$$= \mathrm{J}_\nu(\mathrm{i}x) + \mathrm{i}\frac{\mathrm{J}_\nu(\mathrm{i}x)\cos\nu\pi - \mathrm{J}_{-\nu}(\mathrm{i}x)}{\sin\nu\pi} = \frac{\mathrm{e}^{-\mathrm{i}\nu\pi}\mathrm{J}_\nu(\mathrm{i}x) - \mathrm{J}_{-\nu}(\mathrm{i}x)}{-\mathrm{i}\sin\nu\pi}$$

定义虚变量贝塞尔函数为

$$\mathrm{I}_\nu(x) = \mathrm{i}^{-\nu}\mathrm{J}_\nu(\mathrm{i}x); \quad \mathrm{I}_{-\nu}(x) = \mathrm{i}^\nu \mathrm{J}_{-\nu}(\mathrm{i}x)$$

定义虚变量汉克尔函数为

$$\mathrm{K}_\nu(x) = \frac{\mathrm{i}\pi}{2}\mathrm{e}^{\mathrm{i}\frac{\pi}{2}\nu}\mathrm{H}_\nu^{(1)}(\mathrm{i}x) = \frac{\pi}{2}\frac{\mathrm{I}_{-\nu}(x) - \mathrm{I}_\nu(x)}{\sin\nu\pi}$$

其中用到 $\mathrm{i}^\nu = \mathrm{e}^{\mathrm{i}\frac{\pi}{2}\nu}$.

强调指出, 它们的函数值是实数, 这样使用才方便. 这里没有引入虚变量诺伊曼函数是因为实际上可以不用.

这样, ν 阶虚变量贝塞尔方程通解就可以有两种形式

$$y(x) = C_1 \mathrm{I}_\nu(x) + C_2 \mathrm{I}_{-\nu}(x) \quad \text{或者} \quad y(x) = C_1 \mathrm{I}_\nu(x) + C_2 \mathrm{K}_\nu(x)$$

2. m 阶虚变量贝塞尔方程通解　同样, 整数 m 阶虚变量贝塞尔方程的一个解为 $\mathrm{I}_m(x) = \mathrm{i}^{-m}\mathrm{J}_m(\mathrm{i}x)$, 可以证明 $\mathrm{I}_{-m}(x) = \mathrm{I}_m(x)$, 所以需要另求一个线性独立解 $\mathrm{K}_m(x)$, 其定义为

$$\mathrm{K}_m(x) = \lim_{\nu \to m} \mathrm{K}_\nu(x) = \frac{\pi}{2}\mathrm{i}^{m+1}[\mathrm{J}_m(\mathrm{i}x) + \mathrm{i}\mathrm{N}_m(\mathrm{i}x)]$$

两个线性独立的 I_m、K_m 构成整数情形下的通解为 $C_1\mathrm{I}_m(x) + C_2\mathrm{K}_m(x)$.

方程 (9.12) 和 (9.13) 解的结构如表 9.1 所示.

表 9.1　贝塞尔方程解的结构

方程		解的结构
贝塞尔方程	$\nu \neq 0$, 整数或半奇数	(1) $\mathrm{J}_\nu(x)$, $\mathrm{J}_{-\nu}(x)$ (2) $\mathrm{J}_\nu(x)$, $\mathrm{N}_\nu(x)$ (3) $\mathrm{H}_\nu^{(1)}(x)$, $\mathrm{H}_\nu^{(2)}(x)$
	$\nu = $ 整数 m	(1) $\mathrm{J}_m(x)$, $\mathrm{N}_m(x)$ (2) $\mathrm{H}_m^{(1)}(x)$, $\mathrm{H}_m^{(2)}(x)$
	$\nu = $ 半奇数 $(l+1/2)$	(1) $\mathrm{J}_{l+1/2}(x)$, $\mathrm{J}_{-(l+1/2)}(x)$ (2) $\mathrm{J}_{l+1/2}(x)$, $\mathrm{N}_{l+1/2}(x)$ (3) $\mathrm{H}_{l+1/2}^{(1)}(x)$, $\mathrm{H}_{l+1/2}^{(2)}(x)$
虚宗量贝塞尔方程	$\nu \neq 0$, 整数或半奇数	(1) $\mathrm{I}_\nu(x)$, $\mathrm{I}_{-\nu}(x)$ (2) $\mathrm{I}_\nu(x)$, $\mathrm{K}_\nu(x)$
	$\nu = $ 整数 m	(1) $\mathrm{I}_m(x)$, $\mathrm{K}_m(x)$

　　贝塞尔函数、诺伊曼函数、汉克尔函数又称为**第一、二、三类贝塞尔函数**或**柱函数**. 诺伊曼函数、汉克尔函数中阶数不取负值是因为所得到的函数表达式与取正值的表达式线性相关.

9.3　贝塞尔函数性质

◎　**图像**

　　图 9.1 给出了前几阶贝塞尔函数、诺依曼函数图形. 图 9.2 为前三阶整数阶虚变量贝塞尔函数、整数阶虚变量汉克尔函数图形.

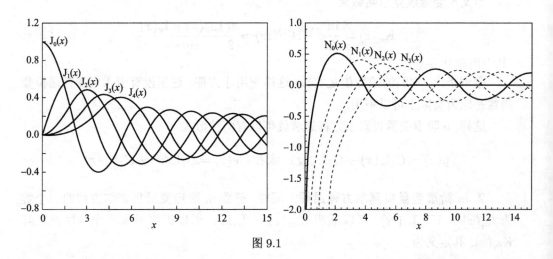

图 9.1

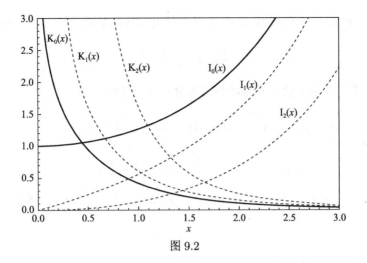

图 9.2

◎ 边界行为

$$x \to 0时, \quad \begin{cases} J_0(x) \to 1, \quad J_\nu(x) \to 0, \quad J_{-\nu}(x) \to \infty \\ N_0(x) \to -\infty, \quad N_\nu(x) \to \pm\infty \quad (\nu \neq 0) \\ I_0(x) \to 1, \quad I_m(x) \to 0, \quad K_m(x) \to \infty \end{cases} \quad (9.19)$$

可见, 如果所研究的区域包含 $x = 0$(比如圆柱内部问题), 应舍弃 $J_{-\nu}(x)$、$N_0(x)$、$N_\nu(x)$ 以及 $K_m(x)$.

$$x \to \infty时, \quad \begin{cases} J_\nu(x) \sim \sqrt{\dfrac{2}{\pi x}} \cos(x - \nu\pi/2 - \pi/4) \\ N_\nu(x) \sim \sqrt{\dfrac{2}{\pi x}} \sin(x - \nu\pi/2 - \pi/4) \\ H_\nu^{(1)}(x) \sim \sqrt{\dfrac{2}{\pi x}} e^{i(x - \nu\pi/2 - \pi/4)} \\ H_\nu^{(2)}(x) \sim \sqrt{\dfrac{2}{\pi x}} e^{-i(x - \nu\pi/2 - \pi/4)} \\ I_m(x) \to \infty, \quad K_m(x) \to 0 \end{cases} \quad (9.20)$$

式中 $\sim$ 表示渐近表达式. 这样, 如果所研究的区域包含 $x \to \infty$(比如圆柱外部问题), $J_\nu(x)$、$N_\nu(x)$, 或 $H_\nu^{(1)}(x)$、$H_\nu^{(2)}(x)$ 以及 $K_m(x)$ 都应保留, 但应排除 $I_m(x)$.

◎ 递推公式

$$\frac{\mathrm{d}}{\mathrm{d}x}[x^{-\nu} J_\nu(x)] = -x^{-\nu} J_{\nu+1}(x) \quad (9.21)$$

$$\frac{\mathrm{d}}{\mathrm{d}x}[x^\nu J_\nu(x)] = x^\nu J_{\nu-1}(x) \quad (9.22)$$

$$J_{\nu-1}(x) - J_{\nu+1}(x) = 2 J'_\nu(x) \quad (9.23)$$

$$J_{\nu+1}(x) - 2\nu J_\nu(x)/x + J_{\nu-1}(x) = 0 \quad (9.24)$$

特别地, 由式 (9.22), 取 $\nu = 0$, 可以得到贝塞尔函数的一个重要关系式

$$\mathrm{J}_0'(x) = -\mathrm{J}_1(x) \tag{9.25}$$

递推公式常常用于含贝塞尔函数的积分计算. 例如

$$
\begin{aligned}
\int_0^{x_0} x^3 \mathrm{J}_0(x)\mathrm{d}x &= \int_0^{x_0} x^2 \mathrm{d}[x\mathrm{J}_1(x)] = [x^2 \cdot x\mathrm{J}_1(x)]|_0^{x_0} \\
&\quad - \int_0^{x_0} x\mathrm{J}_1(x) \cdot 2x\mathrm{d}x = x_0^3\mathrm{J}_1(x_0) - 2[x^2\mathrm{J}_2(x)]|_0^{x_0} \\
&= x_0^3\mathrm{J}_1(x_0) - 2x_0^2\mathrm{J}_2(x_0) = x_0^3\mathrm{J}_1(x_0) - 4x_0\mathrm{J}_1(x_0) + 2x_0^2\mathrm{J}_0(x_0)
\end{aligned}
$$

◎ **零点**

$\mathrm{J}_m(x)$ 的零点是指方程 $\mathrm{J}_m(x) = 0$ 的根, 证明 m 阶贝塞尔函数的第 n 个零点为 $x_n^{(m)}$, 有 (参见图 9.1)

(1) $\mathrm{J}_m(x)$ 有无穷多个零点, 且

$$x_1^{(m)} < x_2^{(m)} < x_3^{(m)} < \cdots < x_n^{(m)} < x_{n+1}^{(m)} < \cdots$$

(2) 第一个非零零点随贝塞尔函数的阶数增加而增大

$$x_1^{(0)} < x_1^{(1)} < x_1^{(2)} < \cdots < x_1^{(n)} < x_1^{(m+1)} < \cdots$$

(3) 相邻阶贝塞尔函数零点交替出现

$$x_1^{(m)} < x_1^{(m+1)} < x_2^{(m)} < x_2^{(m+1)} < x_3^{(m)} < \cdots$$

贝塞尔函数的零点已制作成表.

同样, $\mathrm{J}_m'(x)$ 的零点是指方程 $\mathrm{J}_m'(x) = 0$ 的根, 其第 n 个零点可用 $\omega_n^{(m)}$ 表示. $\omega_n^{(m)}$ 虽在一般数学用表中未列出, 但 $m = 0$ 时, 由式 (9.25)

$$\mathrm{J}_0'(x) = -\mathrm{J}_1(x)$$

因此 $\mathrm{J}_0'(x) = 0$ 的零点就是 $\mathrm{J}_1(x) = 0$ 的零点, 即 $\omega_n^{(0)} = x_n^{(1)}$.

$m \neq 0$ 时, 由式 (9.23), $\mathrm{J}_m'(x)$ 的零点就是

$$\mathrm{J}_{m-1}(x) = \mathrm{J}_{m+1}(x)$$

的根, 因此可从曲线 $\mathrm{J}_{m-1}(x)$ 和 $\mathrm{J}_{m+1}(x)$ 的第 n 个交点的 x 坐标得到.

◎ **生成函数**

在第四章例题 8 中推导过整数阶贝塞尔函数 $\mathrm{J}_m(x)$ 的生成函数为

$$\mathrm{e}^{\frac{1}{2}x(z - \frac{1}{z})} = \sum_{m=-\infty}^{\infty} \mathrm{J}_m(x) z^m \quad (0 < |z| < \infty) \tag{9.26}$$

通过对式 (9.26) 的变形, 生成函数还可以有其他等价形式, 如令 $z = e^{i\psi}$, 代入式 (9.26), 变形后得生成函数的另一形式

$$e^{ix\cos\psi} = \sum_{m=-\infty}^{\infty} i^m J_m(x) e^{im\psi} = J_0(x) + 2\sum_{m=1}^{\infty} i^m J_m(x)\cos m\psi \qquad (9.27)$$

这公式可看成是函数 $e^{ix\cos\psi}$ 的傅里叶余弦展开式.

将上式两边同乘以时间因子 $e^{-i\omega t}$ 并将 $x = kr$ 代入得

$$e^{i(kr\cos\psi - \omega t)} = J_0(kr)e^{-i\omega t} + 2\sum_{m=1}^{\infty} i^m J_m(kr)e^{-i\omega t}\cos m\psi \qquad (9.28)$$

上式表明: **平面波可按柱面波进行展开**. 因为若把 r 和 ψ 理解成柱坐标变量, 则等式左端等相位面 $kr\cos\psi - \omega t = $ 常数, 相位面为一平面, 描述的是沿 x 轴正方向传播的平面波, 而右端中的 $J_0(kr)$ 和 $J_m(kr)$, 在 r 足够大时有

$$\cos\left(kr - \frac{\nu\pi}{2} - \frac{\pi}{4}\right)e^{-i\omega t}$$
$$= \frac{1}{2}\left\{\exp\left[i\left(kr - \frac{\nu\pi}{2} - \frac{\pi}{4} - \omega t\right)\right] + \exp\left[-i\left(kr - \frac{\nu\pi}{2} - \frac{\pi}{4} + \omega t\right)\right]\right\}$$

等相位面是柱面

$$kr - \frac{\nu\pi}{2} - \frac{\pi}{4} \pm \omega t = 常数$$

描述的是随时间不断扩大 (收缩) 的发散 (会聚) 柱面波.

贝塞尔函数
的母函数

9.4 整数阶贝塞尔方程本征值问题

拉普拉斯方程在柱坐标系中分离变量时得到的关于 ρ 的方程 (9.5) 中出现了 $\mu > 0$、$\mu < 0$ 和 $\mu = 0$ 三种情况, 分别对应着贝塞尔方程、虚宗量贝塞尔方程和欧拉型方程, 其中欧拉型方程的解已经清楚, 而且 $\mu = 0$ 意味着与本征问题无关. 又由式 (9.7) 知, 无论什么情形, m 的值不会取零和整数之外的数, 所以只要讨论 m 阶贝塞尔方程和虚宗量贝塞尔方程.

再进一步, 对圆柱内部问题, 齐次边界条件有两种情况: (1) 侧面为齐次条件; (2) 上下底面为齐次条件. 第一种情况决定了本征值问题只能由 m 阶贝塞尔方程和相应条件构成 (理由见后), 第二种情况本征值问题由关于 z 的二阶微分方程和相应条件构成, 因其不属于整数阶贝塞尔方程本征值问题, 故下面只需讨论 m 阶贝塞尔方程构成的侧面有齐次边界条件时的圆柱内部本征值问题.

已经讲过的本征值问题有两类, 一是有限区域的齐次边界条件, 二是周期性边界条件. 贝塞尔方程的变量可以构成有限区域的齐次边界条件的本征值问题, 即要求在侧面 $(\rho = \rho_0)$ 有齐次边界条件, 而在原点 (圆柱中心 $x = 0$) 为自然边界条件 (有限).

$\mu < 0$ 对应的是虚变量贝塞尔方程, 其通解为 $C_1 I_m + C_2 K_m$, 从边界行为式 (9.19)、式 (9.20)(参见图 9.2) 看, 因 $\lim\limits_{x \to 0} K_m(x) \to \infty$, 所以 K_m 不满足自然边界条件, I_m 虽满足 $x = 0$ 处有限但由于除 $x = 0$ 处为零外再无其他零点, 因而不可能满足侧面齐次边界条件, 因此不构成本征值问题. 综上所述, 要讨论的本征值问题是

$$\begin{cases} x^2 \dfrac{\mathrm{d}^2 R}{\mathrm{d} x^2} + x \dfrac{\mathrm{d} R}{\mathrm{d} x} + (x^2 - m^2) R = 0 \\ \text{自然边界条件}(\rho = 0) \\ \text{齐次边界条件}(\rho = \rho_0) \end{cases} \tag{9.29}$$

取贝塞尔方程的通解为 $R(\rho) = C_1 J_m(\sqrt{\mu}\rho) + C_2 N_m(\sqrt{\mu}\rho)$, 从图像看, $x \to 0$ 时 $N_m \to \infty$, 不满足自然边界条件, 故应令 $C_2 = 0$, 于是解是

$$R(\rho) = J_m(\sqrt{\mu}\rho)$$

下面根据边界条件决定本征解.

1. 第一类齐次边界条件 $R(\rho_0) = 0$　由形式解得 $J_m(\sqrt{\mu}\rho_0) = 0$, 从图像看, $J_m(x)$ 的行为与三角函数如 $\sin x$、$\cos x$ 相似, 是在坐标轴上下作振荡, 多次穿越坐标轴形成多个零点, 只是振幅逐渐变小且零点之间的间距不相等. 因此确定本征值做法和以前相似, 使函数为零的 μ 值就是本征值.

记 m 阶贝塞尔函数 $J_m(\sqrt{\mu}\rho_0)$ 的第 n 个零点为 $x_n^{(m)}$, 用 $\mu_n^{(m)}$ 表示 m 阶贝塞尔函数的第 n 个本征值, 则

$$\text{本征值} \quad \mu_n^{(m)} = \left[\frac{x_n^{(m)}}{\rho_0} \right]^2; \quad \text{本征函数} \quad J_m \left[\frac{x_n^{(m)}}{\rho_0} \rho \right]$$

$m = 0$ 时, $n = 1, 2, 3, \cdots$, 零点值为 $x_1^{(0)}$, $x_2^{(0)}$, $x_3^{(0)}$, $\cdots$.
$m \neq 0$ 时, $n = 0, 1, 2, 3, \cdots$, 零点值为 $x_0^{(m)} = 0$, $x_1^{(m)}$, $x_2^{(m)}$, $x_3^{(m)}$, $\cdots$.

2. 第二类齐次边界条件 $R'(\rho_0) = 0$

即

$$\frac{\mathrm{d}}{\mathrm{d}\rho} J_m(\sqrt{\mu}\rho) \bigg|_{\rho = \rho_0} = \sqrt{\mu} J_m'(\sqrt{\mu}\rho_0) = 0$$

若 $\omega_n^{(m)}$ 是 $J_m'(\sqrt{\mu}\rho_0)$ 的第 n 个零点, 则

$$\text{本征值} \quad \widetilde{\mu}_n^{(m)} = \left[\frac{\omega_n^{(m)}}{\rho_0} \right]^2; \quad \text{本征函数} \quad J_m \left[\frac{\omega_n^{(m)}}{\rho_0} \rho \right]$$

特别地, $m = 0$ 时, 因 $J_0'(x) = -J_1(x)$, 所以 $J_1(x)$ 的零点 $(x_0^{(1)}, x_1^{(1)}, \cdots)$ 就是 $J_0'(x)$ 的零点 $(\omega_0^{(0)}, \omega_1^{(0)}, \cdots)$, 即

$$\omega_0^{(0)} = x_0^{(1)} = 0, \quad \omega_1^{(0)} = x_1^{(1)}, \quad \omega_2^{(0)} = x_2^{(1)}, \quad \omega_3^{(0)} = x_3^{(1)}, \quad \cdots$$

则本征值为

$$\frac{0}{\rho_0}, \ \frac{\omega_1^{(0)}}{\rho_0} = \frac{x_1^{(1)}}{\rho_0}, \ \frac{\omega_2^{(0)}}{\rho_0} = \frac{x_2^{(1)}}{\rho_0}, \ \frac{\omega_3^{(0)}}{\rho_0} = \frac{x_3^{(1)}}{\rho_0}, \ \cdots$$

本征函数为

$$\mathrm{J}_0(0) = 1, \ \mathrm{J}_0\left[\frac{\omega_n^{(0)}}{\rho_0}\rho\right] = \mathrm{J}_0\left[\frac{x_n^{(1)}}{\rho_0}\rho\right], \ \ n \neq 1$$

第三类齐次边界条件本书基本不用, 在此不作讨论. 以上边界条件对应的本征值、本征函数在表 9.2 中.

表 **9.2**　柱侧为齐次边界条件时本征值、本征函数

边界条件	$\mathrm{J}_m\left(\sqrt{\mu}\rho_0\right) = 0$	$\mathrm{J}_m'\left(\sqrt{\mu}\rho_0\right) = 0$	备注
方程零点	$x_n^{(m)}$	$\omega_n^{(m)}$	$\omega_n^{(0)} = x_n^{(1)}$
本征值	$\mu_n^{(m)} = \left[\dfrac{x_n^{(m)}}{\rho_0}\right]^2$	$\widetilde{\mu}_n^{(m)} = \left[\dfrac{\omega_n^{(m)}}{\rho_0}\right]^2$	$\widetilde{\mu}_n^{(0)} = \mu_n^{(1)}$
本征函数	$\mathrm{J}_m\left[\dfrac{x_n^{(m)}}{\rho_0}\rho\right]$	$\mathrm{J}_m\left[\dfrac{\omega_n^{(m)}}{\rho_0}\rho\right]$	$\mathrm{J}_0\left[\dfrac{\omega_n^{(0)}}{\rho_0}\rho\right] = \mathrm{J}_0\left[\dfrac{x_n^{(1)}}{\rho_0}\rho\right]$

◎ **本征函数性质**

1. **正交性**　同一个本征函数系中不同本征值的本征函数相互正交

$$\int_0^{\rho_0} \mathrm{J}_m\left(\sqrt{\mu_n^{(m)}}\rho\right) \mathrm{J}_m\left(\sqrt{\mu_l^{(m)}}\rho\right) \rho\mathrm{d}\rho = 0 \ \ (n \neq l) \tag{9.30}$$

2. **贝塞尔函数模的平方**

$$[N_n^{(m)}]^2 = \int_0^{\rho_0} \left[\mathrm{J}_m\left(\sqrt{\mu_n^{(m)}}\rho\right)\right]^2 \rho\mathrm{d}\rho \tag{9.31}$$

为贝塞尔函数模的平方.

为以后使用方便, 下面将 $[N_n^{(m)}]^2$ 表达式具体化. 由贝塞尔方程 (9.5) 知

$$\rho^2\frac{\mathrm{d}^2R(\rho)}{\mathrm{d}\rho^2} + \rho\frac{\mathrm{d}R(\rho)}{\mathrm{d}\rho} + \left(\rho^2\mu - m^2\right)R(\rho) = 0$$

上式两边乘以 $2R'(\rho)$ 得

$$2\rho^2 R(\rho)'R(\rho)'' + 2\rho R(\rho)'R(\rho)' + 2(\rho^2\mu - m^2)R(\rho)R(\rho)' = 0$$

上式可改写为

$$\frac{\mathrm{d}}{\mathrm{d}\rho}\left[\rho^2\left(R'\right)^2 + \left(\rho^2\mu - m^2\right)R^2\right] = 2\rho\mu R^2$$

将 $R(\rho) = \mathrm{J}_m(\sqrt{\mu_n^{(m)}}\rho)$, $R'(\rho) = \mathrm{J}'_m(\sqrt{\mu_n^{(m)}}\rho)\sqrt{\mu_n^{(m)}}$ 代入上式得

$$
\left[\mathrm{J}_m\left(\sqrt{\mu_n^{(m)}}\rho\right)\right]^2
$$

$$
= \frac{1}{2\rho}\frac{\mathrm{d}}{\mathrm{d}\rho}\left\{\rho^2\left[\mathrm{J}'_m\left(\sqrt{\mu_n^{(m)}}\rho\right)\right]^2 + \left(\rho^2 - \frac{m^2}{\mu_n^{(m)}}\right)\left[\mathrm{J}_m\left(\sqrt{\mu_n^{(m)}}\rho\right)\right]^2\right\}
$$

代入 $[N_n^{(m)}]^2$ 表达式中得

$$
[N_n^{(m)}]^2 = \int_0^{\rho_0}\left[\mathrm{J}_m\left(\sqrt{\mu_n^{(m)}}\rho\right)\right]^2\rho\mathrm{d}\rho
$$

$$
= \frac{1}{2}\left\{\rho^2\left[\mathrm{J}'_m\left(\sqrt{\mu_n^{(m)}}\rho\right)\right]^2 + \left(\rho^2 - \frac{m^2}{\mu_n^{(m)}}\right)\left[\mathrm{J}_m\left(\sqrt{\mu_n^{(m)}}\rho\right)\right]^2\right\}\Bigg|_0^{\rho_0}
$$

$$
= \frac{1}{2}\left(\rho_0^2 - \frac{m^2}{\mu_n^{(m)}}\right)\left[\mathrm{J}_m\left(\sqrt{\mu_n^{(m)}}\rho_0\right)\right]^2 + \frac{1}{2}\rho_0^2\left[\mathrm{J}'_m\left(\sqrt{\mu_n^{(m)}}\rho_0\right)\right]^2
$$

这样就可得到不同边界条件时的结果, 如表 9.3 所示.

表 **9.3** 不同齐次边界条件下贝塞尔函数模的平方

齐次边界条件	贝塞尔函数模的平方 $\left(\left[N_n^{(m)}\right]^2\right)$
第一类	$\frac{1}{2}\rho_0^2\left[\mathrm{J}'_m\left(\sqrt{\mu_n^{(m)}}\rho_0\right)\right]^2$
第二类	$\frac{1}{2}\left(\rho_0^2 - \frac{m^2}{\mu_n^{(m)}}\right)\left[\mathrm{J}_m\left(\sqrt{\mu_n^{(m)}}\rho_0\right)\right]^2$

3. 广义傅里叶级数 若函数 $f(\rho)$ 在 $[0, \rho_0]$ 上分段连续, 且只有有限个极大或极小值, 则有

$$
\begin{cases}
f(\rho) = \displaystyle\sum_{n=1}^{\infty} f_n\mathrm{J}_m\left[\sqrt{\mu_n^{(m)}}\rho\right] \\
f_n = \dfrac{1}{[N_n^{(m)}]^2}\displaystyle\int_0^{\rho_0} f(\rho)\mathrm{J}_m\left[\sqrt{\mu_n^{(m)}}\rho\right]\rho\mathrm{d}\rho
\end{cases}
\tag{9.32}
$$

需要指出的是, 级数展开式中的求和也可能从 $n = 0$ 零开始. 因为 $\mu_0^{(m)} = 0$, $\mathrm{J}_0(0) = 1$, 故有

$$
f_0 = \frac{2}{\rho_0^2}\int_0^{\rho_0} f(\rho)\rho\mathrm{d}\rho
$$

9.5 整数阶贝塞尔函数的应用

◎ **圆柱侧面有齐次边界条件时的拉普拉斯方程解**

对圆柱内部无源稳定态定解问题, $\mu \geqslant 0$. 因此拉普拉斯方程在柱坐标系下的解应是 $\mu = 0$ 和 $\mu > 0$ 时的特解之和, 解的结构如表 9.4 所示.

表 9.4 圆柱侧面为齐次边界条件时拉普拉斯方程解结构

$\mu = 0$	$Z(z)$		$1, \ z$
	$\Phi(\varphi), \ m \geqslant 0$		$\cos m\varphi, \quad \sin m\varphi$
	$R(\rho)$	$m = 0$	$1, \ \ln \rho$
		$m > 0$	$\rho^m, \ \rho^{-m}$
$\mu > 0$	$Z(z)$		$\mathrm{e}^{\sqrt{\mu}z}, \ \mathrm{e}^{-\sqrt{\mu}z}$
	$\Phi(\varphi), \ m \geqslant 0$		$\cos m\varphi, \quad \sin m\varphi$
	$R(\rho), \ m \geqslant 0$		(1) $\mathrm{J}_m(\rho\sqrt{\mu}), \ \mathrm{N}_m(\rho\sqrt{\mu})$; (2) $\mathrm{H}_m^{(1)}(\rho\sqrt{\mu}), \ \mathrm{H}_m^{(2)}(\rho\sqrt{\mu})$

◎ **圆柱上下底面有齐次边界条件时的拉普拉斯方程解**

与 $\mu \geqslant 0$ 类似, 对圆柱内部且上下底面为齐次边界条件的稳定态定解问题, 拉普拉斯方程的解也由 $\mu = 0$ 和 $\mu < 0$ 两部分相加组成, 解的结构如表 9.5 所示.

表 9.5 圆柱上下底面为齐次边界条件时拉普拉斯方程解结构

$\mu = 0$	$Z(z)$		$1, \ z$
	$\Phi(\varphi), \ m \geqslant 0$		$\cos m\varphi, \quad \sin m\varphi$
	$R(\rho)$	$m = 0$	$1, \ \ln \rho$
		$m > 0$	$\rho^m, \ \rho^{-m}$
$\mu < 0$	$Z(z)$		$\cos\sqrt{-\mu}z, \quad \sin\sqrt{-\mu}z$
	$\Phi(\varphi), \ m \geqslant 0$		$\cos m\varphi, \quad \sin m\varphi$
	$R(\rho), \ m \geqslant 0$		$\mathrm{I}_m(\rho\sqrt{-\mu}), \ \mathrm{K}_m(\rho\sqrt{-\mu})$

例 1 半径 ρ_0、高 L 的匀质圆柱, 柱侧绝热, 上下底面温度分别保持为 $f_2(\rho)$ 和 $f_1(\rho)$. 求解柱内的稳定温度分布.

解 采用柱坐标系, 原点在下底中心, z 轴沿柱轴向上, 定解问题为

$$\begin{cases} \Delta u = 0 \\[2mm] \dfrac{\partial u}{\partial \rho}\bigg|_{\rho=\rho_0} = 0, \quad u|_{\rho=0} = \text{有限} \\[2mm] u|_{z=0} = f_1(\rho), \quad u|_{z=L} = f_2(\rho) \end{cases}$$

因方程自由项和定解条件都与 φ 无关, 所以为轴对称问题, 取 $m = 0$, 因为柱侧是第二类齐次边界条件, 本征值 $\widetilde{\mu}_n^{(0)} = \left[\omega_n^{(0)}/\rho_0\right]^2$, 其中 $\omega_n^{(0)}$ 是 $\mathrm{J}_0'(x)$ 的第 n 个零点, 由表 9.4 得解为

$$u(\rho, z) = A_0 + B_0 z + \sum_{n=1}^{\infty} \left[C_n \mathrm{e}^{\frac{\omega_n^{(0)}}{\rho_0}z} + D_n \mathrm{e}^{-\frac{\omega_n^{(0)}}{\rho_0}z} \right] \mathrm{J}_0\left[\frac{\omega_n^{(0)}}{\rho_0}\rho \right]$$

代入边界条件得

$$
\begin{cases}
A_0 + \sum_{n=1}^{\infty} (C_n + D_n)\, \mathrm{J}_0\left[\dfrac{\omega_n^{(0)}\rho}{\rho_0}\right] = f_1(\rho) \\[3mm]
A_0 + B_0 L + \sum_{n=1}^{\infty}\left[C_n \mathrm{e}^{\frac{\omega_n^{(0)}L}{\rho_0}} + D_n \mathrm{e}^{\frac{-\omega_n^{(0)}L}{\rho_0}}\right]\mathrm{J}_0\left[\dfrac{\omega_n^{(0)}}{\rho_0}\rho\right] = f_2(\rho)
\end{cases}
$$

将 $f_2(\rho)$ 和 $f_1(\rho)$ 分别按式 (9.32) 展开为广义傅里叶级数, 两边比较后可得

$$
\begin{cases}
A_0 = \dfrac{2}{\rho_0^2}\displaystyle\int_0^{\rho_0} f_1(\rho)\,\rho\mathrm{d}\rho = f_{10} \\[3mm]
A_0 + B_0 L = \dfrac{2}{\rho_0^2}\displaystyle\int_0^{\rho_0} f_2(\rho)\,\rho\mathrm{d}\rho = f_{20}
\end{cases}
$$

及

$$
\begin{cases}
C_n + D_n = \dfrac{2}{\rho_0^2\left[\mathrm{J}_0\left(\omega_n^{(0)}\right)\right]^2}\displaystyle\int_0^{\rho_0} f_1(\rho)\,\mathrm{J}_0\left[\dfrac{\omega_n^{(0)}}{\rho_0}\rho\right]\rho\mathrm{d}\rho = f_{1n} \\[5mm]
C_n \mathrm{e}^{\frac{\omega_n^{(0)}}{\rho_0}L} + D_n \mathrm{e}^{-\frac{\omega_n^{(0)}}{\rho_0}L} = \dfrac{2}{\rho_0^2\left[\mathrm{J}_0\left(\omega_n^{(0)}\right)\right]^2}\displaystyle\int_0^{\rho_0} f_2(\rho)\,\mathrm{J}_0\left[\dfrac{\omega_n^{(0)}}{\rho_0}\rho\right]\rho\mathrm{d}\rho = f_{2n}
\end{cases}
$$

最后得系数

$$
\begin{cases}
A_0 = f_{10} \\[3mm]
B_0 = \dfrac{f_{20}-f_{10}}{L}
\end{cases}
,
\begin{cases}
C_n = \dfrac{f_{1n}\mathrm{e}^{-\frac{\omega_n^{(0)}}{\rho_0}L} - f_{2n}}{\mathrm{e}^{\frac{\omega_n^{(0)}}{\rho_0}L} - \mathrm{e}^{-\frac{\omega_n^{(0)}}{\rho_0}L}} = 2\dfrac{f_{1n}\mathrm{e}^{-\frac{\omega_n^{(0)}}{\rho_0}L} - f_{2n}}{\sinh\left[\dfrac{\omega_n^{(0)}}{\rho_0}L\right]} \\[6mm]
D_n = \dfrac{f_{1n}\mathrm{e}^{\frac{\omega_n^{(0)}}{\rho_0}L} - f_{2n}}{\mathrm{e}^{\frac{\omega_n^{(0)}}{\rho_0}L} - \mathrm{e}^{-\frac{\omega_n^{(0)}}{\rho_0}L}} = 2\dfrac{f_{1n}\mathrm{e}^{\frac{\omega_n^{(0)}}{\rho_0}L} - f_{2n}}{\sinh\left[\dfrac{\omega_n^{(0)}}{\rho_0}L\right]}
\end{cases}
$$

上式代入解的表达式即得最终解为

$$
u(\rho,z) = f_{10} + \frac{f_{20}-f_{10}}{L}z + \sum_{n=1}^{\infty} \frac{f_{1n}\cosh\left[\dfrac{\omega_n^{(0)}}{\rho_0}(z-L)\right] - f_{2n}\cosh\left[\dfrac{\omega_n^{(0)}}{\rho_0}z\right]}{\sinh\left[\dfrac{\omega_n^{(0)}}{\rho_0}L\right]}\mathrm{J}_0\left[\dfrac{\omega_n^{(0)}}{\rho_0}\rho\right]
$$

例 2　半径 ρ_0、高 L 的匀质圆柱, 柱侧有均匀分布的热流进入, 热流强度为 q, 上下底面温度依次保持为恒定的 b 和 a. 求解柱内的稳定温度分布.

解　采用柱坐标系, 原点在下底中心, z 轴沿柱轴向上, 定解问题为

$$
\begin{cases}
\Delta u = 0 \\[2mm]
\kappa \dfrac{\partial u}{\partial \rho}\bigg|_{\rho=\rho_0} = q,\ u|_{z=0} = a,\ u|_{z=L} = b
\end{cases}
$$

令 $u = (b - a)z/L + a + v$, 将非齐次边界条件的定解问题 u 转化为上下底具有齐次边界条件 v 的问题.

$$\begin{cases} \Delta v = 0 \\ \kappa \dfrac{\partial v}{\partial \rho}\bigg|_{\rho = \rho_0} = q, \; v|_{z=0} = 0, \; v|_{z=L} = 0 \end{cases}$$

该问题为圆柱内部的拉普拉斯方程定解问题, 上下底面为第一类齐次边界条件, 因此 μ 不可能为零, 只需考虑 $\mu < 0$. 边界条件全都与 φ 无关, 故 $m = 0$. 本征值问题为

$$\begin{cases} Z(z) = A\cos\sqrt{-\mu}z + B\sin\sqrt{-\mu}z \\ Z(0) = Z(L) = 0 \end{cases}$$

求得本征值和本征函数

$$-\mu_n = \left(\frac{n\pi}{L}\right)^2, \quad Z_n(z) = A_n \sin\frac{n\pi}{L}z \quad (n = 1, 2, \cdots)$$

由表 9.5 得解

$$v(\rho, z) = \sum_{n=1}^{\infty} A_n \mathrm{I}_0\left(\frac{n\pi}{L}\rho\right)\sin\frac{n\pi}{L}z$$

代入柱侧边界条件得

$$\sum_{n=1}^{\infty} A_n \frac{n\pi}{L}\mathrm{I}_0'\left(\frac{n\pi}{L}\rho_0\right)\sin\frac{n\pi}{L}z = \frac{q}{\kappa}$$

右侧展开为傅里叶正弦级数, 比较两端系数得

$$A_n = \frac{L}{n\pi}\frac{1}{\mathrm{I}_0'\left(\frac{n\pi}{L}\rho_0\right)}\frac{2}{L}\int_0^L \frac{q}{\kappa}\sin\frac{n\pi}{L}z\mathrm{d}z = \frac{2Lq}{n^2\pi^2\kappa}\frac{[1 - (-1)^n]}{\mathrm{I}_0'\left(\frac{n\pi}{L}\rho_0\right)}$$

最后得

$$u(\rho, z) = a + \frac{b-a}{L}z + \frac{4Lq}{\pi^2 k}\sum_{l=0}^{\infty}\frac{1}{(2l+1)^2}\frac{\mathrm{I}_0\left[\dfrac{(2l+1)\pi}{L}\rho\right]}{\mathrm{I}_0'\left[\dfrac{(2l+1)\pi}{L}\rho_0\right]}\sin\frac{(2l+1)\pi}{L}z$$

例 3 半径 ρ_0、高 L 的匀质导体圆柱壳, 用不导电的物质将柱壳的上下底面与侧面绝缘, 柱壳侧面电势为 $u_0 z/L$, 上底面电势为 u_1, 下底面接地, 求解柱壳外电场的电势分布.

解 采用柱坐标系, 原点在下底中心, z 轴沿圆柱轴向上, 柱壳外空间没有电荷, 静电势满足拉普拉斯方程, 定解问题为

$$\begin{cases} \Delta u = 0 \qquad (\rho > \rho_0) \\ u|_{\rho = \rho_0} = \dfrac{u_0 z}{L} \\ u|_{z=0} = 0, \; u|_{z=L} = u_1 \end{cases}$$

令 $u = u_1 z/L + v$, 将非齐次边界条件定解问题 u 转化为上下底具有齐次边界条件 v 的问题.

$$\begin{cases} \Delta v = 0 \\ v|_{\rho=\rho_0} = \dfrac{u_0 - u_1}{L} z \\ v|_{z=0} = 0, \ v|_{z=L} = 0 \end{cases}$$

本征值问题为

$$\begin{cases} Z(z) = A \cos \sqrt{-\mu} z + B \sin \sqrt{-\mu} z \\ Z(0) = Z(L) = 0 \end{cases}$$

求得本征值、本征函数为

$$-\mu_n = \left(\frac{n\pi}{L}\right)^2, \quad Z_n(z) = A_n \sin \frac{n\pi}{L} z \quad (n = 1, 2, \cdots)$$

该问题为圆柱外部的拉普拉斯方程定解问题, 上下底面为第一类齐次边界条件, 因此 $\mu < 0$. 边界条件与 φ 无关, 故 $m = 0$. 由表 9.5 得解为

$$v(\rho, \ z) = \sum_{n=1}^{\infty} A_n \mathrm{K}_0 \left(\frac{n\pi}{L} \rho\right) \sin \frac{n\pi}{L} z$$

代入柱侧边界条件

$$\sum_{n=1}^{\infty} A_n \mathrm{K}_0 \left(\frac{n\pi}{L} \rho_0\right) \sin \frac{n\pi}{L} z = \frac{u_0 - u_1}{L} z$$

柱坐标系下拉普拉斯方程的 MATLAB 求解

右侧展开为傅里叶正弦级数, 比较两端系数得

$$A_n = \frac{1}{\mathrm{K}_0 \left(\frac{n\pi}{L} \rho_0\right)} \frac{2}{L} \int_0^L \frac{u_0 - u_1}{L} z \sin \frac{n\pi}{L} z \mathrm{d}z = (-1)^n \frac{2(u_0 - u_1)}{n\pi \mathrm{K}_0 \left(\frac{n\pi}{L} \rho_0\right)}$$

由 $u = \dfrac{u_1 z}{L} + v$ 最后得

$$u(\rho, z) = \frac{u_1 z}{L} + \sum_{n=1}^{\infty} (-1)^n \frac{2(u_0 - u_1)}{n\pi \mathrm{K}_0 \left(\frac{n\pi}{L} \rho_0\right)} \mathrm{K}_0 \left(\frac{n\pi}{L} \rho\right) \sin \frac{n\pi}{L} z$$

知识小结

习 题

1. 计算下列积分

(1) $\displaystyle\int_0^a x^3 \mathrm{J}_0(x) \mathrm{d}x$ (2) $\displaystyle\int_0^\infty \mathrm{e}^{-ax} \mathrm{J}_0(bx) \mathrm{d}x$

2. 证明下列各式

(1) $\mathrm{J}_2(x) - \mathrm{J}_0(x) = 2\mathrm{J}_0''(x)$ (2) $\mathrm{J}_3(x) + 3\mathrm{J}_0'(x) + 4\mathrm{J}_0'''(x) = 0$

3. 由导体壁构成的均匀中空圆柱, 半径为 a, 柱高为 h, 下底和侧面电势为零, 上底面电势为 u_0, 求柱内稳定电势分布.

4. 半径为 a 高为 h 的圆柱体, 侧面绝热, 下底温度为零, 上底温度为 $u_0\rho^2$ (u_0 为常数, $0 \leqslant \rho \leqslant a$ 为柱坐标), 求柱内稳定温度分布.

5. 由导体壁构成的均匀中空圆柱, 半径为 b, 柱高为 h, 上下两底的电势为零, 侧面电势为 u_0, 求柱内稳定电势分布.

6. 半径为 a 高为 h 的圆柱体, 上底 ($z = h$), 下底 ($z = 0$) 温度为零, 柱面温度为 $u_0 \sin(2\pi z/h)$ (u_0 为常数), 求柱内稳定温度分布.

习题解答
详解

习题答案

第十章 分离变量法求解三维热传导方程与波动方程

本章介绍三维热传导方程和波动方程在球坐标系和柱坐标系下的分离变量解法, 两个方程分离出的空间变量方程都是亥姆霍兹方程. 亥姆霍兹方程在柱坐标系下分离变量会得到贝塞尔方程, 在球坐标系下分离变量会得到球贝塞尔方程, 其解为球贝塞尔函数, 这是本章学习重点.

10.1 亥姆霍兹方程

亥姆霍兹
简介

三维热传导方程和波动方程分别为

$$u_t = a^2 \Delta_3 u \tag{10.1}$$

$$u_{tt} = a^2 \Delta_3 u \tag{10.2}$$

假设有 $u = T(t)V$, 其中 V 只含空间变量, 代入上两式整理可依次得到

$$\frac{T'(t)}{a^2 T(t)} = \frac{\Delta_3 V}{V}, \quad \frac{T''(t)}{a^2 T(t)} = \frac{\Delta_3 V}{V}$$

引入常数 k^2 (k^2 对上两式可以不同) 并分离时间与空间变量, 分别得到两组方程

$$T_1'(t) - a^2 k^2 T_1(t) = 0, \quad \Delta_3 V - k^2 V = 0$$

$$T_2''(t) - a^2 k^2 T_2(t) = 0, \quad \Delta_3 V - k^2 V = 0$$

其中时间变量的方程有区别, 已分别用 $T_1(t), T_2(t)$ 表示. 空间变量的方程完全相同, 称为**亥姆霍兹方程**, 注意它与泊松方程不同. 这个分离过程与坐标系无关, 换言之, 就是无论用何种坐标系解波动方程与热传导方程, 都归结为解空间变量的亥姆霍兹方程, 在后两节中将直接利用这个结论.

方程 $T_1'(t) - a^2 k^2 T_1(t) = 0$ 的解为

$$T_1(t) = C e^{-a^2 k^2 t} \tag{10.3}$$

方程 $T_2''(t) - a^2 k^2 T_2(t) = 0$ 的解为

$$\begin{cases} T_2(t) = C \cos akt + D \sin akt & (k \neq 0) \\ T_2(t) = C + Dt & (k = 0) \end{cases} \tag{10.4}$$

式中 C, D 为积分常数. 在求得亥姆霍兹方程的解 V 以后, 再乘以这里的解 $T_1(t)$、$T_2(t)$, 就得出热传导与波动方程的解.

10.2 柱坐标系下求解亥姆霍兹方程

下面讨论亥姆霍兹方程的分离变量.

$k = 0$ 时亥姆霍兹方程就退化为拉普拉斯方程, 二者分离变量的过程和结果也很相似, 见表 10.1.

表 10.1 柱坐标系下亥姆霍兹方程和拉普拉斯方程分离变量结果对比

拉普拉斯方程	亥姆霍兹方程
$\dfrac{1}{\rho}\dfrac{\partial}{\partial\rho}\left(\rho\dfrac{\partial V}{\partial\rho}\right) + \dfrac{1}{\rho^2}\dfrac{\partial^2 V}{\partial\varphi^2} + \dfrac{\partial^2 V}{\partial z^2} = 0$	$\dfrac{1}{\rho}\dfrac{\partial}{\partial\rho}\left(\rho\dfrac{\partial V}{\partial\rho}\right) + \dfrac{1}{\rho^2}\dfrac{\partial^2 V}{\partial\varphi^2} + \dfrac{\partial^2 V}{\partial z^2} + k^2 V = 0$
(1) $\Phi''(\varphi) + m^2\Phi(\varphi) = 0$	(1) $\Phi''(\varphi) + m^2\Phi(\varphi) = 0$
(2) $\dfrac{\mathrm{d}^2 R}{\mathrm{d}\rho^2} + \dfrac{1}{\rho}\dfrac{\mathrm{d}R}{\mathrm{d}\rho} + \left(\mu' - \dfrac{m^2}{\rho^2}\right)R = 0$	(2) $\dfrac{\mathrm{d}^2 R}{\mathrm{d}\rho^2} + \dfrac{1}{\rho}\dfrac{\mathrm{d}R}{\mathrm{d}\rho} + \left(\mu - \dfrac{m^2}{\rho^2}\right)R = 0$
(3) $Z'' - \mu' Z = 0$	(3) $Z'' + \nu^2 Z = 0 \quad (k^2 = \mu + \nu^2)$

变量分离过程是: 在柱坐标系下亥姆霍兹方程的表达式为

$$\frac{\partial^2 V}{\partial\rho^2} + \frac{1}{\rho}\frac{\partial V}{\partial\rho} + \frac{1}{\rho^2}\frac{\partial^2 V}{\partial\varphi^2} + \frac{\partial^2 V}{\partial z^2} - k^2 V = 0 \tag{10.5}$$

令 $V(\rho,\varphi,z) = R(\rho)\Phi(\varphi)Z(z)$ 代入上式得

$$\Phi Z\frac{\mathrm{d}^2 R}{\mathrm{d}\rho^2} + \frac{\Phi Z}{\rho}\frac{\mathrm{d}R}{\mathrm{d}\rho} + \frac{RZ}{\rho^2}\frac{\mathrm{d}^2\Phi}{\mathrm{d}\varphi^2} + R\Phi\frac{\mathrm{d}^2 Z}{\mathrm{d}z^2} + k^2 RZ\Phi = 0$$

两边乘以 $\rho^2/RZ\Phi$ 后先将 $\Phi(\varphi)$ 进行分离

$$\frac{\rho^2}{R}\frac{\mathrm{d}^2 R}{\mathrm{d}\rho^2} + \frac{\rho}{R}\frac{\mathrm{d}R}{\mathrm{d}\rho} + \rho^2\frac{Z''}{Z} + k^2\rho^2 = -\frac{\Phi''}{\Phi} = m^2$$

式中 $m = 0, 1, 2, \cdots$ 是考虑自然边界条件 $\Phi(\varphi + 2\pi) = \Phi(\varphi)$ 后得到的结果.

由上式得关于 φ 和 ρ、z 的两个方程, 进一步将 ρ、z 分离并将常数取为 ν^2 就有

$$\Phi''(\varphi) + m^2\Phi(\varphi) = 0 \tag{10.6}$$

$$\frac{1}{R}\frac{\mathrm{d}^2 R}{\mathrm{d}\rho^2} + \frac{1}{R\rho}\frac{\mathrm{d}R}{\mathrm{d}\rho} + k^2 - \frac{m^2}{\rho^2} = -\frac{Z''}{Z} = \nu^2 \tag{10.7}$$

由式 (10.7) 又得两方程

$$\frac{\mathrm{d}^2 R}{\mathrm{d}\rho^2} + \frac{1}{\rho}\frac{\mathrm{d}R}{\mathrm{d}\rho} + \left(k^2 - \nu^2 - \frac{m^2}{\rho^2}\right)R = 0 \tag{10.8}$$

$$Z''(z) + \nu^2 Z(z) = 0 \tag{10.9}$$

再令 $\mu = k^2 - \nu^2$, 将其代入式 (10.8) 得

$$\frac{\mathrm{d}^2 R}{\mathrm{d}\rho^2} + \frac{1}{\rho}\frac{\mathrm{d}R}{\mathrm{d}\rho} + \left(\mu - \frac{m^2}{\rho^2}\right) R = 0 \tag{10.10}$$

式 (10.6)、式 (10.9) 及式 (10.10) 就是表 10.1 中的方程.

在分离过程中引入了三个参数 m, μ, ν, 其中 $\mu = k^2 - \nu^2$, 所以会有三个本征值问题, 而本征值的求解次序为 ν, μ, m. 根据对本征值问题的研究, 本征值必然大于或等于零, 即本征值 m, μ, ν 都大于等于零.

对比一下拉普拉斯方程的结果会发现, 这次分离变量所得的方程包括其可能构成的本征值问题都是上章讨论过的. 柱形区域中的本征值问题与 φ, ρ, z 有关, 包括 φ 的周期性边界条件 (轴对称情形下与 φ 无关, 取 $m = 0$); ρ 在圆柱侧面的齐次边界条件和原点的自然边界条件; z 在上下底的齐次边界条件. 这些也都是前一节详细研究过的. 因此, 只要根据边界条件决定的本征值问题, 按照 ν, μ, m 次序正确地在表 10.2 选择相应的本征值与本征函数加以组合就得到了方程 (10.5) 的解.

表 10.2 列出了亥姆霍兹方程分离变量后各个方程的特解.

表 10.2 柱坐标系下亥姆霍兹方程的解

	$\Phi(\varphi)$, $m \geqslant 0$		$\cos m\varphi$, $\sin m\varphi$
$Z(z)$	$\nu > 0$		$\cos \nu z$, $\sin \nu z$
	$\nu = 0$		1, z
$R(\rho)$	$\mu > 0$, $m \geqslant 0$		$\mathrm{J}_m(\sqrt{\mu}\rho)$, $\mathrm{N}_m(\sqrt{\mu}\rho)$
	$\mu = 0$	$m > 0$	ρ^m, ρ^{-m}
		$m = 0$	1, $\ln \rho$

例 1 求解柱体内的热传导定解问题

$$\begin{cases} v_t - a^2 \Delta_3 v = 0 \\ v|_{\rho=\rho_0} = 0, \quad v|_{\rho=0} = \text{有限} \\ v|_{z=0} = 0, \quad v_z|_{z=L} = 0 \\ v|_{t=0} = f_1(\rho)f_2(z) \end{cases}$$

式中 $f_1(\rho), f_2(z)$ 为已知函数, a, L, ρ_0 为已知常数.

解 问题与 φ 无关, 取 $m = 0$. 圆柱侧面和上下底面均有齐次边界条件, 因此需求解两个本征值问题.

考虑到求解区域为柱体内部, 因此圆柱侧面的本征值问题为

$$\begin{cases} \dfrac{\mathrm{d}^2 R}{\mathrm{d}\rho^2} + \dfrac{1}{\rho}\dfrac{\mathrm{d}R}{\mathrm{d}\rho} + \mu R = 0 \\ R|_{\rho=\rho_0} = 0, \quad R|_{\rho=0} = \text{有限} \end{cases}$$

由 $R(0)$ 有限得方程解 (本征函数) $R(\rho) = \mathrm{J}_0(\sqrt{\mu}\rho)$, 再由 $R(\rho_0) = \mathrm{J}_0(\sqrt{\mu}\rho_0) = 0$, 得本征值 $\mu_n^{(0)} = [x_n^{(0)}/\rho_0]^2$, 其中 $x_n^{(0)}$ 是 $\mathrm{J}_0(x)$ 的第 n 个零点.

对圆柱上下底面, 本征值问题为

$$\begin{cases} Z(z) = A\cos\nu z + B\sin\nu z \\ Z|_{z=0} = 0, \quad Z'|_{z=L} = 0 \end{cases}$$

求解可得 $A = 0$ 及 $\cos\nu L = 0$, 因此本征值 $\nu = (p+1/2)\pi/L$, 其中 $p = 0, 1, 2, \cdots$, 本征函数则为 $\sin(p+1/2)\pi z/L$. 由此

$$k^2 = \mu_n^{(0)} + \nu^2 = \left[\frac{x_n^{(0)}}{\rho_0}\right]^2 + \frac{(p+1/2)^2\pi^2}{L^2}$$

由表 10.2 和式 (10.3) 得定解问题解的表达式为

$$v(\rho, z, t) = \sum_{n=1}^{\infty}\sum_{p=0}^{\infty} A_{np}\mathrm{e}^{-\left[\left(\frac{x_n^{(0)}}{\rho_0}\right)^2 + \frac{(p+1/2)^2\pi^2}{L^2}\right]a^2 t}\mathrm{J}_0\left[\frac{x_n^{(0)}}{\rho_0}\rho\right]\sin\frac{(p+1/2)\pi}{L}z$$

初始条件代入

$$\sum_{n=1}^{\infty}\sum_{p=0}^{\infty} A_{np}\mathrm{J}_0\left[\frac{x_n^{(0)}}{\rho_0}\rho\right]\sin\frac{(p+1/2)\pi}{L}z = f_1(\rho)f_2(z)$$

先将 $\displaystyle\sum_{n=1}^{\infty} A_{np}\mathrm{J}_0\left[x_n^{(0)}\rho/\rho_0\right]$ 看作傅里叶正弦展式的系数, 求得

$$\sum_{n=1}^{\infty} A_{np}\mathrm{J}_0\left[\frac{x_n^{(0)}}{\rho_0}\rho\right] = f_1(\rho)\cdot\frac{2}{L}\int_0^L f_2(z)\sin\frac{(p+1/2)\pi}{L}z\mathrm{d}z$$

上式左端为广义傅里叶级数, 因此可求得系数 A_{np}

$$A_{np} = \frac{2}{L}\int_0^L f_2(z)\sin\frac{(p+1/2)\pi}{L}z\mathrm{d}z \cdot \frac{2}{\rho_0^2\left[\mathrm{J}_0\left(\frac{x_n^{(0)}}{\rho_0}\right)\right]^2}\int_0^{\rho_0} f_1(\rho)\mathrm{J}_0\left[\frac{x_n^{(0)}}{\rho_0}\rho\right]\rho\mathrm{d}\rho$$

将 A_{np} 代入解表达式中即可得定解问题的最终解.

10.3 球坐标系下求解亥姆霍兹方程

◎ **球坐标系下亥姆霍兹方程的分离变量**

在球坐标系下亥姆霍兹方程与拉普拉斯方程分离变量的过程和结果也很相似, 参见表 10.3. 表中 m, $l(l+1)$, k 为引入的参数, 求解的顺序为 k, m, l. 对比可知, 两者差别在分离变量后的第三个方程, 其他方程的解与本征值问题都已经讨论过, 所以下面只要讨论第三个方程的解就可以了, 而解决这个问题十分简单, 因为它可以化成半奇数阶的贝塞尔方程, 其解其实已经包含在 ν 阶贝塞尔方程的解中.

表 10.3 球坐标系下亥姆霍兹方程和拉普拉斯方程分离变量结果对比

拉普拉斯方程	亥姆霍兹方程
$\dfrac{1}{r^2}\dfrac{\partial}{\partial r}\left(r^2\dfrac{\partial u}{\partial r}\right) + \dfrac{1}{r^2\sin\theta}\dfrac{\partial}{\partial\theta}\left(\sin\theta\dfrac{\partial u}{\partial\theta}\right)$ $+\ \dfrac{1}{r^2\sin^2\theta}\dfrac{\partial^2 u}{\partial\varphi^2} = 0$	$\dfrac{1}{r^2}\dfrac{\partial}{\partial r}\left(r^2\dfrac{\partial u}{\partial r}\right) + \dfrac{1}{r^2\sin\theta}\dfrac{\partial}{\partial\theta}\left(\sin\theta\dfrac{\partial u}{\partial\theta}\right)$ $+\ \dfrac{1}{r^2\sin^2\theta}\dfrac{\partial^2 u}{\partial\varphi^2} + k^2 u = 0$
(1) $\Phi''(\varphi) + m^2\Phi(\varphi) = 0$	(1) $\Phi''(\varphi) + m^2\Phi(\varphi) = 0$
(2) $\sin\theta\dfrac{\mathrm{d}}{\mathrm{d}\theta}\left(\sin\theta\dfrac{\mathrm{d}\Theta(\theta)}{\mathrm{d}\theta}\right) +$ $\left[l(l+1)\sin^2\theta - m^2\right]\Theta(\theta) = 0$	(2) $\sin\theta\dfrac{\mathrm{d}}{\mathrm{d}\theta}\left(\sin\theta\dfrac{\mathrm{d}\Theta(\theta)}{\mathrm{d}\theta}\right) +$ $\left[l(l+1)\sin^2\theta - m^2\right]\Theta(\theta) = 0$
(3) $\dfrac{\mathrm{d}}{\mathrm{d}r}\left(r^2\dfrac{\mathrm{d}R}{\mathrm{d}r}\right) - l(l+1)R = 0$	(3) $\dfrac{\mathrm{d}}{\mathrm{d}r}\left(r^2\dfrac{\mathrm{d}R}{\mathrm{d}r}\right) + [k^2 r^2 - l(l+1)]R = 0$

球坐标系下的亥姆霍兹方程是

$$\frac{1}{r^2}\frac{\partial}{\partial r}\left(r^2\frac{\partial v}{\partial r}\right) + \frac{1}{r^2\sin\theta}\frac{\partial}{\partial\theta}\left(\sin\theta\frac{\partial v}{\partial\theta}\right) + \frac{1}{r^2\sin^2\theta}\frac{\partial^2 v}{\partial\varphi^2} + k^2 v = 0 \qquad (10.11)$$

变量分离过程如下, 将 $u(r,\theta,\varphi) = R(r)\mathrm{Y}(\theta,\varphi)$ 代入上式得

$$\frac{\mathrm{Y}}{r^2}\frac{\mathrm{d}}{\mathrm{d}r}\left(r^2\frac{\mathrm{d}R}{\mathrm{d}r}\right) + k^2 R\mathrm{Y} + \frac{R}{r^2\sin\theta}\frac{\partial}{\partial\theta}\left(\sin\theta\frac{\partial\mathrm{Y}}{\partial\theta}\right) + \frac{R}{r^2\sin^2\theta}\frac{\partial^2\mathrm{Y}}{\partial\varphi^2} = 0$$

两边乘以 $r^2/R\mathrm{Y}$ 后移项, 先将 $R(r)$ 进行分离

$$\frac{1}{R}\frac{\mathrm{d}}{\mathrm{d}r}\left(r^2\frac{\mathrm{d}R}{\mathrm{d}r}\right) + k^2 r^2 = \frac{-1}{\mathrm{Y}\sin\theta}\frac{\partial}{\partial\theta}\left(\sin\theta\frac{\partial\mathrm{Y}}{\partial\theta}\right) - \frac{1}{\mathrm{Y}\sin^2\theta}\frac{\partial^2\mathrm{Y}}{\partial\varphi^2} = l(l+1)$$

这样可以得到

$$\frac{\mathrm{d}}{\mathrm{d}r}\left(r^2\frac{\mathrm{d}R}{\mathrm{d}r}\right) + [k^2 r^2 - l(l+1)]R = 0 \qquad (10.12)$$

$$\frac{1}{\sin\theta}\frac{\partial}{\partial\theta}\left(\sin\theta\frac{\partial\mathrm{Y}}{\partial\theta}\right) + \frac{1}{\sin^2\theta}\frac{\partial^2\mathrm{Y}}{\partial\varphi^2} + l(l+1)\mathrm{Y} = 0 \qquad (10.13)$$

式 (10.13) 正是 8.1 节得到的**球函数方程** (8.5), 它的解为式 (8.42)

$$\mathrm{Y}_l^m(\theta,\varphi) = \mathrm{P}_l^m(\cos\theta)\left\{\begin{array}{c}\sin m\varphi \\ \cos m\varphi\end{array}\right\}\left(\begin{array}{c}m = 0,1,2,\cdots,l \\ l = 0,1,2,\cdots\end{array}\right) \qquad (10.14)$$

方程 (10.12) 为表 10.3 中的第三个方程, 称为**球贝塞尔方程**. 下面求解球贝塞尔方程.

◎ **球贝塞尔方程**

球贝塞尔方程 (10.12) 展开后为

$$r^2\frac{\mathrm{d}^2R}{\mathrm{d}r^2} + 2r\frac{\mathrm{d}R}{\mathrm{d}r} + [k^2r^2 - l(l+1)]R = 0 \tag{10.15}$$

$k = 0$ 时, 方程退化为欧拉型方程

$$r^2\frac{\mathrm{d}^2R}{\mathrm{d}r^2} + 2r\frac{\mathrm{d}R}{\mathrm{d}r} - l(l+1)R = 0$$

其解为

$$R(r) = C_1 r^l + \frac{C_2}{r^{l+1}} \tag{10.16}$$

$k \neq 0$ 时, 令 $x = kr$ 及 $R(r) = \sqrt{\frac{\pi}{2x}}y(x)$, 代入式 (10.15) 得

$$x^2\frac{\mathrm{d}^2y}{\mathrm{d}x^2} + x\frac{\mathrm{d}y}{\mathrm{d}x} + \left[x^2 - \left(l+\frac{1}{2}\right)^2\right]y = 0 \tag{10.17}$$

这就是 $\nu = l + 1/2$ 时的贝塞尔方程, 称为**半奇数 $(l+1/2)$ 阶贝塞尔方程**.

根据前章介绍的贝塞尔方程的级数解法, 当 $\nu = l + 1/2$ 时, 该级数解法并不能确定 $\mathrm{J}_{-(l+1/2)}$ 是否与 $\mathrm{J}_{l+1/2}$ 线性独立, 若彼此线性相关, 则还需要寻找一个线性独立解. 非常幸运也非常巧合的是, 可以证明, $\mathrm{J}_{-(l+1/2)}$ 是与 $\mathrm{J}_{l+1/2}$ 线性独立的, 这与 $\nu = m$ 的情形完全不同. 因此, ν 阶贝塞尔方程的性质都适用于 $\nu = l + 1/2$ 的情形, 故 $l + 1/2$ 阶贝塞尔方程 (10.17) 可有三组线性独立解, 分别为以下每组中两个函数的线性组合

(1) $\mathrm{J}_{l+1/2}(x)$, $\mathrm{J}_{-(l+1/2)}(x)$

(2) $\mathrm{J}_{l+1/2}(x)$, $\mathrm{N}_{l+1/2}(x)$

(3) $\mathrm{H}^{(1)}_{l+1/2}(x)$, $\mathrm{H}^{(2)}_{l+1/2}(x)$

再求球贝塞尔方程的解 $R(r)$. 为此, 定义**球贝塞尔函数** $\mathrm{j}_l(x)$、**球诺伊曼函数** $\mathrm{n}_l(x)$ 和**球汉克尔函数** $\mathrm{h}^{(1)}_l(x)$、 $\mathrm{h}^{(2)}_l(x)$ 如下, 并分别称为第一类、第二类和第三类球贝塞尔函数.

$$\mathrm{j}_l(x) = \sqrt{\frac{\pi}{2x}}\mathrm{J}_{l+1/2}(x), \quad \mathrm{j}_{-l}(x) = \sqrt{\frac{\pi}{2x}}\mathrm{J}_{-(l+1/2)}(x)$$

$$\mathrm{n}_l(x) = \sqrt{\frac{\pi}{2x}}\mathrm{N}_{l+1/2}(x)$$

$$\mathrm{h}^{(1)}_l(x) = \sqrt{\frac{\pi}{2x}}\mathrm{H}^{(1)}_{l+1/2}(x) = \mathrm{j}_l(x) + \mathrm{in}_l(x)$$

$$\mathrm{h}^{(2)}_l(x) = \sqrt{\frac{\pi}{2x}}\mathrm{H}^{(2)}_{l+1/2}(x) = \mathrm{j}_l(x) - \mathrm{in}_l(x)$$

显然它们才是要求的球贝塞尔方程的解, 即球贝塞尔方程方程 (10.12) 的通解可取以下三种形式之一 (A, B 为常数):

$$R(r) = A\mathrm{j}_l(x) + B\mathrm{j}_{-l}(x) \tag{10.18}$$

$$R(r) = A\mathrm{j}_l(x) + B\mathrm{n}_l(x) \tag{10.19}$$

$$R(r) = A\mathrm{h}_l^{(1)}(x) + B\mathrm{h}_l^{(2)}(x) \tag{10.20}$$

因为球贝塞尔函数与半奇数阶贝塞尔函数仅差一因子 $\sqrt{\dfrac{\pi}{2x}}$, 容易证明贝塞尔函数的递推公式对球贝塞尔函数也都适用.

图 10.1 和图 10.2 分别给出了前几阶球贝塞尔函数、球诺依曼函数的图形.

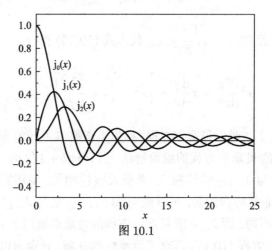

图 10.1

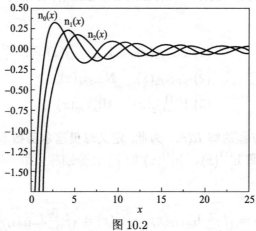

图 10.2

◎ **球贝塞尔函数性质**

1. **初等函数表示式** 半奇数阶贝塞尔函数的幂级数形式为

$$\mathrm{J}_{l+\frac{1}{2}}(x) = \sum_{k=0}^{\infty} (-1)^k \frac{1}{k!\Gamma\left(k+l+\frac{1}{2}\right)} \left(\frac{x}{2}\right)^{2k+l+\frac{1}{2}} \tag{10.21}$$

利用公式 $\Gamma\left(k+\dfrac{3}{2}\right)=\dfrac{\sqrt{\pi}}{2^k}(2k+1)!!=\dfrac{\sqrt{\pi}}{2^{2k+1}}\dfrac{(2k+1)!}{k!}$, 得

$$\mathrm{J}_{l+\frac{1}{2}}(x)=\sum_{k=0}^{\infty}(-1)^k\frac{2^{2k+2l+1}(k+l)!}{\sqrt{\pi}k!(2k+2l+1)!}\left(\frac{x}{2}\right)^{2k+l+\frac{1}{2}}$$

同理

$$\mathrm{J}_{-\left(l+\frac{1}{2}\right)}(x)=\sum_{k=0}^{\infty}(-1)^k\frac{2^{2k-2l}(k-l)!}{\sqrt{\pi}k!(2k-2l)!}\left(\frac{x}{2}\right)^{2k-l-\frac{1}{2}}$$

这样就可得到球贝塞尔函数、球诺依曼函数的幂级数形式

$$\mathrm{j}_l(x)=2^l x^l\sum_{k=0}^{\infty}(-1)^k\frac{(k+l)!}{k!(2k+l+1)!}x^{2k} \tag{10.22}$$

$$\mathrm{n}_l(x)=\frac{(-1)^{l+1}}{2^l x^{l+1}}\sum_{k=0}^{\infty}(-1)^k\frac{(k-l)!}{k!(2k-2l)!}x^{2k} \tag{10.23}$$

特别是

$$\mathrm{j}_0(x)=\frac{\sin x}{x}\,,\qquad \mathrm{h}_0^{(1)}(x)=\frac{\sin x-\mathrm{i}\cos x}{x}=-\frac{\mathrm{i}}{x}\mathrm{e}^{\mathrm{i}x}$$
$$\mathrm{n}_0(x)=-\frac{\cos x}{x}\,,\quad \mathrm{h}_0^{(2)}(x)=\frac{\sin x+\mathrm{i}\cos x}{x}=\frac{\mathrm{i}}{x}\mathrm{e}^{-\mathrm{i}x}$$

2. **边界行为**　由 $\mathrm{J}_{l+1/2}(x)$ 的级数表达式 (10.21) 和柱函数的渐进公式 (9.19) 和 (9.20) 可得

$$x\to 0\text{时}\qquad \mathrm{j}_0(0)=1,\quad \mathrm{j}_l(0)=0,\quad \mathrm{n}_l(x)\to\infty \tag{10.24}$$

$$x\to\infty\text{时}\quad\begin{cases}\mathrm{j}_l(x)\cdot\mathrm{e}^{-\mathrm{i}kat}\sim\dfrac{1}{x}\cos\left(x-\dfrac{l+1}{2}\pi\right)\cdot\mathrm{e}^{-\mathrm{i}kat}\\[2mm]\mathrm{n}_l(x)\cdot\mathrm{e}^{-\mathrm{i}kat}\sim\dfrac{1}{x}\sin\left(x-\dfrac{l+1}{2}\pi\right)\cdot\mathrm{e}^{-\mathrm{i}kat}\\[2mm]\mathrm{h}_l^{(1)}(x)\cdot\mathrm{e}^{-\mathrm{i}kat}\sim\dfrac{1}{x}\mathrm{e}^{\mathrm{i}x}\cdot(-\mathrm{i})^{l+1}\cdot\mathrm{e}^{-\mathrm{i}kat}\\[2mm]\mathrm{h}_l^{(2)}(x)\cdot\mathrm{e}^{-\mathrm{i}kat}\sim\dfrac{1}{x}\mathrm{e}^{-\mathrm{i}x}\cdot\mathrm{i}^{l+1}\cdot\mathrm{e}^{-\mathrm{i}kat}\end{cases} \tag{10.25}$$

显然, $\mathrm{j}_l(x)\mathrm{e}^{-\mathrm{i}kat}$ 和 $\mathrm{n}_l(x)\mathrm{e}^{-\mathrm{i}kat}$ 可以表示驻波, 而 $\mathrm{h}_l^{(1)}(x)\mathrm{e}^{-\mathrm{i}kat}$ 和 $\mathrm{h}_l^{(2)}(x)\mathrm{e}^{-\mathrm{i}kat}$ 则分别表示发散 (r 正方向) 波和向球坐标系原点会聚的波.

3. **球贝塞尔方程的本征值问题**　球贝塞尔方程的本征值问题是

$$\begin{cases}\dfrac{\mathrm{d}}{\mathrm{d}r}\left(r^2\dfrac{\mathrm{d}R}{\mathrm{d}r}\right)-l(l+1)R+k^2r^2R=0\\[2mm]\text{球面上齐次边界条件}(r=r_0)\\[2mm]\text{自然边界}(r=0)\end{cases} \tag{10.26}$$

方程的解可取式 (10.19)

$$R(r) = A\mathrm{j}_l(kr) + B\mathrm{n}_l(kr)$$

根据 $r = 0$ 的自然边界条件舍弃 $\mathrm{n}_l(kr)$, 球面上的齐次边界条件可以决定 $\mathrm{j}_l(kr)$ 中的本征值 $k_m(m = 1, 2, 3, \cdots)$, 而 $\mathrm{j}_l(kr) = \sqrt{\dfrac{\pi}{2x}}\mathrm{J}_{l+1/2}(kr)$, 所以决定本征值的边界条件往往可以化成 $\mathrm{J}_{l+1/2}(kr)$ 的边界条件来求解.

(1) 正交性: 同一本征函数系不同本征值的球贝塞尔函数在区间 $[0, r_0]$ 上带权重 r^2 正交

$$\int_0^{r_0} \mathrm{j}_l(k_m r)\mathrm{j}_l(k_n r)r^2\mathrm{d}r = 0 \quad (k_m \neq k_n)$$

(2) 级数展开: 在区间 $[0, r_0]$ 上, 以 $\mathrm{j}_l(k_m r)$ 为本征函数系, 可把函数 $f(r)$ 展开成广义傅里叶级数

$$\begin{cases} f(r) = \displaystyle\sum_{m=0}^{\infty} f_m \mathrm{j}_l(k_m r) \\ f_m = \dfrac{1}{[N_m]^2} \displaystyle\int_0^{r_0} f(r)\mathrm{j}_l(k_m r)r^2\mathrm{d}r \end{cases} \tag{10.27}$$

其中模

$$[N_m]^2 = \int_0^{r_0} [\mathrm{j}_l(k_m r)]^2 r^2\mathrm{d}r = \frac{\pi}{2k_m}\int_0^{r_0}[\mathrm{J}_{l+1/2}(k_m r)]^2 r\mathrm{d}r$$

由此可见, 模的计算可借助 ν 阶贝塞尔函数模的公式进行, 结果为

$$\begin{cases} R(r_0) = 0 : [N_m]^2 = \dfrac{r_0^3}{2}\left[\mathrm{j}_{l+1}(k_m r)\right]^2 \\ R'(r_0) = 0 : [N_m]^2 = \dfrac{r_0^3}{2}\left[1 - \dfrac{2l+1}{2(k_m r)^2}\right]\left[\mathrm{j}_l(k_m r)\right]^2 \end{cases} \tag{10.28}$$

前面讨论归纳如下: 球形区域的本征值问题与 φ, θ, r 有关, φ 是周期性边界条件, 本征值为 m (轴对称情形下与 φ 无关, 取 $m = 0$); θ 是在 0 和 π 处有自然边界条件, 本征值为 l, 本征方程是连带勒让德方程; r 是在原点有自然边界条件, 在球面有齐次边界条件, 本征方程是球贝塞尔方程. 各个方程的特解列于表 10.4.

表 10.4 球坐标系下亥姆霍兹方程的解

	$\Phi(\varphi), m \geqslant 0$		$\cos m\varphi, \ \sin m\varphi$
$\Theta(\theta)$	$l = 0, 1, 2, \cdots$	$m > 0$	$\mathrm{P}_l^m(\cos\theta)$
		$m = 0$	$\mathrm{P}_l(\cos\theta)$
$R(r)$	$l = 0, 1, 2, \cdots$	$k = 0$	$r^l, \ r^{-(l+1)}$
		$k \neq 0$	(1) $\mathrm{j}_l(kr), \ \mathrm{n}_l(kr)$; (2) $\mathrm{h}_l^{(1)}(kr), \ \mathrm{h}_l^{(2)}(kr)$

根据问题的边界条件从中选择本征函数与本征值, 加以组合, 就得到需要的解.

例 2 在半径为 r_0 的球形区域内求解热传导定解问题

$$\begin{cases} u_t - a^2\Delta_3 u = 0 \\ u|_{r=r_0} = U_0 \\ u|_{t=0} = f(r) \end{cases}$$

式中 U_0 为已知常数, $f(r)$ 为已知函数.

解 应先将边界条件化为齐次, 为此令 $u = w + U_0$, 定解问题化为

$$\begin{cases} w_t - a^2\Delta_3 w = 0 \\ w|_{r=r_0} = 0 \\ w|_{t=0} = f(r) - U_0 \end{cases}$$

问题关于球对称, 与 φ, θ 无关, 取 $m = 0, l = 0$.

在球面的本征值问题为

$$\begin{cases} \dfrac{\mathrm{d}}{\mathrm{d}r}\left(r^2\dfrac{\mathrm{d}R}{\mathrm{d}r}\right) + k^2 r^2 R = 0 \\ R(r_0) = 0 \end{cases}$$

考虑球心处自然边界条件, 本征函数 (也就是方程的解) 取为 $R(r) = \mathrm{j}_0(kr) = \sin kr/(kr)$, 将其代入边界条件得本征值为 $k_n = n\pi/r_0 (n = 1, 2, 3, \cdots)$.
由表 10.4 和式 (10.3) 得一般解为

$$w(r,t) = \sum_{n=1}^{\infty} A_n \frac{\sin(n\pi r/r_0)}{n\pi r/r_0} \mathrm{e}^{-(n\pi/r_0)^2 a^2 t}$$

代入初始条件得

$$\sum_{n=1}^{\infty} A_n \frac{\sin(n\pi r/r_0)}{n\pi r/r_0} = f(r) - U_0$$

由式 (10.28) 计算得

$$A_n = \frac{1}{\displaystyle\int_0^{r_0}\left[\frac{\sin(n\pi r/r_0)}{n\pi r/r_0}\right]^2 r^2\mathrm{d}r} \int_0^{r_0}[f(r)-U_0]\frac{\sin(n\pi r/r_0)}{n\pi r/r_0}r^2\mathrm{d}r$$

$$= (-1)^{n+1}2U_0 + \frac{1}{\displaystyle\int_0^{r_0}\left[\frac{\sin(n\pi r/r_0)}{n\pi r/r_0}\right]^2 r^2\mathrm{d}r} \int_0^{r_0} f(r)\frac{\sin(n\pi r/r_0)}{n\pi r/r_0}r^2\mathrm{d}r$$

若已知 $f(r)$ 的具体表达式, 可将 A_n 代入 $w(r,t)$ 表达式, 再由 $u = w + U_0$ 即可得最终结果.

例如, 若 $f(r)$ 为常数 u_0, 则有 $A_n = (-1)^n 2(u_0 - U_0)$, 这样

$$u(r,t) = U_0 + \sum_{n=1}^{\infty} (-1)^n 2(u_0 - U_0)\frac{\sin(n\pi r/r_0)}{n\pi r/r_0}\mathrm{e}^{-(n\pi/r_0)^2 a^2 t}$$

知识小结

习题答案

习 题

1. 半径为 b 的薄均匀圆盘, 边界温度为零, 初始时盘内各处温度分布为 $b^2 - \rho^2 (0 \leqslant \rho \leqslant b$ 为极坐标$)$, 试求盘内温度分布 $u(\rho, t)$.

2. 半径为 b 的薄均匀圆形膜, 边缘固定, 初始形状呈旋转抛物面 $u|_{t=0} = (1 - \rho^2/b^2)/8 (0 \leqslant \rho \leqslant b$ 为极坐标$)$, 初速度为零, 试求圆膜的横振动位移 $u(\rho, t)$.

3. 一均匀球, 半径为 b, 初始时球体各处温度为零, 今将球面保持定温 u_0, 试求球内各点温度变化情况.

4. 一均匀球, 半径为 b, 初始时球体各处温度分布为 $f(r) (0 \leqslant r \leqslant b$ 为球坐标$)$, 今将球面保持定温零度, 求解球内各点温度变化情况.

5. 半径为 b 的无限长均匀圆柱体, 侧面绝热, 初始温度分布为 $T\rho^2 (T$ 为常数, $0 \leqslant \rho \leqslant b$ 为柱坐标$)$, 求解柱内各点温度变化情况.

第十一章　积分变换和格林函数及其在求解定解问题中的应用

求解数理方程最基本的解法是分离变量法, 除此之外, 还有一些其他解法. 前面我们介绍过行波法, 本章将介绍积分变换 (傅里叶变换、拉普拉斯变换) 和格林函数, 并简单介绍它们在定解问题中的应用.

11.1　傅里叶变换法

◎　傅里叶积分与傅里叶变换

1. **周期函数的傅里叶展开式**　若 $g(x)$ 是以区间 $[-l, l]$ 为周期的分段光滑函数, 且在 $(-\infty < x < \infty)$ 上绝对可积, 则有傅里叶级数展开式

$$g(x) = a_0 + \sum_{k=1}^{\infty} \left(a_k \cos \frac{k\pi x}{l} + b_k \sin \frac{k\pi x}{l} \right) \tag{11.1}$$

傅里叶简介

其中系数

$$\begin{cases} a_k = \dfrac{1}{\delta_k l} \displaystyle\int_{-l}^{l} g\left(\xi\right) \cos \frac{k\pi}{l}\xi \mathrm{d}\xi \\ b_k = \dfrac{1}{l} \displaystyle\int_{-l}^{l} g\left(\xi\right) \sin \frac{k\pi}{l}\xi \mathrm{d}\xi \end{cases}, \delta_k = \begin{cases} 2, & k = 0 \\ 1, & k \neq 0 \end{cases} \tag{11.2}$$

若 $g(x)$ 不是有限区间上的周期函数, 但满足上述其他条件, 则可将其拓展成周期函数后再作傅里叶级数展开.

2. **非周期函数的傅里叶积分和傅里叶变换**　如果 $g(x)$ 是定义在 $(-\infty < x < \infty)$ 上的非周期函数, 就无法展为傅里叶级数, 但可能展开为傅里叶积分. 为此先讨论以 $(-l < x < l)$ 为周期的函数 $g(x)$ 当 $l \to \infty$ 时傅里叶级数式的极限形式. 在式 (11.1) 中令

$$\omega_k = k\frac{\pi}{l}, \quad \Delta\omega_k = \omega_k - \omega_{k-1} = \frac{\pi}{l} \quad (k = 0, 1, 2, \cdots)$$

$$A\left(\omega_k\right) = \frac{1}{\pi} \int_{-l}^{l} g\left(\xi\right) \cos \omega_k \xi \mathrm{d}\xi, \quad B\left(\omega_k\right) = \frac{1}{\pi} \int_{-l}^{l} g\left(\xi\right) \sin \omega_k \xi \mathrm{d}\xi$$

则式 (11.1) 可变为

$$g\left(x\right) = \frac{1}{2l} \int_{-l}^{l} g\left(\xi\right) \mathrm{d}\xi + \sum_{k=1}^{\infty} \left[A(\omega_k)\cos \omega_k x \Delta\omega_k\right] + \sum_{k=1}^{\infty} \left[B(\omega_k)\sin \omega_k x \Delta\omega_k\right]$$

当 $l \to \infty$ 时, 若 $\int_{-\infty}^{\infty} |g(x)|\,\mathrm{d}x =$ 有限值, 上式右边第一项积分为零; 又因增量 $\Delta\omega_k \to 0$ 可记为 $\mathrm{d}\omega$, 而不连续变量 ω_k 趋于连续变化成为连续变量记为 ω, 于是第二、三项由求和变为积分

$$g(x) = \int_0^{\infty} A(\omega)\cos\omega x\,\mathrm{d}\omega + \int_0^{\infty} B(\omega)\sin\omega x\,\mathrm{d}\omega \tag{11.3}$$

式中的 $A(\omega)$, $B(\omega)$ 则为

$$A(\omega) = \frac{1}{\pi}\int_{-\infty}^{\infty} g(\xi)\cos\omega\xi\,\mathrm{d}\xi, \quad B(\omega) = \frac{1}{\pi}\int_{-\infty}^{\infty} g(\xi)\sin\omega\xi\,\mathrm{d}\xi \tag{11.4}$$

式 (11.3)、式 (11.4) 分别称为非周期函数 $g(x)$ **实数形式傅里叶积分和傅里叶变换**.

上述导出过程仅是形式上的说明, 而不是数学上的严格证明.

当 $g(x)$ 为奇函数或偶函数时, 其傅里叶积分和傅里叶变换可简化为

奇函数 $\quad g(x) = \int_0^{\infty} B(\omega)\sin\omega x\,\mathrm{d}\omega, \quad B(\omega) = \frac{2}{\pi}\int_0^{\infty} g(\xi)\sin\omega\xi\,\mathrm{d}\xi \tag{11.5}$

偶函数 $\quad g(x) = \int_0^{\infty} A(\omega)\cos\omega x\,\mathrm{d}\omega, \quad A(\omega) = \frac{2}{\pi}\int_0^{\infty} g(\xi)\cos\omega\xi\,\mathrm{d}\xi \tag{11.6}$

称为**傅里叶正 (余) 弦积分和傅里叶正 (余) 弦变换**.

实际常用的是复数形式的傅里叶积分和变换, 形式为

$$G(\omega) = \frac{1}{2\pi}\int_{-\infty}^{\infty} g(x)\mathrm{e}^{-\mathrm{i}\omega x}\,\mathrm{d}x \tag{11.7}$$

$$g(x) = \int_{-\infty}^{\infty} G(\omega)\mathrm{e}^{\mathrm{i}\omega x}\,\mathrm{d}\omega \tag{11.8}$$

式 (11.7) 和式 (11.8) 分别称为复数形式的**傅里叶变换**和**傅里叶逆变换**, 记为

$$G(\omega) = F[g(x)], \quad g(x) = F^{-1}[G(\omega)]$$

$G(\omega)$ 为**象函数**, $g(x)$ 为**原函数**.

以上两式证明如下, 根据三角函数形式的傅里叶积分式 (11.3), 可得到

$$\begin{aligned} g(x) &= \int_0^{\infty} A(\omega)\frac{\mathrm{e}^{\mathrm{i}\omega x} + \mathrm{e}^{-\mathrm{i}\omega x}}{2}\mathrm{d}\omega + \int_0^{\infty} B(\omega)\frac{\mathrm{e}^{\mathrm{i}\omega x} - \mathrm{e}^{-\mathrm{i}\omega x}}{2\mathrm{i}}\mathrm{d}\omega \\ &= \int_0^{\infty} \frac{1}{2}[A(\omega) - \mathrm{i}B(\omega)]\mathrm{e}^{\mathrm{i}\omega x}\mathrm{d}\omega + \int_0^{\infty} \frac{1}{2}[A(\omega) + \mathrm{i}B(\omega)]\mathrm{e}^{-\mathrm{i}\omega x}\mathrm{d}\omega \\ &= \int_0^{\infty} \frac{1}{2}[A(\omega) - \mathrm{i}B(\omega)]\mathrm{e}^{\mathrm{i}\omega x}\mathrm{d}\omega + \int_{\infty}^0 \frac{1}{2}[A(\omega) + \mathrm{i}B(\omega)]\mathrm{e}^{-\mathrm{i}\omega x}\mathrm{d}(-\omega) \end{aligned}$$

将右边第二个积分中 ω 换成 $-\omega$

$$\begin{aligned} g(x) &= \int_0^{\infty} \frac{1}{2}[A(\omega) - \mathrm{i}B(\omega)]\mathrm{e}^{\mathrm{i}\omega x}\mathrm{d}\omega + \int_{-\infty}^0 \frac{1}{2}[A(|\omega|) + \mathrm{i}B(|\omega|)]\mathrm{e}^{\mathrm{i}\omega x}\mathrm{d}\omega \\ &= \int_{-\infty}^{\infty} G(\omega)\mathrm{e}^{\mathrm{i}\omega x}\mathrm{d}\omega \end{aligned}$$

其中

$$G(\omega) = \begin{cases} \dfrac{1}{2}[A(\omega) - \mathrm{i}B(\omega)] & (\omega \geqslant 0) \\ \dfrac{1}{2}[A(|\omega|) + \mathrm{i}B(|\omega|)] & (\omega < 0) \end{cases}$$

上式也可化成同一个式子, 为此将 $A(\omega)$、$B(\omega)$ 的表达式代入, 则有

对 $\omega \geqslant 0$

$$G(\omega) = \frac{1}{2\pi}\int_{-\infty}^{\infty} g(x)\cos\omega x \mathrm{d}x - \frac{\mathrm{i}}{2\pi}\int_{-\infty}^{\infty} g(x)\sin\omega x \mathrm{d}x$$

$$= \frac{1}{2\pi}\int_{-\infty}^{\infty} g(x)(\cos\omega x - \mathrm{i}\sin\omega x)\mathrm{d}x = \frac{1}{2\pi}\int_{-\infty}^{\infty} g(x)\mathrm{e}^{-\mathrm{i}\omega x}\mathrm{d}x$$

对 $\omega < 0$

$$G(\omega) = \frac{1}{2\pi}\int_{-\infty}^{\infty} g(x)(\cos|\omega|x + \mathrm{i}\sin|\omega|x)\mathrm{d}x$$

$$= \frac{1}{2\pi}\int_{-\infty}^{\infty} g(x)\mathrm{e}^{\mathrm{i}|\omega|x}\mathrm{d}x = \frac{1}{2\pi}\int_{-\infty}^{\infty} g(x)\mathrm{e}^{-\mathrm{i}\omega x}\mathrm{d}x$$

两种情况合并, 就得到同一复数形式的表达式 (11.7).

若再令 $X = x/\sqrt{2\pi}$, $\Omega = \sqrt{2\pi}\omega$, 并记 $G_0(\Omega) = G(\Omega/\sqrt{2\pi})$, $g_0(X) = g(\sqrt{2\pi}X)$, 式 (11.7)、式 (11.8) 也可写为对称形式

$$G_0(\Omega) = \frac{1}{\sqrt{2\pi}}\int_{-\infty}^{\infty} g_0(X)\mathrm{e}^{-\mathrm{i}\Omega X}\mathrm{d}X, \quad g_0(X) = \frac{1}{\sqrt{2\pi}}\int_{-\infty}^{\infty} G_0(\Omega)\mathrm{e}^{\mathrm{i}\Omega X}\mathrm{d}\Omega$$

常用函数的傅里叶变换已制成表, 查表时注意傅里叶变换定义形式.

3. 傅里叶变换的性质　　以下是傅里叶变换的一些性质, 函数进行变换时约定其总是满足变换条件, 式中 $F[g(x)] = G(\omega)$, $F[h(x)] = H(\omega)$, α、β、x_0、a、ω_0 为常数.

(1) 线性性质: $F[\alpha g(x) + \beta h(x)] = \alpha G(\omega) + \beta H(\omega)$ $\qquad\qquad$ (11.9)

(2) 导数性质: $F[g'(x)] = \mathrm{i}\omega G(\omega)$, $\quad F[g''(x)] = (\mathrm{i}\omega)^2 G(\omega)$ $\qquad$ (11.10)

(3) 积分性质: $F\left[\displaystyle\int_{x_0}^{x} g(\zeta)\mathrm{d}\zeta\right] = \dfrac{1}{\mathrm{i}\omega}G(\omega)$ $\qquad\qquad$ (11.11)

(4) 相似性性质: $F[g(ax)] = \dfrac{1}{a}G\left(\dfrac{\omega}{a}\right)$ $\qquad\qquad$ (11.12)

(5) 延迟性质: $F[g(x - x_0)] = \mathrm{e}^{-\mathrm{i}\omega x_0}G(\omega)$ $\qquad\qquad$ (11.13)

(6) 位移性质: $F[\mathrm{e}^{\mathrm{i}\omega_0 x}g(x)] = G(\omega - \omega_0)$ $\qquad\qquad$ (11.14)

(7) 卷积性质: 定义 $g(x)$, $h(x)$ 的卷积

$$g(x)*h(x) = \int_{-\infty}^{\infty} g(\xi)h(x - \xi)\mathrm{d}\xi$$

则 $\qquad\qquad\qquad F[g(x)*h(x)] = 2\pi G(\omega)H(\omega)$ $\qquad\qquad$ (11.15)

下面通过定义证明导数性质, 其他性质的证明可类似得到.

证明
$$F[g'(x)] = \frac{1}{2\pi}\int_{-\infty}^{\infty} g'(x)e^{-i\omega x}dx$$
$$= \frac{1}{2\pi}[g(x)e^{-i\omega x}]|_{-\infty}^{+\infty} - \frac{1}{2\pi}\int_{-\infty}^{\infty} g(x)[e^{-i\omega x}]'dx$$
$$= -\frac{1}{2\pi}\int_{-\infty}^{\infty} g(x)[e^{-i\omega x}]'dx = i\omega G(\omega)$$

◎ **傅里叶变换法求解定解问题**

积分变换法解偏微分方程的思路是将偏微分方程变换成含参变量的常微分方程来求解, 再通过逆变换等方法得到偏微分方程的解. 此外, 积分变换法也能解比较难解的常微分方程与积分方程. 傅里叶变换法是对空间变量作变换, 再解关于 t 的常微分方程, 下一节的拉普拉斯变换法是对时间变量作变换, 并将初始条件应用到方程中, 然后再解关于 x 的常微分方程, 边界条件在解常微分方程时相当于初始条件.

傅里叶变换求解基本步骤为

(1) 对定解问题作傅里叶变换, 得到关于时间 t 的常微分方程的初值问题;

(2) 解常微分方程初值问题;

(3) 对第 (2) 步中的解作傅里叶逆变换或表为若干函数的傅里叶变换的组合, 得到偏微分方程的解.

例 1 用傅里叶变换求解无限长弦的自由振动定解问题

$$\begin{cases} u_{tt} - a^2 u_{xx} = 0 \quad (-\infty < x < \infty) \\ u(x,0) = \varphi(x), u_t(x,0) = \psi(x) \end{cases}$$

式中 $\varphi(x), \psi(x)$ 为已知函数.

解 对方程和初始条件两边进行傅里叶变换, 变换与 t 无关, 可以交换变换与对 t 求导的次序. 记 $F[u(x,t)] = U(\omega,t), F[\varphi(x)] = \Phi(\omega)$ 及 $F[\psi(x)] = \Psi(\omega)$, 变换后原定解问题变为含有参数 ω 的常微分方程初值问题

$$\begin{cases} \dfrac{d^2 U(\omega,t)}{dt^2} + a^2\omega^2 U(\omega,t) = 0 \\ U(\omega,0) = \Phi(\omega), \quad U'(\omega,0) = \Psi(\omega) \end{cases}$$

常微分方程通解为

$$U(\omega,t) = Ae^{ia\omega t} + Be^{-ia\omega t}$$

代入初始条件得

$$A + B = \Phi(\omega), \quad A - B = \frac{1}{ia\omega}\Psi(\omega)$$

求解得

$$A = \frac{1}{2}\Phi(\omega) + \frac{1}{2a}\frac{1}{i\omega}\Psi(\omega); \quad B = \frac{1}{2}\Phi(\omega) - \frac{1}{2a}\frac{1}{i\omega}\Psi(\omega)$$

所以

$$U(\omega, t) = \frac{\Phi(\omega)\mathrm{e}^{\mathrm{i}a\omega t} + \Phi(\omega)\mathrm{e}^{-\mathrm{i}a\omega t}}{2} + \frac{1}{2a}\left[\frac{1}{\mathrm{i}\omega}\Psi(\omega)\mathrm{e}^{\mathrm{i}a\omega t} - \frac{1}{\mathrm{i}\omega}\Psi(\omega)\mathrm{e}^{-\mathrm{i}a\omega t}\right]$$

由延迟性质、线性性质有

$$\Phi(\omega)\mathrm{e}^{\mathrm{i}a\omega t} + \Phi(\omega)\mathrm{e}^{-\mathrm{i}a\omega t} = F[\varphi(x+at) + \varphi(x-at)]$$

$$\frac{1}{\mathrm{i}\omega}\Psi(\omega)\mathrm{e}^{\mathrm{i}a\omega t} - \frac{1}{\mathrm{i}\omega}\Psi(\omega)\mathrm{e}^{-\mathrm{i}a\omega t} = \frac{1}{\mathrm{i}\omega}F[\psi(x+at)] - \frac{1}{\mathrm{i}\omega}F[\psi(x-at)]$$

再由积分性质得

$$\frac{1}{\mathrm{i}\omega}F[\psi(x+at)] - \frac{1}{\mathrm{i}\omega}F[\psi(x-at)]$$
$$= F\left[\int_{x_0}^{x+at}\psi(\tau)\mathrm{d}\tau\right] - F\left[\int_{x_0}^{x-at}\psi(\tau)\mathrm{d}\tau\right] = F\left[\int_{x-at}^{x+at}\psi(\tau)\mathrm{d}\tau\right]$$

将以上各式代入到 $U(\omega, t)$ 中得

$$F[u(x,t)] = \frac{F[\varphi(x+at) + \varphi(x-at)]}{2} + \frac{1}{2a}F\left[\int_{x-at}^{x+at}\psi(\tau)\mathrm{d}\tau\right]$$

再利用线性性质, 最终得到的解也是达朗贝尔公式

$$u(x,t) = \frac{1}{2}[\varphi(x+at) + \varphi(x-at)] + \frac{1}{2a}\int_{x-at}^{x+at}\psi(\tau)\mathrm{d}\tau$$

例 2 用傅里叶变换求解无限长细杆的热传导定解问题

$$\begin{cases} u_t - a^2 u_{xx} = 0 & (-\infty < x < \infty) \\ u(x,0) = \varphi(x) \end{cases}$$

解 对方程和初始条件两端进行傅里叶变换, 并记 $F[u(x,t)] = U(\omega,t)$, $F[\varphi(x)] = \Phi(\omega)$, 则有

$$\begin{cases} \dfrac{\mathrm{d}U(\omega,t)}{\mathrm{d}t} + \omega^2 a^2 U(\omega,t) = 0 \\ U(\omega,0) = \Phi(\omega) \end{cases}$$

解得

$$U(\omega,t) = \Phi(\omega)\mathrm{e}^{-\omega^2 a^2 t}$$

作傅里叶逆变换

$$u(x,t) = F^{-1}[U(\omega,t)] = \int_{-\infty}^{\infty} \Phi(\omega)\mathrm{e}^{-\omega^2 a^2 t}\mathrm{e}^{\mathrm{i}\omega x}\mathrm{d}\omega$$
$$= \frac{1}{2\pi}\int_{-\infty}^{\infty}\left[\int_{-\infty}^{\infty}\varphi(\xi)\mathrm{e}^{-\mathrm{i}\omega\xi}\mathrm{d}\xi\right]\mathrm{e}^{-\omega^2 a^2 t}\mathrm{e}^{\mathrm{i}\omega x}\mathrm{d}\omega$$

交换积分顺序

$$u(x,t) = \frac{1}{2\pi}\int_{-\infty}^{\infty}\left[\int_{-\infty}^{\infty}\mathrm{e}^{-\omega^2 a^2 t}\mathrm{e}^{\mathrm{i}\omega(x-\xi)}\mathrm{d}\omega\right]\varphi(\xi)\mathrm{d}\xi$$

利用积分公式 $\int_0^\infty \mathrm{e}^{-x^2}\mathrm{d}x = \dfrac{\sqrt{\pi}}{2}$ 可求得

$$\int_{-\infty}^{\infty} \mathrm{e}^{-a^2\omega^2}\mathrm{e}^{\beta\omega}\mathrm{d}\omega = \frac{\sqrt{\pi}}{a}\mathrm{e}^{\frac{\beta^2}{4a^2}}$$

傅里叶变换的 MATLAB 求解

最终得

$$u(x,t) = \int_{-\infty}^{\infty}\left[\frac{1}{2a\sqrt{\pi t}}\mathrm{e}^{-\frac{(x-\xi)^2}{4a^2 t}}\right]\varphi(\xi)\mathrm{d}\xi$$

11.2 拉普拉斯变换法

周期函数在无穷区间的积分为无穷大时, 不满足傅里叶变换的条件, 所以不能进行傅里叶变换. 如果对周期函数乘以指数衰减因子, 则周期函数在无穷区间的积分就可能有限, 这样对带有指数衰减因子的新函数进行傅里叶变换也就成为可能, 这就是本节要讲的拉普拉斯变换.

◎ 拉普拉斯变换

1. **拉普拉斯变换定义** 设分段连续的光滑函数 $f(t)\,(t>0)$ 满足 (式中 M、σ 为大于零的实常数)
$$\lim_{t\to\infty}\left|f(t)\mathrm{e}^{-\sigma t}\right| < M$$
引入复变数 $p = \sigma + \mathrm{i}\omega(\omega$ 为实数), 定义**拉普拉斯变换**式为

$$F(p) = \int_0^\infty f(t)\,\mathrm{e}^{-pt}\mathrm{d}t \tag{11.16}$$

下面会证明, **拉普拉斯逆变换**式为

$$f(t) = \frac{1}{2\pi\mathrm{i}}\int_{\sigma-\mathrm{i}\infty}^{\sigma+\mathrm{i}\infty} F(p)\mathrm{e}^{pt}\mathrm{d}p \tag{11.17}$$

式 (11.16)、式 (11.17) 分别记作

$$F(p) = L[f(t)], \quad f(t) = L^{-1}[F(p)]$$

$f(t)$ 为**原函数**, $F(p)$ 为**像函数**.

容易看出这个定义与傅里叶变换的关系. 为此利用阶跃函数 $H(t)$, 将拉普拉斯变换改写成

$$F(p) = \int_{-\infty}^{\infty}[f(t)H(t)\mathrm{e}^{-\sigma t}]\mathrm{e}^{-\mathrm{i}\omega t}\mathrm{d}t$$

它就是函数 $2\pi f(t)H(t)\mathrm{e}^{-\sigma t}$ 的傅里叶变换. 根据条件, 这个新函数是可以进行傅里叶变换的, 所以可以利用相应的傅里叶逆变换求出

$$f(t)H(t)\mathrm{e}^{-\sigma t} = \frac{1}{2\pi}\int_{-\infty}^{\infty}F(p)\mathrm{e}^{\mathrm{i}\omega t}\mathrm{d}\omega$$

用 $\mathrm{d}p = \mathrm{d}(\sigma + \mathrm{i}\omega) = \mathrm{i}\mathrm{d}\omega$ 替换上式中的积分变量, 整理后即为拉普拉斯逆变换式 (11.17)(阶跃函数 $H(t)$ 略去).

一些常用函数的拉普拉斯变换见附录.

2. 拉普拉斯变换性质 以下是拉普拉斯变换的一些性质. 式中 $L[f(t)] = F(p)$, $L[g(t)] = G(p)$, α、 β、 a、 t_0、 λ 为常数.

(1) 线性性质: $L[\alpha f(t) + \beta g(t)] = \alpha F(p) + \beta G(p)$ \hfill (11.18)

(2) 导数性质: $L[f'(t)] = pF(p) - f(0)$ \hfill (11.19)

(3) 积分性质: $L\left[\displaystyle\int_0^t f(t)\mathrm{d}t\right] = \dfrac{1}{p}F(p)$ \hfill (11.20)

(4) 相似性性质: $L[f(at)] = \dfrac{1}{a}F\left(\dfrac{p}{a}\right)$ \hfill (11.21)

(5) 延迟性质: $L[f(t - t_0)] = \mathrm{e}^{-pt_0}F(p)$ \hfill (11.22)

(6) 位移性质: $L[\mathrm{e}^{-\lambda t}f(t)] = F(p + \lambda)$ \hfill (11.23)

(7) 卷积性质: 定义 $f(t), g(t)$ 的卷积

$$f(t)*g(t) = \int_0^t f(\tau)g(t - \tau)\mathrm{d}\tau$$

则 \qquad $L[f(t)*g(t)] = F(p)G(p)$ \hfill (11.24)

下面以导数性质为例证明, 其他性质证明可类似得到.

证明: $L[f'(t)] = \displaystyle\int_0^\infty f'(t)\mathrm{e}^{-pt}\mathrm{d}t = \mathrm{e}^{-pt}f(t)\,|_0^\infty - \int_0^\infty f(t)\mathrm{d}\mathrm{e}^{-pt}$

$$= -f(0) + p\int_0^\infty f(t)\mathrm{e}^{-pt}\mathrm{d}t = pF(p) - f(0)$$

证毕. 对高阶导数有

$$L[f^n(t)] = p^n F(p) - p^{n-1}f(0) - p^{n-2}f'(0) - \cdots - pf^{(n-2)}(0) - f^{(n-1)}(0)$$

例 3 求单位阶越函数 $H(t)$ 的拉普拉斯变换像函数, 并进而求 $L[t^n]$、 $L[\mathrm{e}^{st}]$、 $L[\sin\omega t]$、 $L[\cos\omega t]$ 以及 $L[\sinh\omega t]$ 和 $L[\cosh\omega t]$.

解 由单位阶越函数和拉普拉斯变换的定义得

$$L\left[H(t)\right] = L\left[1\right] = \int_0^\infty H(t)\mathrm{e}^{-pt}\mathrm{d}t = \frac{1}{p}$$

因为 $t = \displaystyle\int_0^t 1\mathrm{d}t$, 由积分性质得

$$L[t] = L\left[\int_0^t 1\mathrm{d}t\right] = \frac{1}{p}\cdot L[1] = \frac{1}{p^2}$$

同样过程可得

$$L\left[t^2\right] = 2L\left[\int_0^t t\mathrm{d}t\right] = \frac{2!}{p^3}, \quad L\left[t^3\right] = 3L\left[\int_0^t t^2\mathrm{d}t\right] = \frac{3!}{p^4}$$

重复作下去即得

$$L\left[t^n\right] = \frac{n!}{p^{n+1}}$$

而由位移性质又可得

$$L\left[\mathrm{e}^{st} \cdot 1\right] = \frac{1}{p-s}$$

从而由线性性质得

$$L[\sin\omega t] = L\left[\frac{1}{2\mathrm{i}}(\mathrm{e}^{\mathrm{i}\omega t} - \mathrm{e}^{-\mathrm{i}\omega t})\right] = \frac{1}{2\mathrm{i}}\left(\frac{1}{p-\mathrm{i}\omega} - \frac{1}{p+\mathrm{i}\omega}\right) = \frac{\omega}{p^2 + \omega^2}$$

$$L[\cos\omega t] = L\left[\frac{1}{2}(\mathrm{e}^{\mathrm{i}\omega t} + \mathrm{e}^{-\mathrm{i}\omega t})\right] = \frac{1}{2}\left(\frac{1}{p-\mathrm{i}\omega} + \frac{1}{p+\mathrm{i}\omega}\right) = \frac{p}{p^2 + \omega^2}$$

$$L[\sinh\omega t] = L\left[\frac{1}{2}(\mathrm{e}^{\omega t} - \mathrm{e}^{-\omega t})\right] = \frac{1}{2}\left(\frac{1}{p-\omega} - \frac{1}{p+\omega}\right) = \frac{\omega}{p^2 - \omega^2}$$

$$L[\cosh\omega t] = L\left[\frac{1}{2}(\mathrm{e}^{\omega t} + \mathrm{e}^{-\omega t})\right] = \frac{1}{2}\left(\frac{1}{p-\omega} + \frac{1}{p+\omega}\right) = \frac{p}{p^2 - \omega^2}$$

例 4 已知 $L[f(t)] = F(p)$, 求证 $L[t^n f(t)] = (-1)^n \dfrac{\mathrm{d}^n}{\mathrm{d}p^n}F(p)$.

解 由定义式

$$F(p) = \int_0^\infty f(t)\mathrm{e}^{-pt}\mathrm{d}t$$

两边对 p 求导

$$\frac{\mathrm{d}}{\mathrm{d}p}F(p) = \int_0^\infty (-t)f(t)\mathrm{e}^{-pt}\mathrm{d}t$$

这样就有

$$L[tf(t)] = (-1)\frac{\mathrm{d}}{\mathrm{d}p}F(p)$$

依此类推即得

$$L\left[t^n f(t)\right] = (-1)^n \frac{\mathrm{d}^n}{\mathrm{d}p^n}F(p)$$

◎ **拉普拉斯变换的反演**

拉普拉斯逆变换称为拉普拉斯变换的反演, 下面介绍一些拉普拉斯变换的反演技巧.

1. **部分分式反演** 如果像函数是有理分式、但不能直接运用逆变换公式, 则可先将其分解成能直接运用逆变换的部分分式后再求原函数.

例 5 求 $L[f(t)] = \dfrac{p^3 + 2p^2 - 4p + 16}{p^4 - 16}$ 的原函数 $f(t)$.

解 将有理分式进行分解

$$L[f(t)] = \frac{p^3 + 2p^2 - 4p + 16}{p^4 - 16} = \frac{p(p^2 - 4) + 2(p^2 + 4) + 8}{(p^2 - 4)(p^2 + 4)}$$

$$= \frac{p}{(p^2 + 4)} + \frac{2}{(p^2 - 4)} + \frac{8}{(p^2 - 4)(p^2 + 4)}$$

$$= \frac{p}{(p^2 + 4)} + \frac{2}{(p^2 - 4)} + \frac{1}{(p^2 - 4)} - \frac{1}{(p^2 + 4)}$$

$$= \frac{p}{(p^2 + 4)} - \frac{1}{2} \cdot \frac{2}{(p^2 + 4)} + \frac{3}{2} \cdot \frac{2}{(p^2 - 4)}$$

由例 3 结果得

$$L[f(t)] = L[\cos 2t] - L\left[\frac{1}{2}\sin 2t\right] + L\left[\frac{3}{2}\sinh 2t\right]$$

由线性性质即得

$$f(t) = \cos 2t - \frac{1}{2}\sin 2t + \frac{3}{2}\sinh 2t$$

2. 运用拉普拉斯变换性质反演 灵活运用拉普拉斯变换性质求得原函数.

例 6 求函数 $F(p) = \dfrac{1}{p^2(p^2 + 1)}$ 的原函数 $f(t)$.

解 根据卷积性质, 像函数乘积的原函数为相应的原函数之积. 由于

$$L[f(t)] = F(p) = \frac{1}{p^2} \cdot \frac{1}{(p^2 + 1)} = L[t] \cdot L[\sin t] = L[t*\sin t]$$

所以原函数

$$f(t) = t*\sin t = \int_0^t \tau \sin(t - \tau)\mathrm{d}\tau$$

$$= \tau \cos(t - \tau)|_0^t - \int_0^t \cos(t - \tau)\mathrm{d}\tau = t - \sin t$$

◎ **应用举例**

拉普拉斯变换法解题基本步骤为

(1) 对定解问题作拉普拉斯变换, 初始条件通过导数性质结合到方程中去;

(2) 解变换后的代数方程或微分方程;

(3) 对解作拉普拉斯逆变换或表为若干函数的拉普拉斯变换组合, 得到原问题的解.

例 7 求解微分方程 $\begin{cases} y'' - 3y' + 2y = 2\mathrm{e}^{3t} \\ y(0) = y'(0) = 0 \end{cases}$.

解　记 $L[y(t)] = Y(p)$ 并注意到初始条件, 则有

$$L[y'(t)] = pY(p) - y(0) = pY(p)$$

$$L[y''(t)] = p^2Y(p) - py(0) - y'(0) = p^2Y(p)$$

$$L[\mathrm{e}^{3t}] = \frac{1}{p-3}$$

代入原方程后得

$$p^2Y(p) - 3pY(p) + 2Y(p) = \frac{2}{p-3}$$

这样就有

$$Y(p) = \frac{2}{(p^2 - 3p + 2)(p-3)} = \frac{2}{(p-1)(p-2)(p-3)}$$

$$= \frac{-2}{p-2} + \frac{1}{p-1} + \frac{1}{p-3}$$

由此得解

$$y(t) = -2\mathrm{e}^{2t} + \mathrm{e}^t + \mathrm{e}^{3t}$$

例 8　求解积分微分方程 $\dfrac{\mathrm{d}x}{\mathrm{d}t} = -\displaystyle\int_0^t x\mathrm{d}t - 2x$, 已知 $x(0) = 1$.

解　记 $L[x(t)] = X(p)$, 注意到初始条件则有

$$L[x'(t)] = pX(p) - x(0) = pX(p) - 1$$

$$L\left(\int_0^t x\mathrm{d}t\right) = \frac{X(p)}{p}$$

原方程变为

$$pX(p) - 1 = -\frac{X(p)}{p} - 2X(p)$$

求得

$$X(p) = \frac{p}{(p+1)^2} = \frac{1}{p+1} - \frac{1}{(p+1)^2}$$

最后得解

$$x(t) = \mathrm{e}^{-t} - t\mathrm{e}^{-t} = (1-t)\mathrm{e}^{-t}$$

例 9　求解半无界波动定解问题 $\begin{cases} u_{tt} - a^2 u_{xx} = 0 \quad (x > 0) \\ u|_{x=0} = f(t) \\ u|_{t=0} = 0, \ u_t|_{t=0} = 0 \end{cases}$

解　记 $L[u(x,t)] = U(x,p), L[f(t)] = F(p)$. 由导数性质和初始条件得

$$L[u_{tt}] = pL[u_t] - u_t(x,0) = ppL[u] - pu(x,0) = p^2U(x,p)$$

对定解问题中方程和边界条件两边同时进行拉普拉斯变换后得

$$\begin{cases} \dfrac{\mathrm{d}^2U(x,p)}{\mathrm{d}x^2} = \dfrac{p^2}{a^2}U(x,p) \\ U(x,p)|_{x=0} = F(p) \end{cases}$$

这是含有参数 p 的关于 $U(x,p)$ 的二阶微分方程的边值问题, 可解得

$$U(x,p) = A(p)\mathrm{e}^{-\frac{p}{a}x} + B(p)\mathrm{e}^{\frac{p}{a}x}$$

其中 $A(p)$、$B(p)$ 为待定系数.

根据定解问题描述的物理图像, 位移 $u(x,t)$ 在 $x \to \infty$ 时应有限, 所以 $U(x,p)$ 在 $x \to \infty$ 时也应有限, 因此系数 $B(p) = 0$. 再代入边界条件就有

$$U(x,p) = F(p)\mathrm{e}^{-\frac{p}{a}x} = L[f(t)]\mathrm{e}^{-\frac{p}{a}x}$$

利用延迟性质得

$$U(x,p) = L\left[f\left(t - \frac{x}{a} \right) \right]$$

由此可得最终结果

$$u(x,t) = \begin{cases} f\left(t - \dfrac{x}{a} \right) & \left(t > \dfrac{x}{a} \right) \\ 0 & \left(t < \dfrac{x}{a} \right) \end{cases}$$

式中 $t < \dfrac{x}{a}$ 表示端点的影响还未传播到 x 处, 因此 $u(x,t) = 0$.

11.3　格林函数法

电磁学中求解连续分布电荷体系 (连续分布源) 在无界空间产生的电场时, 是通过点电荷 (点源) 在无界空间产生的电场叠加 (积分) 而得到. 这个由点源在定解条件下产生的场的表达式就叫**格林函数**. 求出了定解问题格林函数, 就可用叠加 (积分) 的方法求出连续分布源在相同定解条件下的场.

本节将在引进 δ 函数的基础上, 介绍一维格林函数方法 (冲量定理法) 和三维 (二维) 稳定态泊松方程的格林函数方法.

◎ δ 函数

1. **函数定义**　定义 δ 函数为

$$(1)\ \delta(x) = \begin{cases} 0 & (x \neq 0) \\ \infty & (x = 0) \end{cases} \tag{11.25}$$

$$(2)\ \int_a^b \delta(x)\mathrm{d}x = \begin{cases} 1 & (a < 0 < b) \\ 0 & (ab > 0) \end{cases} \tag{11.26}$$

其中 $(-\infty < x < \infty)$. 显然它不符合以往函数的定义, 如变量不连续且只能取一个值, 而该值对应的函数值却是无穷大. 另外, 按照以前积分的定义, 这样不连续的函数也是不能积分的, 所以只好为它定义一个积分值. δ 函数是狄拉克在物理上最先引入的, 数学上引入了广义函数后才把它归类为广义函数.

δ 函数确切的意义应该在积分运算下来理解. 例如, 总电荷量为 1 的电荷分布在长为 l 的线上, 当 $l \to 0$ 时, 虽然电荷线密度 $1/l \to \infty$, 但因总电荷量不变而依然有 $\int_0^l \frac{1}{l} \mathrm{d}x = 1$. 从定义积分式中可以看出, δ 函数量纲为 $1/[x]$. 将 x 平移至 x_0 或者说将变量 x 替换为 $x - x_0$ 就得到 $\delta(x - x_0)$.

以后, 点电荷、瞬时力这类集中于空间一点或时间一刻的物理量密度就可利用 δ 函数描述: 位于 $x = x_0$ 处点电荷 q 的电荷线密度为 $\rho(x) = q\delta(x - x_0)$, 作用于时刻 t_0 而冲量为 I 的瞬时力则可表示为 $I\delta(t - t_0)$.

2. δ 函数的性质

(1) 奇偶性

$$\delta(-x) = \delta(x), \quad \delta'(-x) = -\delta'(x) \tag{11.27}$$

(2) 阶跃函数 $\mathrm{H}(x)$ 是 δ 函数的原函数

$$\delta(x) = \frac{\mathrm{d}\mathrm{H}(x)}{\mathrm{d}x} \tag{11.28}$$

(3) 挑选性. 对定义在 $(-\infty, \infty)$ 上的连续函数 $f(x)$ 有

$$\int_{-\infty}^{\infty} f(x)\delta(x - x_0)\mathrm{d}x = f(x_0) \tag{11.29}$$

(4) 对连续函数 $f(t)$ 有

$$f(t) = \int_a^b f(\tau)\delta(t - \tau)\mathrm{d}\tau \tag{11.30}$$

这里 τ 是 $[a, b]$ 中的连续变量.

若将式中 $f(t)$ 看作是持续作用力, 作用时间是 $[a, b]$, 则 $f(\tau)\delta(t - \tau)\mathrm{d}\tau$ 就可视作是作用时间为 $\tau \to \tau + \mathrm{d}\tau (a < \tau < b)$ 上的冲量为 $f(\tau)\mathrm{d}\tau$ 的瞬时力, 瞬时力之和 $\Sigma f(\tau)\delta(t - \tau)\mathrm{d}\tau$ 的极限就是持续力 $f(t)$.

以上是一维情形. 对于三维 δ 函数, 其定义类似于一维, 指满足

$$\delta(\boldsymbol{r}) = \begin{cases} 0 & (\boldsymbol{r} \neq 0) \\ \infty & (\boldsymbol{r} = 0) \end{cases} \quad \text{和} \quad \int_{-\infty}^{\infty} \delta(\boldsymbol{r})\mathrm{d}\boldsymbol{r} = 1 \tag{11.31}$$

的函数. 在直角坐标系中 $\delta(\boldsymbol{r}) = \delta(x)\delta(y)\delta(z)$. 对三维 δ 函数也同样有

$$\int_{-\infty}^{\infty} f(\boldsymbol{r})\delta(\boldsymbol{r} - \boldsymbol{r}_0)\mathrm{d}\boldsymbol{r} = f(\boldsymbol{r}_0) \tag{11.32}$$

◎ **冲量定理法**

冲量定理法相当于一维格林函数方法, 可用于求解一维非齐次的波动方程和非齐次热传导方程定解问题.

冲量定理法的物理思想是将"连续力"的作用分解为一系列独立的前后相继的"瞬时力"作用之和, 每个"瞬时力"对弦的作用将产生一个"振动位移", 所有"振动位移"之和就是总位移. 这里的"独立"是指不同时刻各"瞬时力"引起的振动彼此独立, 后一时刻"瞬时力"的作用并不是建立在前一时刻"瞬时力"作用基础上, 因此, 任一时刻"瞬时力"开始作用于系统的状态均可视为初始状态.

下面通过求解定解问题, 具体说明冲量定理法求解思路及求解步骤.

例 10 求解如下弦振动问题

$$\begin{cases} u_{tt} - a^2 u_{xx} = f(x,t) \\ u(0,t) = 0 , \; u(l,t) = 0 \\ u(x,0) = 0 , \; u_t(x,0) = 0 \end{cases} \tag{11.33}$$

解 应用冲量定理法的一个前提是初始条件必须为齐次. 这里定解条件全部取为齐次并不影响问题的一般性, 因为非齐次定解条件总可以通过边界条件齐次化方法及叠加原理转换成该种形式.

冲量定理法求解过程可分作三步

(1) 由式 (11.30), 非齐次方程中的连续力密度 $f(x,t)$ 可写成

$$f(x,t) = \int_0^t f(x,\tau)\delta(t-\tau)\mathrm{d}\tau$$

式中 $f(x,\tau)\delta(t-\tau)\mathrm{d}\tau$ 表示在极短时间区间 $\tau \to \tau + \mathrm{d}\tau$ 内作用于 x 处单位质量单位长度上的"瞬时力", 对应的冲量为 $f(x,\tau)\mathrm{d}\tau$.

弦在 τ 时刻受"瞬时力"$f(x,\tau)\delta(t-\tau)\mathrm{d}\tau$ 作用将产生振动, 记 τ 之后 t 时刻弦的振动速度为 $v(x,t-\tau)$($t-\tau$ 表示以 τ 为初始时刻, 与 $u(x,t)$ 表示的时间起点为零相一致), 该振动速度产生的振动位移 (为方便推导) 记为 $u^{(\tau)}(x,t)$, 则 $u^{(\tau)}(x,t) = v(x,t-\tau)\mathrm{d}\tau$, 总位移是所有振动位移之和

$$u(x,t) = \sum_\tau u^{(\tau)}(x,t) = \int_0^t v(x,t-\tau)\mathrm{d}\tau \tag{11.34}$$

在"瞬时力"$f(x,\tau)\delta(t-\tau)\mathrm{d}\tau$ 作用下, 弦的振动位移 $u^{(\tau)}(x,t)$ 满足的定解问题应为

$$\begin{cases} u_{tt}^{(\tau)} - a^2 u_{xx}^{(\tau)} = f(x,\tau)\,\delta(t-\tau)\,\mathrm{d}\tau \\ u^{(\tau)}(0,t) = 0, u^{(\tau)}(l,t) = 0 \\ u^{(\tau)}(x,t)\big|_{t=0} = 0, u_t^{(\tau)}(x,t)\big|_{t=0} = 0 \end{cases}$$

考虑到 $0 < t < \tau$ 期间弦不受外力一直处于初始静止状态, 所以 $t = 0$ 可改写为 $t = \tau$, 这样上式亦可写为

$$\begin{cases} u_{tt}^{(\tau)} - a^2 u_{xx}^{(\tau)} = f(x,\tau)\,\delta(t-\tau)\,\mathrm{d}\tau \\ u^{(\tau)}(0,t) = 0, u^{(\tau)}(l,t) = 0 \\ u^{(\tau)}(x,t)\big|_{t=\tau} = 0, u_t^{(\tau)}(x,t)\big|_{t=\tau} = 0 \end{cases} \tag{11.35}$$

这是弦在初始时刻 τ 之后任意时刻 t 时的位移 $u^{(\tau)}(x,t)$ 满足的定解问题.

下面以 $\tau+\mathrm{d}\tau$ 时刻为初始时刻改写式 (11.35).

先看方程. $\tau+\mathrm{d}\tau$ 时, 瞬时力 $f(x,\tau)\delta(t-\tau)\mathrm{d}\tau$ 作用已经结束, 弦不受外力, 所以方程变为齐次

$$u_{tt}^{(\tau)} - a^2 u_{xx}^{(\tau)} = 0 \tag{11.36}$$

再看边界条件. 边界条件不因初始时刻的改变而改变, 仍为式 (11.35) 之边界条件.

最后讨论初始条件. 对于 $\tau+\mathrm{d}\tau$ 时刻的初始位移, 由于 $\mathrm{d}\tau$ 很短, 弦上各质点还 "来不及" 位移, 故有

$$u^{(\tau)}(x,t)\big|_{t=\tau+\mathrm{d}\tau} = 0 \tag{11.37}$$

对于 $\tau+\mathrm{d}\tau$ 时刻的初始速度, 瞬时力的作用虽已结束, 但冲量 $f(x,\tau)\mathrm{d}\tau$ 已使弦上各点产生动量变化, 因此 $\tau+\mathrm{d}\tau$ 时刻弦上各点速度不为零. 弦上单位质量单位长度上的动量变化可由冲量定理方便求得

$$u_t^{(\tau)}(x,t)\bigg|_{t=\tau+\mathrm{d}\tau} - u_t^{(\tau)}(x,t)\bigg|_{t=\tau} = f(x,\tau)\,\mathrm{d}\tau$$

由式 (11.35) 之初始条件 $u_t^{(\tau)}(x,t)|_{t=\tau} = 0$ 得

$$u_t^{(\tau)}(x,t)\bigg|_{t=\tau+\mathrm{d}\tau} = f(x,\tau)\mathrm{d}\tau \tag{11.38}$$

由式 (11.36)、式 (11.37)、式 (11.38) 以及边界条件得到以 $\tau+\mathrm{d}\tau$ 为初始时刻的 $u^{(\tau)}(x,t)$ 满足的定解问题

$$\begin{cases} u_{tt}^{(\tau)} - a^2 u_{xx}^{(\tau)} = 0 \\ u^{(\tau)}(0,t) = 0, u^{(\tau)}(l,t) = 0 \\ u^{(\tau)}(x,t)\big|_{t=\tau+\mathrm{d}\tau} = 0, \; u_t^{(\tau)}(x,t)\big|_{t=\tau+\mathrm{d}\tau} = f(x,\tau)\mathrm{d}\tau \end{cases}$$

将 $u^{(\tau)}(x,t) = v(x,t-\tau)\mathrm{d}\tau$ 代入, 再考虑到因 $\mathrm{d}\tau$ 很小, 可将 $\tau+\mathrm{d}\tau$ 时刻记为 τ 时刻, 即得

$$\begin{cases} \dfrac{\partial^2}{\partial t^2}v(x,t-\tau) - a^2\dfrac{\partial^2}{\partial x^2}v(x,t-\tau) = 0 \\ v(0,t-\tau) = 0, \; v(l,t-\tau) = 0 \\ v(x,t-\tau)|_{t=\tau} = 0, \; \dfrac{\partial}{\partial t}v(x,t-\tau)\bigg|_{t=\tau} = f(x,\tau) \end{cases} \tag{11.39}$$

这是 τ 时刻以后关于振动速度 $v(x,t-\tau)$ 满足的定解问题. 描述的物理图像可以是: 长为 l 的弦, 两端固定 (因而两端速度始终为零), 初始时 (τ 时刻) 弦上各点速度为零, 加速度大小为 $f(x,\tau)$, 求弦上各点速度变化.

由此可见, 冲量定理法的实质是: 通过物理定律的应用, 将包含位移的非齐次方程定解问题转化成了包含速度的齐次方程定解问题, 当然, 转化过程初始条件也发生了相应的转化.

(2) 在 $v(x, t-\tau)$ 的定解问题中, 将方程中对 t 的导数看成对 $(t-\tau)$ 的导数就知道, 它的求解其实与对 $v(x, t)$ 的求解是一样的, 只要将结果中的 t 换成 $t-\tau$ 即可. 因为方程和边界条件已为齐次, 利用分离变量法可求得其结果.

$$v(x, t-\tau) = \sum_{n=1}^{\infty}\left[A_n \cos \frac{n\pi a}{l}(t-\tau) + B_n \sin \frac{n\pi a}{l}(t-\tau)\right]\sin\frac{n\pi}{l}x$$

初始条件代入有

$$v(x, t-\tau)_{t=\tau} = \sum_{n=1}^{\infty} A_n \sin\frac{n\pi}{l}x = 0$$

$$v_t(x, t-\tau)_{t=\tau} = \sum_{n=1}^{\infty} B_n \cdot \frac{n\pi a}{l}\cdot\sin\frac{n\pi}{l}x = f(x,\tau)$$

得系数

$$A_n = 0, \quad B_n = \frac{2}{n\pi a}\int_0^l f(\xi,\tau)\sin\frac{n\pi}{l}\xi\mathrm{d}\xi$$

因此有

$$v(x, t-\tau) = \sum_{n=1}^{\infty}\frac{2}{n\pi a}\left[\int_0^l f(\xi,\tau)\sin\frac{n\pi}{l}\xi\mathrm{d}\xi\right]\sin\frac{n\pi a}{l}(t-\tau)\sin\frac{n\pi}{l}x$$

(3) 将求得的 $v(x, t-\tau)$ 代入式 (11.34) 进行积分, 最终求得

$$\begin{aligned}u(x,t) &= \int_0^t v(x, t-\tau)\,\mathrm{d}\tau\\&= \int_0^t\left[\sum_{n=1}^{\infty}\frac{2}{n\pi a}\int_0^l f(\xi,\tau)\sin\frac{n\pi}{l}\xi\mathrm{d}\xi\sin\frac{n\pi a}{l}(t-\tau)\sin\frac{n\pi}{l}x\right]\mathrm{d}\tau\\&= \sum_{n=1}^{\infty}\frac{2}{n\pi a}\left\{\int_0^t\left[\int_0^l f(\xi,\tau)\sin\frac{n\pi}{l}\xi\mathrm{d}\xi\right]\sin\frac{n\pi a}{l}(t-\tau)\mathrm{d}\tau\right\}\sin\frac{n\pi}{l}x\end{aligned}$$

总结冲量定理法解题步骤为: 关于 $u(x,t)$ 的定解问题式 (11.33) 通过 $u(x,t) = \int_0^t v(x, t-\tau)\mathrm{d}\tau$ 转换成含参数 τ 的关于 $v(x, t-\tau)$ 定解问题式 (11.39), 求出 $v(x, t-\tau)$ 后再经计算积分 $\int_0^t v(x, t-\tau)\mathrm{d}\tau$ 得到最终解 $u(x,t)$.

以上例子为第一类齐次边界条件的波动问题, 实际上冲量定理法对第二类或混合边界条件以及热传导问题同样适用, 过程与以上例子类似, 如下例.

例 11 求解定解问题 $\begin{cases} u_t - a^2 u_{xx} = l\sin\omega t \\ u|_{x=0} = 0, \quad u|_{x=l} = 0 \\ u|_{t=0} = 0 \end{cases}$

解 这是一维热传导问题, 冲量定理法的思想同样适用. "连续力" 在此相当于热源强度为 $c\rho l \sin \omega t$ 的 "连续热源", "瞬时力" 相当于 "瞬时热源" $c\rho l \sin \omega t \delta(t-\tau)\mathrm{d}\tau$, 将不同时刻的 "瞬时热源" 在各自作用时间 $\tau \to \tau+\mathrm{d}\tau (0 \leqslant \tau \leqslant t)$ 内因提供热量 $c\rho l \sin \omega\tau \mathrm{d}\tau$ 而将各自产生的 "瞬时温度分布" 记为 $v(x,t-\tau)\mathrm{d}\tau$, 则各时刻 "瞬时温度分布" 之和 $\int_0^t v(x,t-\tau)\mathrm{d}\tau$ 就是总的温度分布 $u(x,t)$.

类似于式 (11.39) 的导出, $v(x,t-\tau)$ 也同样满足

$$\begin{cases} v_t - a^2 v_{xx} = 0 \\ v|_{x=0} = 0 \ , \ v|_{x=l} = 0 \\ v|_{t=\tau} = l \sin \omega\tau \end{cases}$$

利用分离变量法解得

$$v(x,t-\tau) = \sum_{n=1}^{\infty} A_n \mathrm{e}^{-\left(\frac{n\pi a}{l}\right)^2 (t-\tau)} \sin \frac{n\pi}{l}x$$

初始条件代入

$$v(x,0) = \sum_{n=1}^{\infty} A_n \sin \frac{n\pi}{l}x = l \sin \omega\tau$$

求得系数为

$$A_n = 2 \int_0^l \sin \omega\tau \sin \frac{n\pi}{l}\xi \mathrm{d}\xi = \frac{2l \sin \omega\tau}{n\pi}[1 - (-1)^n]$$

这样就可得

$$u(x,t) = \int_0^t v(x,t-\tau)\,\mathrm{d}\tau$$

$$= \int_0^t \sum_{n=1}^{\infty} \frac{2l \sin \omega\tau}{n\pi}[1-(-1)^n]\,\mathrm{e}^{-\left(\frac{n\pi a}{l}\right)^2(t-\tau)} \sin \frac{n\pi}{l}x\mathrm{d}\tau$$

$$= \sum_{n=1}^{\infty} \frac{2l}{n\pi} \sin \frac{n\pi}{l}x \cdot \mathrm{e}^{-\left(\frac{n\pi a}{l}\right)^2 t}[1-(-1)^n] \int_0^t \sin \omega\tau \cdot \mathrm{e}^{\left(\frac{n\pi a}{l}\right)^2 \tau}\mathrm{d}\tau$$

$$= \sum_{n=1}^{\infty} \frac{2l^3[1-(-1)^n]}{n\pi} \frac{\left[\dfrac{\omega l^2}{(n\pi a)^2} \sin \omega t + \cos \omega t\right] - \mathrm{e}^{-\left(\frac{n\pi a}{l}\right)^2 t}}{(n\pi a)^2 + \left(\dfrac{\omega l^2}{n\pi a}\right)^2} \sin \frac{n\pi}{l}x$$

◎ **泊松方程的格林函数法**

格林函数可以代表一个点源在一定的边界条件和初始条件下所产生的场, 知道了点源的场, 就可以用叠加的方法求出任意源所产生的场.

本节将求出用格林函数表示的泊松方程第一边值问题 (泊松方程和第一类边界条件构成的定解问题) 的积分形式的解, 并介绍如何用电像法去求格林函数, 通过这些简单的例子可以了解格林函数法的解题步骤.

1. 泊松方程第一边值问题的格林函数 由第六章习题 5(2) 知电荷密度为 $\rho(\boldsymbol{r}) = \varepsilon_0 f(\boldsymbol{r})$ (ε_0 为真空电容率) 的电荷体系产生的静电场电势 $u(\boldsymbol{r})$ 满足的泊松方程是

$$\Delta u(\boldsymbol{r}) = -\frac{\rho(\boldsymbol{r})}{\varepsilon_0} = -f(\boldsymbol{r}) \tag{11.40}$$

记 $G(\boldsymbol{r};\boldsymbol{r}_0)$ 为 $\boldsymbol{r}_0$ 处的点电荷 $\rho(\boldsymbol{r}) = -\varepsilon_0 \delta(\boldsymbol{r}-\boldsymbol{r}_0)$ 在 $\boldsymbol{r}$ 处产生的电势, 则由式 (11.40) 可知 $G(\boldsymbol{r};\boldsymbol{r}_0)$ 应满足

$$\Delta G(\boldsymbol{r};\boldsymbol{r}_0) = \delta(\boldsymbol{r}-\boldsymbol{r}_0)$$

上式与第一类齐次边界条件 (边界 Σ) 构成的定解问题

$$\begin{cases} \Delta G(\boldsymbol{r};\boldsymbol{r}_0) = \delta(\boldsymbol{r}-\boldsymbol{r}_0) \\ G(\boldsymbol{r};\boldsymbol{r}_0)|_{\Sigma} = 0 \end{cases} \tag{11.41}$$

的解 $G(\boldsymbol{r};\boldsymbol{r}_0)$ 称为**泊松方程第一边值问题的格林函数**, 它的物理意义十分清楚: $\boldsymbol{r}_0$ 处电荷量为 $-\varepsilon_0$ 的点电荷在接地导体壳 Σ 内 $\boldsymbol{r}$ 处所产生的电势, 如图 11.1 所示.

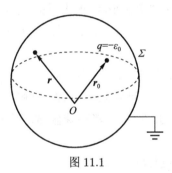

图 11.1

由 δ 函数的奇偶性知 $G(\boldsymbol{r};\boldsymbol{r}_0) = G(\boldsymbol{r}_0;\boldsymbol{r})$, 即格林函数具有对称性.

2. 泊松方程第一边值问题解的基本积分公式 为得到泊松方程第一边值问题解的积分公式, 需要用到**格林公式**.

设函数 $u(\boldsymbol{r})$ 和 $v(\boldsymbol{r})$ 在区域 Ω 内和边界 Σ 上有连续一阶导数, 并在 Ω 内有连续二阶导数, 则有

$$\oint_{\Sigma} \left(u\frac{\partial v}{\partial n} - v\frac{\partial u}{\partial n} \right) \mathrm{d}S = \int_{\Omega} (u\Delta v - v\Delta u)\,\mathrm{d}V$$

式中 $\partial/\partial n$ 表示沿边界的外法向求导数.

泊松方程的第一边值问题是

$$\begin{cases} \Delta u(\boldsymbol{r}) = f(\boldsymbol{r}) \\ u(\boldsymbol{r})|_{\Sigma} = \varphi(M) \end{cases} \tag{11.42}$$

M 是边界 Σ 上的变量, 将其解 u 和满足式 (11.41) 的格林函数 G 代入格林公式得

$$\oint_{\Sigma}\left(u\frac{\partial G}{\partial n}-G\frac{\partial u}{\partial n}\right)\mathrm{d}S = \int_{\Omega}u\Delta G\mathrm{d}V - \int_{\Omega}G\Delta u\mathrm{d}V$$
$$= \int_{\Omega}u\delta\left(\boldsymbol{r}-\boldsymbol{r}_0\right)\mathrm{d}V - \int_{\Omega}G\Delta u\mathrm{d}V$$

由 $\displaystyle\int_{\Omega}u(\boldsymbol{r})\delta\left(\boldsymbol{r}-\boldsymbol{r}_0\right)\mathrm{d}V = u(\boldsymbol{r}_0)$, 上式可化为

$$u(\boldsymbol{r}_0) = \oint_{\Sigma}\left(u\frac{\partial G}{\partial n}-G\frac{\partial u}{\partial n}\right)\mathrm{d}S + \int_{\Omega}G\Delta u\mathrm{d}V$$

利用式 (11.41)、式 (11.42), 上式化成

$$u(\boldsymbol{r}_0) = \oint_{\Sigma}\varphi(M)\frac{\partial G}{\partial n}\mathrm{d}S + \int_{\Omega}Gf(\boldsymbol{r})\mathrm{d}V$$

利用格林函数的对称性, 将源点 $\boldsymbol{r}_0$ 和场点 $\boldsymbol{r}$ 进行对换, 上式变为

$$u(\boldsymbol{r}) = \int_{\Omega}G\left(\boldsymbol{r};\boldsymbol{r}_0\right)f(\boldsymbol{r_0})\mathrm{d}V + \oint_{\Sigma}\varphi(M)\frac{\partial G\left(\boldsymbol{r};\boldsymbol{r}_0\right)}{\partial n}\mathrm{d}S \tag{11.43}$$

式 (11.43) 即为用格林函数表示的**泊松方程第一边值问题解的积分公式**. 右边第一个积分是通过变量 $\boldsymbol{r}_0$ 在整个区域 Ω 内进行的, 表示区域 Ω 中分布的源在 $\boldsymbol{r}$ 点处产生的场; 第二个积分是通过变量 $\boldsymbol{r}_0$ 在边界 Σ 上进行的, 代表边界对 $\boldsymbol{r}$ 点场的影响.

从解的形式可以看出, 只要求得 $G(\boldsymbol{r};\boldsymbol{r}_0)$, 由式 (11.43) 就可得到泊松方程 (包括拉普拉斯方程) 第一边值问题式 (11.42) 的解. 虽然对一般区域要求得式 (11.41) 的解还是比较困难的, 但对某些特殊区域, 可采用电像法方便地求得格林函数.

如果区域为二维, 则式 (11.43) 变为

$$u(\boldsymbol{r}) = \int_{S}G(\boldsymbol{r};\boldsymbol{r}_0)f(\boldsymbol{r}_0)\mathrm{d}\sigma_0 + \int_{l}\varphi(M)\frac{\partial G(\boldsymbol{r};\boldsymbol{r}_0)}{\partial n}\mathrm{d}l_0 \tag{11.44}$$

3. 泊松方程第一边值问题的基本解　定解问题式 (11.41) 的物理意义也可从另一角度描述: $\boldsymbol{r}_0$ 处的点电荷会在边界 Σ 上产生感应电荷, $\boldsymbol{r}$ 处的电势 $G(\boldsymbol{r};\boldsymbol{r}_0)$ 是两者分别产生的电势的叠加. 事实上, 若取式 (11.41) 中边界 Σ 为球面, 则其与第八章例 5 就是同一问题, 而该题的求解结果也表明: 球内电势为球内电荷直接产生的电势与感生电荷所产生的电势之和.

这样, 格林函数 $G(\boldsymbol{r};\boldsymbol{r}_0)$ 可写成两部分之和. 为此令

$$G(\boldsymbol{r};\boldsymbol{r}_0) = G_0(\boldsymbol{r};\boldsymbol{r}_0) + G_1(\boldsymbol{r};\boldsymbol{r}_1), \quad \text{及} \quad \Delta G_0 = \delta\left(\boldsymbol{r}-\boldsymbol{r}_0\right)$$

显然, G_0 可看作是 $\boldsymbol{r}_0$ 处的点电荷 $-\varepsilon_0$ 在 $\boldsymbol{r}$ 处产生的电势, 所以

$$G_0(\boldsymbol{r};\boldsymbol{r}_0) = \frac{q}{4\pi\varepsilon_0|\boldsymbol{r}-\boldsymbol{r}_0|} = \frac{-\varepsilon_0}{4\pi\varepsilon_0|\boldsymbol{r}-\boldsymbol{r}_0|} = -\frac{1}{4\pi|\boldsymbol{r}-\boldsymbol{r}_0|}$$

$G_0(\boldsymbol{r}; \boldsymbol{r}_0)$ 称为定解问题式 (11.42) 的**基本解**, 即无界空间的格林函数.

而 G_1 应满足 (Ω 为 Σ 所围区域)

$$\begin{cases} \Delta G_1 = 0 & (\boldsymbol{r} \in \Omega) \\ G_1|_{\Sigma} = -G_0|_{\Sigma} \end{cases}$$

G_1 可认为是边界上感应电荷的等效点电荷 (电荷量 q 、位置 $\boldsymbol{r}_1$ 未知, 但因 $\Delta G_1 = 0$, 所以位置一定在 Ω 外) 在 $\boldsymbol{r}$ 处产生的电势.

若为二维, 则基本解 G_0 为 (c_0 为不为零的任意常数)

$$G_0(\boldsymbol{r}; \boldsymbol{r}_0) = -\frac{1}{2\pi} \ln \frac{1}{|\boldsymbol{r} - \boldsymbol{r}_0|} + c_0 \tag{11.45}$$

◎ **电像法**

对某些形状特殊的区域, 根据格林函数的物理意义, 可采用电像法求得, 从而解决该区域上泊松方程的第一边值问题.

例 12 试求球内泊松方程第一边值问题的格林函数.

解 如图 11.2 所示, 设球半径为 R, 点电荷 $-\varepsilon_0$ 位于球内 $\boldsymbol{r}_0$ 处, $\boldsymbol{r}$ 为球内任意一点, 球内泊松方程第一边值问题的格林函数 $G = G_0 + G_1$ 满足

$$\begin{cases} \Delta G(\boldsymbol{r}; \boldsymbol{r}_0) = \delta(\boldsymbol{r} - \boldsymbol{r}_0) \\ G(\boldsymbol{r}; \boldsymbol{r}_0)|_{r=R} = 0 \end{cases}$$

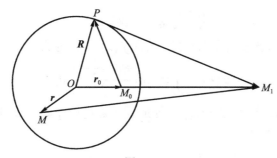

图 11.2

因基本解 $G_0 = -\dfrac{1}{4\pi|\boldsymbol{r} - \boldsymbol{r}_0|}$, 因此 G_1 应满足

$$\begin{cases} \Delta G_1 = 0 & (r < R) \\ G_1|_{r=R} = -G_0|_{r=R} = \dfrac{1}{4\pi|\boldsymbol{R} - \boldsymbol{r}_0|} \end{cases}$$

设产生 G_1 的等效点电荷的电荷量为 q, 其位置 $\boldsymbol{r}_1$ 应处于球形区域外且在 $\boldsymbol{r}_0$ 的延长线上某点 M_1, 记 $\boldsymbol{r}_1 = \overrightarrow{OM_1}$.

球外 $\boldsymbol{r}_1$ 处的点电荷 q 在球内某点 $\boldsymbol{r}$ 处产生的电势 G_1 为

$$G_1 = \frac{q}{4\pi\varepsilon_0 |\boldsymbol{r} - \boldsymbol{r}_1|}$$

代入边界条件得

$$\frac{q}{4\pi\varepsilon_0\left|\boldsymbol{R}-\boldsymbol{r}_1\right|}=\frac{1}{4\pi\left|\boldsymbol{R}-\boldsymbol{r}_0\right|}$$

即

$$\frac{q}{\varepsilon_0}=\frac{\left|\boldsymbol{R}-\boldsymbol{r}_1\right|}{\left|\boldsymbol{R}-\boldsymbol{r}_0\right|}=\frac{PM_1}{PM_0}$$

选取点 $M_1(\boldsymbol{r}_1)$ 使得 $\triangle OPM_1$ 和 $\triangle OPM_0$ 相似, 这样就有

$$\frac{q}{\varepsilon_0}=\frac{PM_1}{PM_0}=\frac{R}{r_0}=\frac{r_1}{R}$$

可得

$$q=\frac{R}{r_0}\varepsilon_0,\ \boldsymbol{r}_1=\frac{R^2}{r_0^2}\boldsymbol{r}_0$$

这样, 球的泊松方程的第一边值问题的格林函数为

$$G(\boldsymbol{r};\boldsymbol{r}_0)=G_0(\boldsymbol{r};\boldsymbol{r}_0)+G_1(\boldsymbol{r};\boldsymbol{r}_1)=-\frac{1}{4\pi\left|\boldsymbol{r}-\boldsymbol{r}_0\right|}+\frac{q}{4\pi\varepsilon_0\left|\boldsymbol{r}-\boldsymbol{r}_1\right|}$$

$$=-\frac{1}{4\pi\left|\boldsymbol{r}-\boldsymbol{r}_0\right|}+\frac{\dfrac{R}{r_0}\varepsilon_0}{4\pi\varepsilon_0\left|\boldsymbol{r}-\dfrac{R^2}{r_0^2}\boldsymbol{r}_0\right|}=-\frac{1}{4\pi\left|\boldsymbol{r}-\boldsymbol{r}_0\right|}+\frac{R}{r_0}\cdot\frac{1}{4\pi\left|\boldsymbol{r}-\dfrac{R^2}{r_0^2}\boldsymbol{r}_0\right|}$$

注意: 这只是三维空间中球形区域的格林函数表达式, 区域形状不同其格林函数也会有所不同.

例 13 在半平面 $y>0$ 内求解如下拉普拉斯方程第一边值问题.

$$\begin{cases}\Delta_2 u=0 \quad (y>0)\\ u|_{y=0}=\varphi(x)\end{cases}$$

解 定解问题的解按照式 (11.44)(注意 $f(\boldsymbol{r})=0$) 应为

$$u(\boldsymbol{r})=\int_l \varphi(x_0)\frac{\partial G(\boldsymbol{r};\boldsymbol{r}_0)}{\partial n}\mathrm{d}l_0$$

如图 11.3 所示, 在点 $M_0(x_0,y_0)$ 处放置一点电荷 $q=-\varepsilon_0$, 其在 $M(x,y)$ 处产生的电势 (基本解) 式 (11.45) 为

$$G_0(\boldsymbol{r};\boldsymbol{r}_0)=-\frac{1}{2\pi}\cdot\ln\frac{1}{\sqrt{(x-x_0)^2+(y-y_0)^2}}+c_0$$

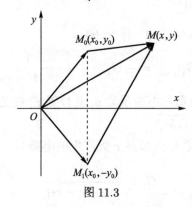

图 11.3

在区域外 $M_1(x_0, -y_0)$[与 $M_0(x_0, y_0)$ 对称] 处放置一点电荷 $q = \varepsilon_0$, $+\varepsilon_0$ 在上半平面 (区域内)$M(x, y)$ 处产生的电势为

$$G_1(\boldsymbol{r}; \boldsymbol{r}_0) = \frac{1}{2\pi} \cdot \ln \frac{1}{\sqrt{(x - x_0)^2 + (y + y_0)^2}} + c_1$$

在边界 $y_0 = 0$ 上 $G_1|_{y_0=0} = -G_0|_{y_0=0}$, 所以

$$\frac{1}{2\pi} \cdot \ln \frac{1}{\sqrt{(x - x_0)^2 + y^2}} + c_1 = \frac{1}{2\pi} \cdot \ln \frac{1}{\sqrt{(x - x_0)^2 + y^2}} - c_0$$

得 $c_1 + c_0 = 0$, 因此定解问题的格林函数为

$$G = G_0 + G = -\frac{1}{2\pi} \ln \frac{1}{\sqrt{(x - x_0)^2 + (y - y_0)^2}} + \frac{1}{2\pi} \ln \frac{1}{\sqrt{(x - x_0)^2 + (y + y_0)^2}}$$

注意: 这是二维空间中区域为上半平面的格林函数表达式, 它与圆形区域的格林函数不同.

下面求 G 对边界 $y_0 = 0$ 外法线方向 (为 y 轴负向) 导数

$$\begin{aligned}
\frac{\partial G}{\partial n}\bigg|_{y_0=0} &= \frac{\partial G}{\partial(-y_0)}\bigg|_{y_0=0} \\
&= -\frac{1}{2\pi} \frac{\partial}{\partial y_0} \left[\ln \frac{1}{\sqrt{(x - x_0)^2 + (y + y_0)^2}} - \ln \frac{1}{\sqrt{(x - x_0)^2 + (y - y_0)^2}} \right] \bigg|_{y_0=0} \\
&= \frac{y}{\pi} \frac{1}{(x - x_0)^2 + y^2}
\end{aligned}$$

圆域格林函数的 MATLAB 计算

最后得解

$$u(x, y) = \int_l \varphi(x_0) \frac{\partial G}{\partial n} \mathrm{d}l_0 = \frac{y}{\pi} \int_{-\infty}^{\infty} \frac{\varphi(x_0)}{(x - x_0)^2 + y^2} \mathrm{d}x_0$$

习 题

知识小结

1. 求下列函数的傅里叶变换

(1) $f(x) = \begin{cases} 0, & x < 0 \\ \mathrm{e}^{-\alpha x}, & x > 0, \ \alpha > 0 \end{cases}$

(2) $f(x) = \begin{cases} 0, & x < -T \\ h, & -T < x < T \\ 0, & T < x \end{cases}$

(3) $f(x) = \begin{cases} 1 - x^2, & |x| < 1 \\ 0, & |x| > 1 \end{cases}$

(4) $f(x) = \begin{cases} |x|, & |x| \leqslant a \\ 0, & |x| > a > 0 \end{cases}$

参考例题

2. 通过推导说明傅里叶变换及逆变换的表达式也可以写为如下两种形式:

(1) $G_1(\omega) = \dfrac{1}{\sqrt{2\pi}} \displaystyle\int_{-\infty}^{\infty} g_1(x) \mathrm{e}^{-\mathrm{i}\omega x}\mathrm{d}x$, $g_1(x) = \dfrac{1}{\sqrt{2\pi}} \displaystyle\int_{-\infty}^{\infty} G_1(\omega) \mathrm{e}^{\mathrm{i}\omega x}\mathrm{d}\omega$

(2) $G_2(\omega) = \displaystyle\int_{-\infty}^{\infty} g_2(x) \mathrm{e}^{-\mathrm{i}\omega x}\mathrm{d}x$, $g_2(x) = \dfrac{1}{2\pi} \displaystyle\int_{-\infty}^{\infty} G_2(\omega) \mathrm{e}^{\mathrm{i}\omega x}\mathrm{d}\omega$, 并证明: $2\pi G_0(\omega) = \sqrt{2\pi}G_1(\omega) = G_2(\omega)$, 其中 $G_0(\omega)$ 表示本书采用的傅里叶变换式.

3. 用傅里叶变换求解定解问题

(1) $\begin{cases} u_{tt} = 4u_{xx}, -\infty < x < \infty, t > 0 \\ u(x,0) = 2\mathrm{e}^{-\left(\frac{x}{2}\right)^2} \\ u_t(x,0) = 0 \end{cases}$ (2) $\begin{cases} u_t - a^2 u_{xx} = 0, x > 0, t > 0 \\ u(0,t) = \mathrm{e}\sqrt{\pi} \\ u(x,0) = 0 \end{cases}$

(3) $\begin{cases} u_{xx} + u_{yy} = 0, -\infty < x < \infty, y > 0 \\ u(x,0) = q(x), \lim\limits_{x \to \pm\infty} u(x,y) = 0 \end{cases}$

4. 已知 $\alpha > 0$ 时 $\displaystyle\int_0^{\infty} \mathrm{e}^{-\alpha x^2} \cos bx\,\mathrm{d}x = \dfrac{1}{2}\mathrm{e}^{-\frac{b^2}{4\alpha}}\sqrt{\dfrac{\pi}{\alpha}}$, 求有源无界杆定解问题

$$\begin{cases} u_t - a^2 u_{xx} = f(x,t), -\infty < x < \infty, t > 0 \\ u(x,0) = \varphi(x) \end{cases}$$

5. 求下列函数的拉普拉斯变换

(1) $\dfrac{1}{\sqrt{\pi t}}$ (2) $\mathrm{e}^{-5t}\sin 4t$ (3) $t(\cos kt + \sin kt)$ (4) $te^{-\omega t}$

6. 求下列拉普拉斯变换象函数的原函数

(1) $f(p) = \dfrac{\mathrm{e}^{-3t}}{p(p+2)}$ (2) $f(p) = \dfrac{-1}{p^2(p-1)}$

(3) $f(p) = \dfrac{p}{p^2 - 2p + 5}$ (4) $f(p) = \dfrac{1}{\sqrt{2p+5}}$

7. 用拉普拉斯变换求解下列方程

(1) $y''(t) - 3y'(t) + 2y(t) = 2\mathrm{e}^{3t}, y(0) = y'(0) = 0$

(2) $y'(t) + \displaystyle\int_0^t y(t)\mathrm{d}t + 2y(t) = 0, y(0) = 1$

(3) $\begin{cases} x'(t) + 5x(t) + 2y(t) = \mathrm{e}^{-t} \\ y'(t) + 2x(t) + 2y(t) = 0 \end{cases}$, $x(0) = y(0) = 0$

8. 用拉普拉斯变换求解定解问题

(1) $\begin{cases} u_{tt} = a^2 u_{xx}, x > 0, t > 0 \\ u(0,t) = \sin t, \lim\limits_{x \to \infty} u(x,t) = 0 \\ u(x,0) = 0, u_t(x,0) = 0 \end{cases}$ (2) $\begin{cases} u_t - a^2 u_{xx} = 0, x > 0, t > 0 \\ u_x(0,t) = q(t) \\ u(x,0) = 0 \end{cases}$

已知 $L\left[\dfrac{1}{\sqrt{\pi t}}\mathrm{e}^{-\frac{x^2}{4a^2 t}}\right] = \dfrac{1}{\sqrt{p}}\mathrm{e}^{-\frac{\sqrt{p}}{a}x}$.

9. 已知 $L\left[\mathrm{erfc}\left(\dfrac{a}{2\sqrt{t}}\right)\right] = \dfrac{1}{p}\mathrm{e}^{-a\sqrt{p}}$(其中 $\mathrm{erfc}(x) = \dfrac{2}{\sqrt{\pi}}\displaystyle\int_x^{\infty} \mathrm{e}^{-\omega^2}\mathrm{d}\omega$ 称为余误差函

数), 用拉普拉斯变换求解定解问题 (结果用余误差函数表示)

$$\begin{cases} u_t = a^2 u_{xx}, x > 0, t > 0 \\ u(0,t) = f(t) \\ u(x,0) = 0 \end{cases}$$

10. 完成如下问题 (设细杆 (弦) 长 l、密度 ρ, 杆的截面积 S、比热容 c).

(1) 细杆在 x_0 点有一热源, 热源单位时间释放 q 单位热量, 写出杆热传导方程.

(2) 弦在 x_0 点受到一横向冲量 I_0, 写出弦横向振动的初始条件.

(3) 细杆 $x = 0$ 端固定, $x = l$ 端自由, 初位移为零, $t = 0$ 时 $x = l$ 端受一沿杆身方向的冲量 I_0, 写出杆纵振动的定解条件.

11. 验证冲量定理: 若 $v(x, t - \tau)$ 是定解问题

$$\begin{cases} v_{tt} = a^2 v_{xx} \\ v|_{x=0} = v|_{x=l} = 0 \\ v|_{t=\tau} = 0, v_t|_{t=\tau} = f(x, \tau) \end{cases}$$

的解, 则 $u(x,t) = \displaystyle\int_0^t v(x, t - \tau) \, \mathrm{d}\tau$ 是

$$\begin{cases} u_{tt} = a^2 u_{xx} + f(x, t) \\ u(0,t) = u(l,t) = 0 \\ u(x,0) = 0, u_t(x,0) = 0 \end{cases}$$

的解.

12. 用冲量定理法求解定解问题.

(1) $\begin{cases} u_{tt} = a^2 u_{xx} + \dfrac{a}{l} \cos \dfrac{\pi x}{l} \sin \omega t, 0 < x < l, t > 0 \\ u_x(0,t) = 0, u_x(l,t) = 0 \\ u(x,0) = 0, u_t(x,0) = 0 \end{cases}$

(2) $\begin{cases} u_t - a^2 u_{xx} = u_0 \mathrm{e}^t \sin \dfrac{\pi x}{l}, 0 < x < l, t > 0 \\ u(0,t) = u(l,t) = 0 \\ u(x,0) = 0 \end{cases}$

13. 用格林函数方法求解定解问题.

(1) 半径 $\rho \leqslant a$ 的圆内拉普拉斯方程第一边值问题 $\begin{cases} \Delta_2 u(\rho, \varphi) = 0 \\ u(a, \varphi) = f(\varphi) \end{cases}$

(2) 半空间 $z > 0$ 内拉普拉斯方程第一边值问题 $\begin{cases} \Delta_2 u(x, y, z) = 0 \\ u(x, y, 0) = f(x, y) \end{cases}$

14. 证明: 半径 $\rho \leqslant a$ 的球内拉普拉斯方程第一边值问题

$$\begin{cases} \Delta u(\rho, \theta, \varphi) = 0 \\ u(a, \theta, \varphi) = f(\theta, \varphi) \end{cases}$$

习题解答
详解

习题答案

的解为

$$u\left(\rho,\theta,\varphi\right)=\frac{a\left(a^2-\rho^2\right)}{4\pi}\int_0^{2\pi}\left[\int_0^\pi\frac{f\left(\theta_0,\varphi_0\right)}{\left(a^2-2a\rho\cos\psi+\rho^2\right)^{3/2}}\sin\theta_0\mathrm{d}\theta_0\right]d\varphi_0$$

其中 $\cos\psi=\cos\theta\cos\theta_0+\sin\theta\sin\theta_0\cos\left(\varphi-\varphi_0\right)$ 为 $\boldsymbol{r}(\rho,\theta,\varphi)$ 和 $\boldsymbol{r}_0(\rho_0,\theta_0,\varphi_0)$ 的夹角余弦.

附录 A 扩展阅读——应用实例

◎ 级数在晶体中原子的振动—热振动中的应用

晶体是由原子 (或离子、分子等) 按一定的规律排列而成的, 晶体中的原子 (或离子、分子等, 下同) 在温度不太高时, 作微小的振动. 它们间的相互作用力有共同的性质, 表现为两个原子间的相互作用力随原子间的距离而变化, 如图 1 所示. r 表示原子间的距离. $r = r_0$ 处相互作用力为零, r_0 处是平衡位置. 考察在 r_0 附近很小的距离内力 F 的情况. 当 $r > r_0$ 时, $F < 0$ 表示 F 是吸引力; $F > 0$ 时, F 是排斥力. 力 F 的方向总是指向平衡位置 r_0. 对于 r_0 附近的一小段 $F - r$ 图线, 可近似看作直线, 即 F 与 r 的函数关系可写为

$$F = -k'r \tag{1}$$

其中 k' 是过 r_0 的一小段 $F - r$ 图线的斜率. 对于某种晶体 k' 是某一确定的常数. 比较式 (1) 及式 (2), 可知 F 是线性回复力, 即晶体中的原子作简谐振动.

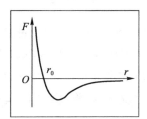

图 1 原子间相互作用力

下面我们从两原子间的相互作用能来讨论原子的运动. 原子间的相互作用能 E 决定于原子间的相对位置 r, 表示为 $E(r)$. 运用泰勒级数将 $E(r)$ 在 r_0 处展开, 得

$$E(r) = E(r_0) + \left.\frac{\mathrm{d}E}{\mathrm{d}r}\right|_{r=r_0} (r - r_0) + \frac{1}{2} \left.\frac{\mathrm{d}^2 E}{\mathrm{d}r^2}\right|_{r=r_0} (r - r_0)^2 + \cdots \tag{2}$$

由于分子间的相互作用力是保守力, $F = -\dfrac{\mathrm{d}E}{\mathrm{d}r}$. 所以可以由上式解出原子间的相互作用力. 首先略去式 (2) 中三阶以上各项, 得

$$E(r) = E(r_0) + \left.\frac{\mathrm{d}E}{\mathrm{d}r}\right|_{r=r_0} (r - r_0) + \frac{1}{2} \left.\frac{\mathrm{d}^2 E}{\mathrm{d}r^2}\right|_{r=r_0} (r - r_0)^2$$

上式右端第一项 $E(r_0)$ 是常量, 第二项由于在 r_0 处相互作用力等于零, 即 $\left.\dfrac{\mathrm{d}E}{\mathrm{d}r}\right|_{r=r_0} = 0$, 所以 $\left.\dfrac{\mathrm{d}E}{\mathrm{d}r}\right|_{r=r_0} (r - r_0) = 0$. 再令 $\left.\dfrac{\mathrm{d}^2 E}{\mathrm{d}r^2}\right|_{r=r_0} = C$, 于是上式化作

$$E(r) = E(r_0) + \frac{1}{2} C(r - r_0)^2$$

根据 $E(r)$ 可求出作用力 F

$$F = -\frac{\mathrm{d}E(r)}{\mathrm{d}r} = -C\,(r - r_0)$$

以 r_0 为坐标原点, 沿二原子连线建立坐标系 $O - x$, 则 $r - r_0 = x$, 代入上式, 得

$$F = -Cx \tag{3}$$

可知 F 是线性回复力, 即原子作简谐运动.

◎ **分离变量法在求解静电场电势问题中的应用**

　　静电学的基本问题是求解满足给定边界条件的泊松方程 $\nabla^2\varphi = -\dfrac{\rho}{\varepsilon}$ 的解, 但只有在界面形状是比较简单的几何曲面时, 这类问题的解才能以解析形式给出. 在许多实际问题中, 静电场是由带电导体决定的. 例如电容器内部的电场是由正负极板上的电荷分布决定的; 又如电子光学系统的静电透镜内部, 电场是由分布在电极上的自由电荷决定的. 导体带电的特点是自由电荷只分布在表面上, 其内部和外部空间没有自由电荷. 如果我们将导体表面作为求解区域的边界, 泊松方程将化为更简单的拉普拉斯方程

$$\nabla^2\varphi = 0 \tag{4}$$

产生电场的自由电荷分布在导体表面, 它们对电场的贡献将作为边界条件反映出来.

　　求解拉普拉斯方程 (4) 时, 先根据界面形状选择适当的坐标系, 然后在该坐标系中用分离变量法解出通解, 再根据边界条件定出通解中的未知系数. 考虑到球体问题在静电场中的普遍性, 这里给出轴对称情况下, 拉普拉斯方程 (4) 的通解形式

$$\varphi = \sum_{n=0}^{\infty} \left(a_n R^n + \frac{b_n}{R^{n+1}} \right) \mathrm{P}_n\,(\cos\theta) \tag{5}$$

式中, 该类物理问题中的对称轴取为球坐标的极轴, $\mathrm{P}_n\,(\cos\theta)$ 为勒让德函数, a_n 和 b_n 是待定系数, 由边界条件确定. 下面举一个具体例子来说明该类问题的求解过程. 如图 2 所示, 半径为 R_0 的接地导体球置于均匀外电场 $\boldsymbol{E}_0$ 中, 求空间电势分布.

　　该问题属于轴对称情况下的球体问题. 建球坐标系时, 原点取在球心处, 极轴 (即 z 轴) 取通过球心沿外电场 E_0 的方向.

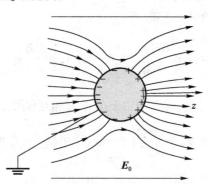

图 2　接地导体球置于均匀外电场中

因为导体球为等势体且接地, 整个导体球及内部电势均为零, 所以只需求球外电势. 球外没有自由电荷, 满足拉普拉斯方程, 通解为式 (5) , 接下来利用边界条件定出系数即可.

(1) 在无穷远处, 导体球上的感应电荷对外电场 $\boldsymbol{E}_0$ 的影响随着距离增加逐渐减小至零, 因此无穷远处的电势为

$$\varphi = -\boldsymbol{E}_0 \cdot \boldsymbol{R} = -E_0 R \cos\theta \tag{6}$$

$\boldsymbol{R}$ 是场点 P 到球心 O 的位置矢量, θ 是 $\boldsymbol{R}$ 与 z 轴的夹角, 如图 3 所示. 令式 (5) 与式 (6) 相等, 即

$$\sum_{n=0}^{\infty} \left(a_n R^n + \frac{b_n}{R^{n+1}} \right) \mathrm{P}_n\left(\cos\theta\right) = -E_0 R \cos\theta \tag{7}$$

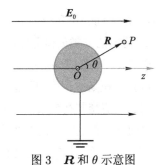

图 3 $\boldsymbol{R}$ 和 θ 示意图

考虑到 R 取无穷大时, 式 (7) 变为

$$\sum_{n=0}^{\infty} a_n R^n \mathrm{P}_n\left(\cos\theta\right) = -E_0 R \cos\theta \tag{8}$$

已知勒让德函数 $\mathrm{P}_1 = \cos\theta$, 在式 (8) 中比较等式两边各级勒让德函数, 可得

$$a_1 = -E_0, \quad a_n = 0 \tag{9}$$

所以, 通解 (5) 可化简为

$$\varphi = -E_0 R \cos\theta + \sum_{n=0}^{\infty} \frac{b_n}{R^{n+1}} \mathrm{P}_n\left(\cos\theta\right) \tag{10}$$

(2) 球面上 $R = R_0$ 处, 因导体球接地, 电势 $\varphi = 0$, 令

$$-E_0 R \cos\theta + \sum_{n=0}^{\infty} \frac{b_n}{R^{n+1}} \mathrm{P}_n\left(\cos\theta\right) = 0 \tag{11}$$

将 $\mathrm{P}_1 = \cos\theta$ 项从求和中单独列出, 得

$$-E_0 R_0 \cos\theta + \frac{b_1}{R_0^2} \cos\theta + \sum_{n \neq 1} \frac{b_n}{R_0^{n+1}} \mathrm{P}_n\left(\cos\theta\right) = 0$$

比较等式两边各级勒让德函数, 可得

$$\begin{cases} -E_0 R_0 \cos\theta + \dfrac{b_1}{R_0^2}\cos\theta = 0 \\ \displaystyle\sum_{n\neq 1}^{\infty} \dfrac{b_n}{R_0^{n+1}} \mathrm{P}_n(\cos\theta) = 0 \end{cases}$$

所以

$$b_1 = E_0 R_0^3, \quad b_n = 0 (n \neq 1) \tag{12}$$

所以球外电势为

$$\varphi = -E_0 R \cos\theta + \frac{E_0 R_0^3}{R^2}\cos\theta \tag{13}$$

◎ **双曲型、抛物型和椭圆型方程的数值解**

实际问题中涉及的物理量通常是时间变量和空间变量的函数, 描述物理量变化的方程常常是偏微分方程. 归纳总结最简单的三类偏微分方程分别为: 描述波动等现象的波动方程 (双曲型方程)、描述物质扩散、热量流动等现象的扩散与热传导方程 (抛物型方程) 和描述稳定问题的泊松方程或拉普拉斯方程 (椭圆型方程).

对于偏微分方程的求解, 我们还需清楚其初值条件. 椭圆型方程不需要初值条件, 抛物型方程需要一个初值条件, 而双曲型方程则需要两个初值条件.

研究一个特定的物理或工程系统, 必须注意它所处的特定 "环境", 这种特定的环境表现为系统边界上的物理状况, 也就是所谓的边界条件. 常见的边界条件主要有两类:

第一类边界条件 (Dirchle 条件), 形式为 $u(x,y,z,t)|_{\partial\Omega} = f(x,y,z,t)$;

第二类边界条件 (Neuman 条件), 形式为 $\boldsymbol{n}\cdot(c\nabla u) + qu = g$.

用偏微分方程工具箱 pdetool 进行问题的求解:

(1) 画出求解区域;

(2) 设定边界条件;

(3) 设定方程类型;

(4) 建立网格;

(5) 设定初值条件 (若无, 则跳过);

(6) 输出图形.

下面我们就三类方程方程分别举一个例子.

问题 1 一维弦的横向振动问题, 弦长为 2 m, 弦一端固定, 一端受迫振动, 强度为 $0.01\sin(6t)$, 初始时刻处于静止状态, 初速度为零, 各点位移为零, 求 5 s 后弦上各点的位移. 分析问题可得方程、边界条件和初值条件为

$$\begin{cases} u_{tt} = u_{xx} \\ u(0,t) = 0, u(l,t) = 0.01\sin(6t) \\ u(x,0) = 0, u_t(x,0) = 0 \end{cases}$$

求解结果如图 4 所示.

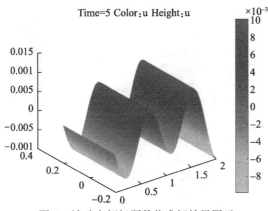

图 4　波动定解问题数值求解结果图示

问题 2　长为 l 的杆, 内含因裂变而产生中子的燃料, 每秒钟在单位体积内产生的中子数正比于该处的中子 u, 可表示为 u (u 相当于中子源强度) , 杆的表面是完全反射, 中子不能逃出, 若初始中子分布为 x^2, 求 1 s 后的中子浓度分布. 分析问题可得方程、边界条件和初值条件为

$$\begin{cases} u_t - u_{xx} = u, & 0 < x < l \\ u_x(0,t) = u_x(l,t) = 0 \\ u(x, t = 0) = x^2 \end{cases}$$

求解结果如图 5 所示.

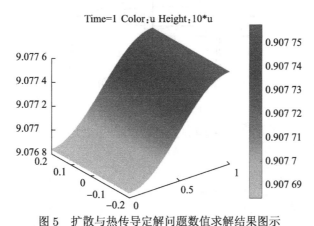

图 5　扩散与热传导定解问题数值求解结果图示

问题 3　半径为 0.6 m, 高为 2.5 m 的圆柱体, 其侧面有均匀分布的热流进入, 其强度为 1, 上下底温度保持零度. 求圆柱体内稳定的温度分布. 定解问题是

$$\begin{cases} \Delta u = 0 \\ u_\rho(\rho = 0.6, x) = 1 \\ u(\rho, x = 0) = 0, \quad u(\rho, x = 2.5) = 0 \end{cases}$$

求得的温度分布如图 6 所示.

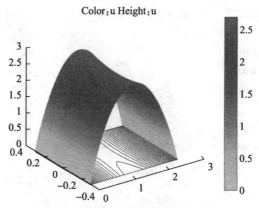

图 6 稳定定解问题数值求解结果图示

◎ 傅里叶变换在单缝夫琅禾费衍射中的应用

如图 7 所示, 一束波长为 λ 的平行光垂直入射到宽度为 b 的狭缝上, 焦距为 f 的透镜 L 置于狭缝后, 衍射光束经透镜会聚到焦平面上. 根据惠更斯 – 菲涅耳原理, 每个子波在 P 点的振动为

$$\mathrm{d}E = (A_0 \mathrm{d}x) \cos[\omega t - k(x \sin \theta + \Delta)]$$

式中 $k = \dfrac{2\pi}{\lambda}$, Δ 为中心光线到 P 点的距离.

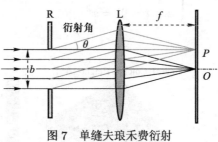

图 7 单缝夫琅禾费衍射

用复数表示为

$$\mathrm{d}E = (A_0 \mathrm{d}x)\mathrm{e}^{\mathrm{i}kx \sin \theta}\mathrm{e}^{\mathrm{i}k\Delta}\mathrm{e}^{-\mathrm{i}\omega t}$$

焦平面上 P 点光振动为

$$E_P = \int_{-\frac{b}{2}}^{\frac{b}{2}} A_0 \mathrm{e}^{\mathrm{i}kx \sin \theta} \mathrm{e}^{\mathrm{i}k\Delta}\mathrm{e}^{-\mathrm{i}\omega t}\mathrm{d}x = A_0 \mathrm{e}^{\mathrm{i}k\Delta}\mathrm{e}^{-\mathrm{i}\omega t}\int_{-\frac{b}{2}}^{\frac{b}{2}} \mathrm{e}^{\mathrm{i}kx \sin \theta}\mathrm{d}x$$

积分得

$$E_P = A_0 b \mathrm{e}^{\mathrm{i}k\Delta}\mathrm{e}^{-\mathrm{i}\omega t}\frac{\sin \dfrac{\pi b \sin \theta}{\lambda}}{\dfrac{\pi b \sin \theta}{\lambda}}$$

设

$$\beta = \frac{\pi b \sin \theta}{\lambda}$$

合振幅为

$$A_P = A_0 b \frac{\sin \dfrac{\pi b \sin \theta}{\lambda}}{\dfrac{\pi b \sin \theta}{\lambda}} = A_0 b \frac{\sin \beta}{\beta}$$

单缝衍射中缝宽为 b 的狭缝中有光通过, 其他部分不透光, 如图 8 所示, 函数表达式为

$$f(x) = \begin{cases} A_0, & |x| \leqslant \dfrac{b}{2} \\ 0, & |x| > \dfrac{b}{2} \end{cases}$$

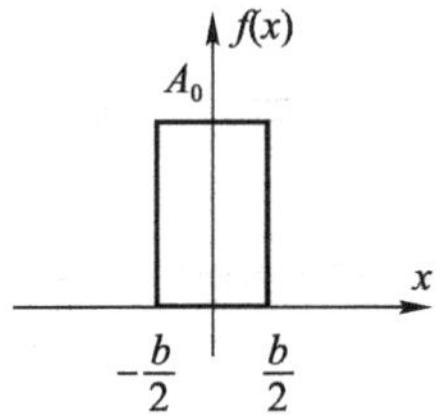

图 8 单缝夫琅禾费衍射光波示意图

对 $f(x)$ 进行傅里叶变换得

$$F(u) = \int_{-\infty}^{\infty} f(x)\mathrm{e}^{-\mathrm{i}2\pi ux}\mathrm{d}x = \int_{-\frac{b}{2}}^{\frac{b}{2}} A_0\mathrm{e}^{-\mathrm{i}2\pi ux}\mathrm{d}x$$

$$= \frac{A_0}{-\mathrm{i}2\pi u}(\mathrm{e}^{-\mathrm{i}\pi ub} - \mathrm{e}^{\mathrm{i}\pi ub})$$

$$= A_0 b \frac{\sin(\pi ub)}{\pi ub}$$

令

$$u = \frac{x}{f\lambda} = \frac{\sin\theta}{\lambda}$$

得

$$F(\beta) = A_0 b \frac{\sin\left(\dfrac{\pi b \sin\theta}{\lambda}\right)}{\dfrac{\pi b \sin\theta}{\lambda}} = A_0 b \frac{\sin\beta}{\beta}$$

单缝夫琅禾费衍射的振幅分布函数是衍射物体振幅分布函数的傅里叶变换.

◎ **拉普拉斯变换求解动态电路方程**

常见的电路有两种: 一种是电阻电路, 即由独立电源和电阻、受控源等电阻元件构成的电路; 另一种是动态电路, 即采用电感和电容等动态元件构建的电路模型. 电感和电容的伏安特性涉及电压、电流对时间的微分或积分, 需要建立和求解微分方程. 通常的做法是根据初始条件, 直接在时域中求微分方程的解, 进而得到电路响应, 但求解过程复杂, 学生很难掌握. 本专题介绍利用拉普拉斯变换得到电阻、电感、电压元件的频域等效模型, 建立动态电路方程, 根据拉普拉斯变换的特点, 将时域微分方程转变为频域代数方程, 求解方程得出结果后进行拉普拉斯逆变换, 最终得到动态电路响应.

(1) 频域中电阻的等效模型

电阻时域模型为 $u_R(t) = R \cdot i_R(t)$; 两边取拉普拉斯变换得到频域中电阻的等效模型为 $U_R(p) = R \cdot I_R(p)$, 如图 9 所示.

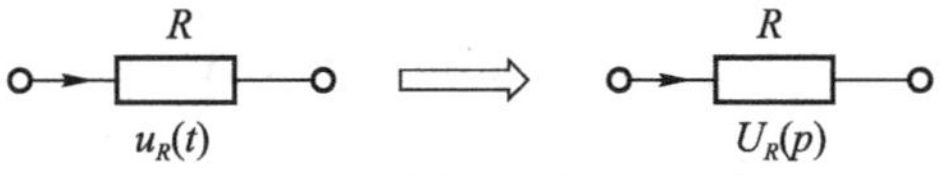

图 9 频域中电阻的等效模型

(2) 频域中电源的等效模型

电源时域模型为 $u(t) = U$, $i(t) = I$; 两边取拉普拉斯变换得到频域中电源的等效模型为 $U(p) = \dfrac{U}{p}$, $I(p) = \dfrac{I}{p}$, 如图 10 所示.

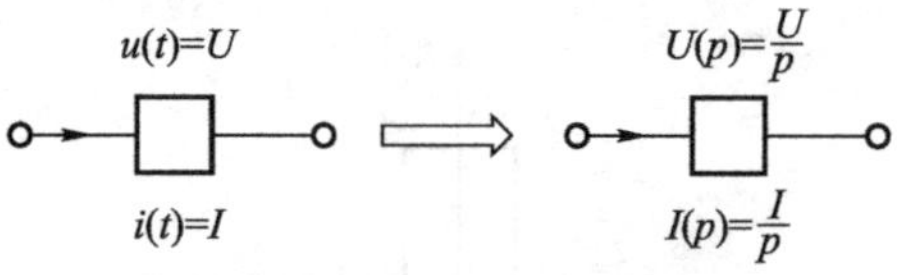

图 10　频域中电源的等效模型

(3) 频域中电感的等效模型

电感时域模型为 $u_L(t) = L\dfrac{\mathrm{d}i_L}{\mathrm{d}t}$; 两边取拉普拉斯变换得到频域中电感的等效模型为 $U_L(p) = pL \cdot I_L(p) - Li_L(0^-)$, 如图 11 所示.

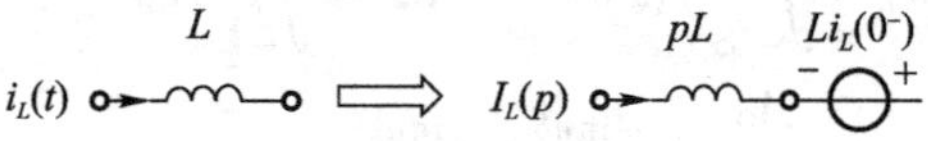

图 11　频域中电感的等效模型

(4) 频域中电容的等效模型

电容时域模型为 $i_C(t) = C\dfrac{\mathrm{d}u_C}{\mathrm{d}t}$; 两边取拉普拉斯变换得到频域中电容的等效模型为 $U_C(p) = \dfrac{1}{pC} \cdot I_C(p) + \dfrac{u_C(0^-)}{p}$, 如图 12 所示.

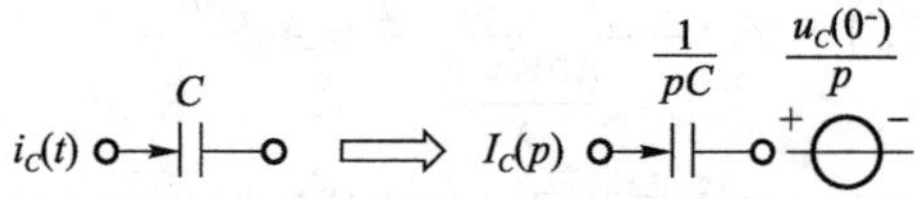

图 12　频域中电容的等效模型

(5) 拉普拉斯变换求解动态电路方程举例

电路如图 13 所示, 开关 S 连接至 1 端已经很久, $t = 0$ 时开关 S 由 1 端倒向 2 端. 求 $t \geqslant 0$ 时的电感电流 $i_L(t)$.

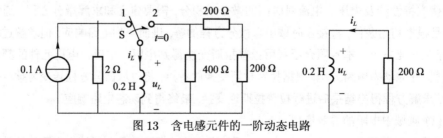

图 13　含电感元件的一阶动态电路

解　开关转换瞬间, 电感电流不能跃变, 因此有

$$i_L(0_+) = i_L(0_-) = 0.1\mathrm{A}$$

开关 S 由 1 端倒向 2 端后, 频域中电路的等效模型如图 14 所示.

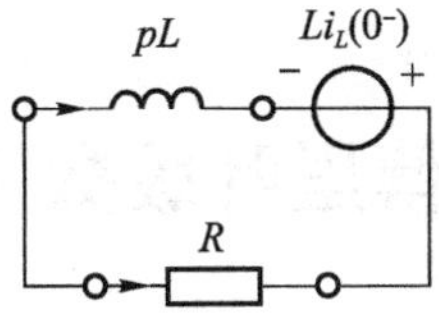

图 14　含电感元件的一阶动态电路频域等效模型

动态电路方程为
$$\frac{L}{R}[pI_L(p) - i_L(0)] + I_L(p) = 0$$

求解得
$$I_L(p) = \frac{10^{-1}}{p + 10^3}$$

拉斯逆变换可得

$$i_L(t) = 0.1e^{-10^3 t} \text{ A} \quad (t \geqslant 0)$$

$$u_L(t) = -20e^{-10^3 t} \text{ V} \quad (t > 0)$$

　　利用拉普拉斯变换可以分析一阶、二阶动态电路, 将复杂的高等数学运算中的微分方程转化为初等数学运算, 从而大大降低了计算难度.

附录 B 周期函数的傅里叶级数展开

若 $g(x)$ 是以区间 $[-l, l]$ 为周期的分段光滑函数, 且在 $(-\infty < x < \infty)$ 上绝对可积, 则 $g(x)$ 可以展为如下三角函数形式的傅里叶级数

$$g(x) = a_0 + \sum_{k=1}^{\infty} \left(a_k \cos \frac{k\pi x}{l} + b_k \sin \frac{k\pi x}{l} \right)$$

其中系数

$$\begin{cases} a_k = \dfrac{1}{\delta_k l} \displaystyle\int_{-l}^{l} g(\xi) \cos \frac{k\pi}{l} \xi \mathrm{d}\xi \\ b_k = \dfrac{1}{l} \displaystyle\int_{-l}^{l} g(\xi) \sin \frac{k\pi}{l} \xi \mathrm{d}\xi \end{cases}, \quad \delta_k = \begin{cases} 2 & (k = 0) \\ 1 & (k \neq 0) \end{cases}$$

若 $g(x)$ 又是满足以上条件的奇周期函数, 则其傅里叶级数为

$$g(x) = \sum_{k=1}^{\infty} b_k \sin \frac{k\pi}{l} x$$

系数

$$b_k = \frac{2}{l} \int_0^l f(\xi) \sin \frac{k\pi}{l} \xi \mathrm{d}\xi$$

此时有 $f(0) = f(l) = 0$.

同样, 若 $g(x)$ 是满足以上条件的偶周期函数, 则其傅里叶级数为

$$g(x) = a_0 + \sum_{k=1}^{\infty} a_k \cos \frac{k\pi}{l} x$$

系数

$$a_0 = \frac{1}{l} \int_0^l f(\xi) \mathrm{d}\xi, \quad a_k = \frac{2}{l} \int_0^l f(\xi) \cos \frac{k\pi}{l} \xi \mathrm{d}\xi$$

此时有 $f'(0) = f'(l) = 0$.

附录 C 施图姆 – 刘维尔本征值问题

形如

$$\frac{\mathrm{d}}{\mathrm{d}x}\left[k\left(x\right)\frac{\mathrm{d}y}{\mathrm{d}x}\right] - q\left(x\right)y + \lambda\rho\left(x\right)y = 0 \qquad (a \leqslant x \leqslant b)$$

的二阶常微分方程称为**施图姆 – 刘维尔方程**(简写为 S–L 方程), 其中系数 $k(x), q(x), \rho(x)$ 为非负函数, λ 为参数, 而 $\rho(x)$ 称为**权函数**.

二阶常微分方程 $y'' + a\left(x\right)y' + b\left(x\right)y + \lambda c\left(x\right)y = 0$, 乘以 $\mathrm{e}^{\int a(x)\mathrm{d}x}$ 就可化成施图姆 – 刘维尔方程.

$$\frac{\mathrm{d}}{\mathrm{d}x}\left[\mathrm{e}^{\int a(x)\mathrm{d}x}\frac{\mathrm{d}y}{\mathrm{d}x}\right] + \left[b\left(x\right)\mathrm{e}^{\int a(x)\mathrm{d}x}\right]y + \lambda\left[c\left(x\right)\mathrm{e}^{\int a(x)\mathrm{d}x}\right]y = 0$$

施图姆 – 刘维尔方程附以齐次第一、二、三类边界条件或自然边界条件, 就构成**施图姆 – 刘维尔本征值问题**, 这类本征值问题具有如下共同性质.

(1) 如 $k(x), k'(x), q(x)$ 连续或者最多以 $x = a$ 和 $x = b$ 为一阶极点, 则存在无限多个本征值

$$\lambda_1 \leqslant \lambda_2 \leqslant \lambda_3 \leqslant \lambda_4 \leqslant \cdots$$

相应本征函数为

$$y_1(x), y_2(x), y_3(x), y_4(x), \cdots$$

(2) 所有本征值 $\lambda_n \geqslant 0$ $(n = 1, 2, 3, \cdots)$

(3) 本征函数 $y_m(x), y_n(x)$ 在区间 $[a, b]$ 上带权重 $\rho(x)$ 正交

$$\int_a^b y_m\left(x\right)y_n\left(x\right)\rho\left(x\right)\mathrm{d}x = \begin{cases} 0 & (m \neq n) \\ N_n^2 & (m = n) \end{cases}$$

N_n 称为 $y_n(x)$ 的模.

(4) 若函数 $f(x)$ 具有连续一阶导数和分段连续的二阶导数且满足本征函数 $y_m(x)$ 所满足的边界条件, 则必可展为绝对且一致收敛的级数

$$f(x) = \sum_{m=1}^{\infty} c_m y_m(x)$$

其中系数

$$c_m = \frac{1}{N_m^2}\int_a^b \rho\left(x\right)f\left(x\right)y_m\left(x\right)\mathrm{d}x$$

附录 D 傅里叶变换函数简表

序号	原函数 $f(x)$ 定义 $f(x) = \int_{-\infty}^{\infty} F(\omega)\,\mathrm{e}^{\mathrm{i}\omega x}\mathrm{d}\omega$	像函数 $F(\omega)$ 定义 $F(\omega) = \dfrac{1}{2\pi}\int_{-\infty}^{\infty} f(x)\,\mathrm{e}^{-\mathrm{i}\omega x}\mathrm{d}x$
1	1	$\delta(\omega)$
2	$\dfrac{1}{\|x\|} \quad (x \neq 0)$	$\dfrac{1}{\|\omega\|} \quad (\omega \neq 0)$
3	$\delta(x)$	$\dfrac{1}{2\pi}$
4	$\delta(x - x_0)$	$\dfrac{1}{2\pi}\mathrm{e}^{-\mathrm{i}\omega x_0}$
5	$\mathrm{e}^{\mathrm{i}\omega_0 x}$	$\delta(\omega - \omega_0)$
6	$\mathrm{e}^{-a^2 x^2}$	$\dfrac{1}{2a\sqrt{\pi}}\mathrm{e}^{-\omega^2/4a^2}$
7	$\mathrm{e}^{-a\|x\|}$	$\dfrac{1}{\pi a}\dfrac{a^2}{a^2 + \omega^2}$
8	$\sin \omega_0 x$	$\dfrac{\mathrm{i}}{2}\left[\delta(\omega + \omega_0) - \delta(\omega - \omega_0)\right]$
9	$\cos \omega_0 x$	$\dfrac{1}{2}\left[\delta(\omega + \omega_0) + \delta(\omega - \omega_0)\right]$
10	$\dfrac{\sinh ax}{\sinh \pi x} \quad (-\pi < a < \pi)$	$\dfrac{1}{2\pi}\dfrac{\sin a}{\cosh \omega + \cos a}$
11	$\dfrac{\cosh ax}{\cosh \pi x} \quad (-\pi < a < \pi)$	$\dfrac{1}{\pi}\dfrac{\cos \dfrac{a}{2}\cos \dfrac{\omega}{2}}{\cosh \omega + \cos a}$
12	$\begin{cases} \mathrm{e}^{-ax}, & x \geqslant 0 \\ \\ \mathrm{e}^{ax}, & x < 0 \end{cases} \quad (a > 0)$	$\dfrac{a}{\pi(a^2 + \omega^2)}$
13	$\begin{cases} \mathrm{e}^{-ax}, & x \geqslant 0 \\ \\ -\mathrm{e}^{ax}, & x < 0 \end{cases} \quad (a > 0)$	$\dfrac{\omega}{\pi(a^2 + \omega^2)}$

附录E 拉普拉斯变换函数简表

序号	原函数 $f(t)$	像函数 $L(p)$
1	1	$\dfrac{1}{p}$
2	$\dfrac{t^n}{n!}$（n 为整数）	$\dfrac{1}{p^{n+1}}$
3	$\sin \omega t$	$\dfrac{\omega}{p^2 + \omega^2}$
4	$\cos \omega t$	$\dfrac{p}{p^2 + \omega^2}$
5	$\sinh \omega t$	$\dfrac{\omega}{p^2 - \omega^2}$
6	$\cosh \omega t$	$\dfrac{p}{p^2 - \omega^2}$
7	e^{-at}	$\dfrac{1}{p + a}$
8	$t\mathrm{e}^{-at}$	$\dfrac{1}{(p + a)^2}$
9	$1 - \mathrm{e}^{-at}$	$\dfrac{a}{p(p + a)}$
10	$\mathrm{e}^{-at} - \mathrm{e}^{-bt}$	$\dfrac{b - a}{(p + a)(p + b)}$
11	$\mathrm{e}^{-at} \sin \omega t$	$\dfrac{\omega}{(p + a)^2 + \omega^2}$
12	$\mathrm{e}^{-at} \cos \omega t$	$\dfrac{p + a}{(p + a)^2 + \omega^2}$
13	$a^{t/T}$	$\dfrac{1}{p - (1/T) \ln a}$
14	$\dfrac{1}{\sqrt{\pi t}}$	$\dfrac{1}{\sqrt{p}}$
15	$\dfrac{1}{\sqrt{\pi t}} \mathrm{e}^{\frac{-a^2}{4t}}$	$\dfrac{\mathrm{e}^{-a\sqrt{p}}}{\sqrt{p}}$

参考文献

[1] 梁昆淼. 数学物理方法. 3版. 北京: 高等教育出版社, 1998.

[2] 吴崇试. 数学物理方法. 2版. 北京: 北京大学出版社, 2009.

[3] 姚端正, 梁家宝. 数学物理方程. 3版. 北京: 科学出版社, 2010.

[4] 陆全康, 赵慧芬. 数学物理方法. 2版. 北京: 高等教育出版社, 2003.

[5] 王永成. 数学物理方程. 2版. 北京: 北京师范大学出版社, 2001.

[6] 邵惠民. 数学物理方法. 北京: 科学出版社, 2010.

[7] 王永成. 复变函数. 2版. 北京: 北京师范大学出版社, 2002.

[8] 彭芳麟. 数学物理方程的MATLAB解法与可视化. 北京: 清华大学出版社, 2004.

[9] 胡嗣柱, 倪光炯. 数学物理方法. 上海: 复旦大学出版社, 1988.

[10] 钟玉泉. 复变函数论. 2版. 北京: 高等教育出版社, 2000.

[11] 周治宁, 吴崇试, 钟毓澍, 等. 数学物理方法习题指导. 北京: 北京大学出版社, 2004.

[12] 胡嗣柱, 徐建军. 数学物理方法解题指导. 北京: 高等教育出版社, 1997.

[13] 陈小柱, 张立卫. 线性代数 复变函数 概率统计习题全解(中册). 大连: 大连理工大学出版社, 2000.

郑重声明

高等教育出版社依法对本书享有专有出版权。任何未经许可的复制、销售行为均违反《中华人民共和国著作权法》,其行为人将承担相应的民事责任和行政责任;构成犯罪的,将被依法追究刑事责任。为了维护市场秩序,保护读者的合法权益,避免读者误用盗版书造成不良后果,我社将配合行政执法部门和司法机关对违法犯罪的单位和个人进行严厉打击。社会各界人士如发现上述侵权行为,希望及时举报,本社将奖励举报有功人员。

反盗版举报电话　(010)58581999　58582371　58582488
反盗版举报传真　(010)82086060
反盗版举报邮箱　dd@hep.com.cn
通信地址　北京市西城区德外大街 4 号
　　　　　高等教育出版社法律事务部
邮政编码　100120

防伪查询说明

用户购书后刮开封底防伪涂层,利用手机微信等软件扫描二维码,会跳转至防伪查询网页,获得所购图书详细信息。也可将防伪二维码下的 20 位密码按从左到右、从上到下的顺序发送短信至 106695881280,免费查询所购图书真伪。

反盗版短信举报

编辑短信"JB,图书名称,出版社,购买地点"发送至 10669588128

防伪客服电话

(010)58582300